豹纹鳃棘鲈人工繁育和养殖

符书源　王永波　陈傅晓　编著

海洋出版社

2018年 · 北京

图书在版编目（CIP）数据

豹纹鳃棘鲈人工繁育和养殖/符书源，王永波，陈傅晓编著 .—北京：海洋出版社，2018. 5

ISBN 978-7-5210-0110-5

Ⅰ. ①豹… Ⅱ. ①符… ②王… ③陈… Ⅲ. ①鲈形目-鱼类养殖 Ⅳ. ①S965. 211

中国版本图书馆 CIP 数据核字（2018）第 107534 号

责任编辑：程净净 方 菁
责任印制：赵麟苏

海洋出版社 出版发行

http：//www. oceanpress. com. cn
北京市海淀区大慧寺路 8 号 邮编：100081
北京文昌阁彩色印刷有限公司印刷 新华书店发行所经销
2018 年 5 月第 1 版 2018 年 5 月北京第 1 次印刷
开本：787 mm×1092 mm 1/16 印张：13. 75
字数：300 千字 定价：98. 00 元
发行部：62132549 邮购部：68038093 总编室：62114335

《豹纹鳃棘鲈人工繁育和养殖》
编委会

主　编：符书源　王永波　陈傅晓

编　委：（按姓氏拼音排序）

陈傅晓　符书源　刘金叶　刘龙龙

罗　鸣　谭　围　王永波　郑　飞

序

进入21世纪后，随着我国经济的迅猛发展，人民生活水平也逐步提高。人民对提高生活品质的需求，加速了高端海水商品鱼市场的迅速壮大，尤其是对高档海水鱼——石斑鱼类需求猛增。豹纹鳃棘鲈（东星斑）作为石斑鱼家族中唯一一种可进行规模化养殖的高档石斑鱼，其颜色鲜红、肉质细嫩、营养丰富，深受国内外消费者的喜爱，尤其在我国台湾、香港以及琉球群岛等地是最受欢迎的石斑鱼类之一，亦为仅次于老鼠斑及苏眉的高档商品鱼，在国内外都拥有广阔的市场，具有极高的经济开发价值。2018年，豹纹鳃棘鲈还作为国宴名菜“水煮东星斑”用来招待来访的美国总统特朗普，是高档海水商品鱼的代表之一。

中央把“做大做强现代种业”确定为国家性战略、基础性核心产业，是促进农业长期稳定发展、保障国家粮食安全的根本。十三五期间，海南省省委省政府提出重点发展“热带特色高效农业”等十二大产业，加上海南省大部分地区地处热带亚热带，水质优良，是我国发展豹纹鳃棘鲈育苗、养殖等产业的黄金区域。在海南省海水鱼类养殖产业转型升级阶段，作为陆基工厂化循环水养殖的主力养殖品种，豹纹鳃棘鲈生长快、价格好、深受养殖户喜欢，对海南省的海水鱼类养殖产业发展，建设现代渔业，提高渔业效益，促进渔民增收具有十分重要意义。

海南省海洋与渔业科学院（原海南省水产研究所）从20世纪90年代就系统地开展了石斑鱼类的人工繁殖、育苗、养殖等方面的技术研发，拥有一个常年工作、生活在生产一线的石斑鱼繁养殖科研团队，多年来分别突破了鞍带石斑鱼、豹纹鳃棘鲈、珍珠龙胆石斑鱼、驼背鲈等品种的繁殖和养殖技术模式，均实现了规模化的育苗和养殖，其中“宽额鲈人工育苗技术研究及推广与示范”获得2009年国家海洋创新成果二等奖，“石斑鱼规模化人工繁育与无公害健康养殖技术示范与推广”获得2011年海南省科技成果转化奖一等奖。这本《豹纹鳃棘鲈人工繁育和养殖》的出版，总结了海南省海洋与渔业科学院近年来在豹纹鳃棘鲈方面的科研成果和部分国内外研究成果，将为豹纹鳃棘鲈的科研、生产等提供有益参考，也为海南海水鱼养殖产业的可持续发展做出积极贡献。

海南省海洋与渔业厅副厅长、党组成员
海南省海洋与渔业科学院党委书记

2018 年 5 月 20 日

前 言

豹纹鳃棘鲈（*Plectropomus leopardus*）俗称东星斑、花斑刺鳃鮨、豹纹、豹鲙，又叫红条、红鲱、七星斑等，隶属于鲈形目（Perciformes），鲈亚目（Percoidei），鮨科（Serranidae），鳃棘鲈属（*Plectropomus*），为暖水性海洋珊瑚礁鱼类。作为近年来我国南方出现的优良海水养殖品种，豹纹鳃棘鲈的经济价值和产业化前景一直以来都为广大水产养殖业者所看好，养殖规模也在逐年扩大。为落实科技兴渔，维护产业健康发展，解决并规范豹纹鳃棘鲈苗种生产中的问题，编者整理了海南省海洋与渔业科学院和国内其他科研院所的科技成果，编写了《豹纹鳃棘鲈人工繁育和养殖》一书。

本书收集了近几年国内外豹纹鳃棘鲈在人工繁殖、育苗和商品鱼养殖等方面的研究资料和我院的一系列研究成果，在介绍豹纹鳃棘鲈繁殖生物学特性的同时，系统总结了豹纹鳃棘鲈在人工繁殖、人工育苗、鱼种培育、商品鱼养殖和病害防控等方面的研究新成果、新技术。该书力求以实用性为主，并把先进性、通俗性和可操作性融为一体，可为从事豹纹鳃棘鲈研究和养殖的科研人员、生产一线的技术人员和管理人员以及渔民提供参考。

全书包括总论；豹纹鳃棘鲈人工繁殖技术；豹纹鳃棘鲈人工育苗技术；生物饵料培养技术；豹纹鳃棘鲈养殖技术；鱼类体色调控研究现状；豹纹鳃棘鲈养殖过程中常见病害及防治；豹纹鳃棘鲈的消化生理共八章。本书第三、四、五、六章由符书源高级工程师执笔；第二、七、八章由王永波高级工程师执笔；第一章由陈傅晓研究员执笔。

本书得到国家863计划项目、科技部农业科技成果转化资金项目、国家海洋公益性行业科研专项、海南省重点研发计划项目、海南省重大科技计划项目、海南省科学事业费项目、海南省科研院所技术研发专项等项目资金的资助；本书还得到海南大学骆剑副教授的不吝赐教，在此一并表示感谢！

由于作者水平有限，错误与遗漏之处在所难免，恳请有关同仁及读者批评指正，不胜感激！

海南省海洋与渔业科学院

符书源　王永波　陈傅晓

2018年3月3日

目 次

第一章 总 论

豹纹鳃棘鲈（*Plectropomus leopardus*）俗称东星斑，是石斑鱼家族中最具经济开发价值的品种之一，其体色艳丽、肉质细嫩、营养丰富，深受消费者青睐，是石斑鱼中价格最高的商品鱼，国内外具有巨大的消费市场。进入21世纪后，中国台湾率先突破了豹纹鳃棘鲈的人工繁殖和养殖技术，但受育苗技术和地域限制，生产规模不大。直到近几年，豹纹鳃棘鲈市场需求量大增。再加上海南石斑鱼人工繁养殖产业链的日益成熟，促进了豹纹鳃棘鲈规模化养殖产业在海南的快速发展。目前在海南已经形成了从豹纹鳃棘鲈的亲鱼培育与选育、人工催产、孵化育苗、鱼种培育、工厂化养殖、运输与销售、品牌推广、终端消费市场构建等完善的产业链。在此基础上笔者总结了近几年海南岛豹纹鳃棘鲈的人工繁殖与养殖方面的科研成果，旨在为豹纹鳃棘鲈的养殖产业发展提供技术支撑。

第一节 豹纹鳃棘鲈的生物学特征

一、豹纹鳃棘鲈的分类及形态特征

豹纹鳃棘鲈俗称东星斑、花斑刺鳃鮨、豹纹、豹鲙，又叫红条、红�、七星斑等，隶属于鲈形目（Perciformes），鲈亚目（Percoidei），鮨科（Serranidae），鳃棘鲈属（*Plectropomus*），为暖水性海洋珊瑚礁鱼类。该鱼身体及头部呈橄榄色到红褐色，腹侧灰白并有很多的细小圆点，在头部与身体（除了低的胸部与腹部以外）及奇鳍布满细小蓝点；胸鳍红色，尾鳍后缘有不明显深色带。该鱼体型修长，吻略尖、型突出，口裂开阔，剖面几乎圆形，头中大，口较大，下颌侧边具小犬齿，体被细小栉鳞，侧线鳞数89~99枚。背鳍鳍棘部与软条部相连，鳍棘部明显短于软条部，具硬棘8枚，软条10~12枚；臀鳍硬棘3枚，细弱而可动，软条8枚。腹鳍腹位，末端延伸远不及肛门开口；胸鳍圆形，中央之鳍条长于上下方之鳍条，鳍条15~16枚，尾鳍后缘凹入。幼鱼通常呈红色（图1.1），人工养殖的成体大多受养殖环境等影响体色呈棕色（图1.2），有报道的豹纹鳃棘鲈的最大体长可达120 cm。

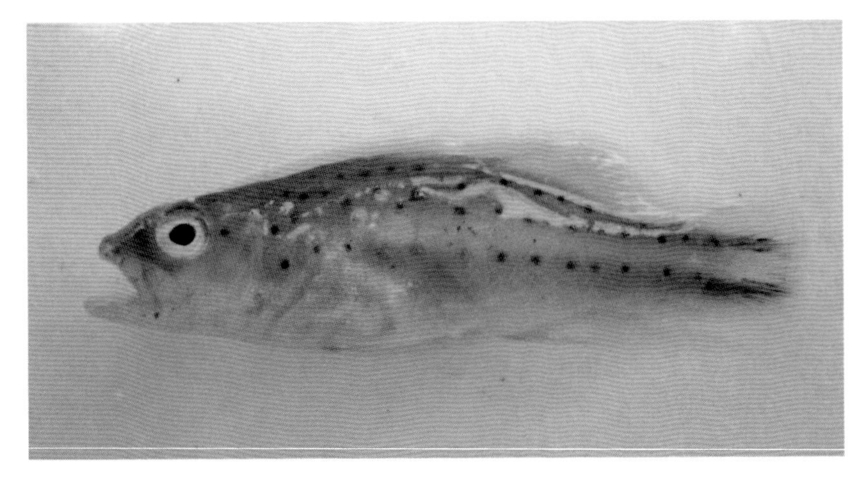

图 1.1　豹纹鳃棘鲈幼鱼

图 1.2　豹纹鳃棘鲈成鱼

二、生态习性

豹纹鳃棘鲈主要分布于西太平洋海区（图 1.3）。豹纹鳃棘鲈有一定的活动范围，只在繁殖期做短距离洄游，一般会聚集到礁区产卵。在我国的台湾、华南沿海和西沙、南沙、中沙群岛等海域均有分布，但随着渔民捕获量的逐年增大，野生种群的数量下降明显。

豹纹鳃棘鲈主要栖息在珊瑚生长良好的潟湖或深海的礁区，亦常出现于外礁的斜坡。生性凶猛，极为贪食，成鱼一般以鱼类为主要食物，偶捕食甲壳类，幼鱼底栖性，警觉性高，一般生活在潟湖的底部或栖息于珊瑚碎屑堆，主要摄食小鱼，偶尔也会摄食乌贼、虾等小型动物。豹纹鳃棘鲈喜欢在透光性较好的海域活动，一般在白天觅食，晚上比较安静，常躲在礁岩下休息。豹纹鳃棘鲈属于广盐性的珊瑚礁

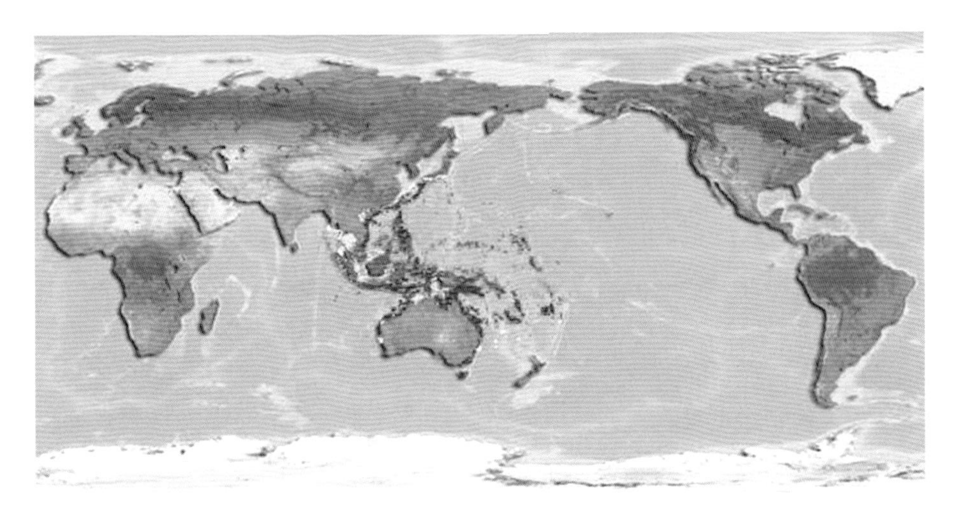

图 1.3 豹纹鳃棘鲈的分布（红色部分）

鱼类，在盐度 11~41 的海水中都可以生长生存；该鱼适宜的水温为 22~30℃，当水温降至 15℃以下时会停止摄食，不再游动。

三、生长习性

豹纹鳃棘鲈生长迅速，在养殖条件下，从全长 3 cm 的鱼苗标粗到全长 15 cm 的大规格鱼种只需要 3~4 个月的时间，而把全长 15 cm 的大规格鱼种养殖成能上市的、体重在 0.50~0.75 kg 的商品鱼需要 8~10 个月的时间。在海南很适合进行豹纹鳃棘鲈的网箱养殖和工厂化养殖。有关该鱼在自然环境下生长情况的文章报道不多，仅 Kailola 曾报道在澳大利亚捕获到体长 120 cm、体重 23.6 kg 的雄性豹纹鳃棘鲈个体，是目前所发现的最大的个体之一，并推测出该鱼的最大年龄约 26 龄。

四、繁殖习性

豹纹鳃棘鲈为雌性先熟、雌雄同体的鱼类。在生殖腺发育过程中，卵巢部分先行发育成熟，鱼体表现为雌性相，继而随着鱼体生长，部分个体发生性转化变为雄性。在非繁殖季节判定其雌雄比较困难。在繁殖季节雌性鱼腹部膨大，并有 3 个孔，从前至后依次为肛门、生殖孔和泌尿孔，生殖孔呈暗红色向外微张，自开口处有许多细纹向外辐射；而雄鱼只有肛门和泌尿生殖孔。豹纹鳃棘鲈为季节性产卵，在海南仅在 3—7 月产卵，其产卵量与亲鱼的年龄、大小、营养状况相关，也与环境因素及其他条件有密切关系。每尾雌鱼的产卵一般在 5 万~100 万粒。一般在晚上产卵，受精卵浮性，透明圆球形，卵径大小（816.5±15.9）μm，具一直径约 145.5 μm 的大油球。

第二节　石斑鱼类人工繁殖技术研究进展

石斑鱼一般是指石斑鱼科 Epinephelidae（原为石斑鱼亚科 Epinephelinae）下的所有鱼类，其隶属于鲈形目，包括 16 属 164 种，其中较大的属包括石斑鱼属（*Epinephelus*）、鼻鲈属（*Mycteroperca*）、九棘鲈属（*Cephalopholis*）和鳃棘鲈属等。石斑鱼类主要分布在热带、亚热带温水海域，喜欢在岩礁、珊瑚礁间生活，属于典型的岛礁性鱼类，肉食性，性凶猛，成鱼不集群。大多数石斑鱼普遍具有极高的经济开发价值，肉质鲜美、价格昂贵，且便于活体运输和暂养。早在 20 世纪 60 年代，日本学者就对赤点石斑鱼（*Epinephelus akaara*）的产卵习性和早期生活史进行了研究，此后，亚洲许多国家和地区先后对石斑鱼基础生物学、人工繁育技术进行了研究，到 21 世纪初，亚洲临海的国家，以及大洋洲的澳大利亚、新西兰，欧洲的丹麦等许多国家都开始了石斑鱼繁殖与养殖的相关研究。在中国大陆，石斑鱼人工繁殖技术研究始于 20 世纪 70 年代，并取得了青石斑鱼（*Epinephelus awoara*）、赤点石斑鱼、巨石斑鱼（*Epinephelus tauvina*）、鲑点石斑鱼（*Epinephelus fario*）、斜带石斑鱼（*Epinephelus coioides*）、点带石斑鱼（*Epinephelus malabaricus*）、鞍带石斑鱼（*Epinephelus lanceolatus*）、棕点石斑鱼（*Epinephelus fuscoguttatus*）、珍珠龙胆石斑鱼（*Epinephelus lanceolatus* ♂×*Epinephelus fuscoguttatus* ♀）、七带石斑鱼（*Epinephelus septemfasciatus*）、豹纹鳃棘鲈及驼背鲈（*Cromileptes altivelis*）等种类人工繁殖的成功，同时还开展一系列应用基础研究。

一、石斑鱼的性转化

石斑鱼为雌雄同体、雌性先熟的鱼类，当雌鱼发育到一定年龄及大小时，才发生性转化，变为雄鱼。国内外许多学者很早就开展石斑鱼的雌雄同体和性转化现象研究，结果表明在自然海区或养殖过程中，都有一些年龄、个体较大的雌鱼转变为雄性鱼。在自然海区，性转化一般发生在年龄和个体足够大的石斑鱼个体上，如福建沿海的赤点石斑鱼初次性成熟年龄多数为 3 龄，体长 231～295 mm，体重 245～685 g，个别为 2 龄；从雌性转变为雄性的性转变年龄一般为 6 龄，体长 340～400 mm，体重 960～1 700 g，个别为 5 龄，体长 312～355 mm；南海的巨石斑鱼性成熟雌鱼最小体长为 450 mm，而有成熟精巢的雄鱼最小体长是 740 mm、体重 11 kg 以上，体长 660～720 mm 者性腺在转变之中，同时具有卵巢和精巢组织；而海南海水网箱养殖的点带石斑鱼 3～4 龄绝大多数为雌性，极少见到自然转性的雄鱼。

通过组织切片发现，石斑鱼的性腺组织可分为 3 种：①雌性；②雄性；③间性，即雌雄两性同在。随季节不同，雌性或雄性生殖细胞处于不同的发育期。间性个体的卵巢、精巢在任何时候，雌雄生殖细胞的分化水平都很低。即使在繁殖季节，雌鱼生殖活跃的卵巢层上的休止囊内也存在着造精组织。一旦开始性转化卵细胞即萎缩，精原细胞增生为精细胞。而在发育成熟的精巢内，也时常可见萎缩、退化的卵母细胞或卵细胞。

雌雄性石斑鱼的识别，可从肛门、生殖孔和泌尿孔的形态变化来区别。雌鱼腹部有 3 个孔，从前至后依次为肛门、生殖孔和泌尿孔，雄鱼只有肛门和泌尿生殖孔两个孔。另外还可以从个体大小加以区别，南海巨石斑鱼成熟雌鱼最小体长为 450 mm，而有成熟精巢的雄鱼最小体长是 740 mm。而鞍带石斑鱼在产卵前 1 个月，雄鱼的体侧背面转变成黑褐色，腹部发白，呈深红色，这时可以通过体色分辨雌雄。

国内外学者对快速获得成熟亲鱼的性控技术上进行了深入研究。如新加坡、泰国学者曾用投喂雄性激素的方法使雌鱼提早转变为雄鱼。我国学者陈国华等采用埋植 17α-甲基睾酮的方法，成功地诱导点带石斑鱼完成转变，得到功能性雄鱼用于人工繁殖，培育出批量鱼种，并提出在诱导石斑鱼性转化众多方法中，激素埋植法与药饵投喂法比较，埋植法可避免因处理鱼摄药不均而致效果不均的弊病，且埋植法操作方法简便，效果稳定可靠，能得到批量的功能性雄鱼，满足点带石斑鱼人工繁殖生产的需要。到目前为止，石斑鱼的性别控制基本上还处于初期探索阶段，要将该项技术推广应用到种苗生产中，还有待于深入研究。如若能探明石斑鱼性腺发育、性分化和性别逆转的分子机制及其基因调控机理，将为人工控制石斑鱼性别提供基础理论依据。

二、石斑鱼产卵类型、产卵量和产卵期

石斑鱼为分批多次产卵类型鱼类，观察其性腺组织可发现在卵巢中同时具有不同时相的卵母细胞，雌鱼在一个繁殖周期内，卵子分批成熟，如青石斑鱼、赤点石斑鱼。人工培育的点带石斑鱼在繁殖季节，当水温适宜时，一般连续产卵 5~7 d，停数天后再产卵。石斑鱼在产卵季节会聚集产卵，此时可以捕获石斑鱼。石斑鱼产卵期从每年的春末延续到秋初，因纬度不同，各地石斑鱼产卵时间不一致，有些品种在我国的三亚等热带地区可实现常年产卵，如：赤点石斑鱼产卵期，在浙江沿海为 5—7 月，福建为 5—9 月，台湾为 3—5 月，广东南澳岛附近在端午节前后为盛期，香港海域在 4—7 月，海南岛沿海在 3 月底至 8 月，在福建沿海网箱养殖条件下，赤点石斑鱼产卵期出现在 5—7 月；鞍带石斑鱼在南海的繁殖季节是 5—9 月；在海南，人工培育的点带石斑鱼在 2—11 月都可以产卵，以 3—6 月最盛；豹纹鳃棘鲈在海南的产卵季节也以 3—6 月最盛。石斑鱼个体总产卵量在 7 万~100 万粒余不等，产卵量和受精卵孵化率受亲鱼的年龄、大小、营养状况和环境因素及其他条件影响很大，大型石斑鱼种类产卵量有 1 000 万粒之多。

三、产卵行为

在已经成功进行人工繁殖的石斑鱼种类中，不同研究者通过对赤点石斑鱼、点带石斑鱼、鞍带石斑鱼、豹纹鳃棘鲈、棕点石斑鱼、七带石斑鱼的产卵行为观察发现，石斑鱼各种类之间的产卵行为大体是一致的。由于在外源性激素刺激作用下，经过一定的时间后，雌、雄亲鱼会出现相互追逐的现象，水面常出现大的波纹或浪花，并不时露出水面，多尾雄性亲鱼紧紧追着雌亲鱼，有时用头部顶撞雌鱼的腹部，发情高潮时，雌、雄鱼尾部弯曲并颤抖着胸、腹鳍产卵、射精。

四、亲鱼培育

在种苗生产中，亲鱼的数量要多，并且形成年龄梯队，才有择优挑选的余地，形成生产规模；而生殖群体有年龄差，则可望解决性转变的问题，并在繁育中使用达到生理成熟年龄的个体，避免由于亲鱼不到性成熟年龄而一味注射激素催产，造成仔鱼发育先天不足而早夭的问题。要选择个体大、成熟度好的亲鱼进行人工催产，常用的催产剂有鲤鱼脑垂体（PG）、绒毛膜促性腺激素（HCG）、促黄体激素释放激素类似物（$LRHA_2$）等。加强亲鱼的强化培育，每天投喂新鲜鱼、虾、蟹或鱿鱼等，在饲养过程中，要注意保持水质清新。通过调节各种环境因子，点带石斑鱼、斜带石斑鱼亲鱼可以不用激素催产就能自然产卵受精，获得优质的受精卵。

五、受精卵孵化

一般使用500 L的圆柱形卤虫孵化桶孵化受精卵，桶底部有一排水阀，底部正中央置一气石充气。最近日本研制一种新的孵化桶控制水流来提高孵化率取得很好的效果，另外，选用大的孵化桶可以较有效地提高孵化率。孵化时受精卵密度每桶（500 L）为100万~150万粒。亲鱼产卵的次日收卵时，放入孵化桶的胚胎已经发育到原肠期之后，发育正常的胚胎无色透明，死卵呈白色。

第三节　石斑鱼早期发育和人工育苗技术研究现状

一、石斑鱼的胚胎发育

与大多数硬骨鱼类相类似，石斑鱼的胚胎发育一般分为卵裂期、囊胚期、原肠胚期、神经胚期、器官形成期。国内已有不少学者分别对青石斑鱼、点带石斑鱼、赤点石斑鱼、斜带石斑鱼、鞍带石斑鱼、豹纹鳃棘鲈、棕点石斑鱼、驼背鲈、七带石斑鱼等种类的胚胎发育进行了观察，但对器官形成期的分化描述存在分歧，其原因可能是：①不同的学者观察时侧重点不同；②不同种类的石斑鱼发育特征有所不同。

二、石斑鱼的胚后发育

胚后发育分为仔鱼期、稚鱼期和幼鱼期。

1. 仔鱼期

仔鱼期分为前期仔鱼和后期仔鱼。前期仔鱼是指从仔鱼出膜后至卵黄囊消失的这段时期，这段时期主要特征是卵黄囊的存在。从仔鱼开口摄食，经历了腹鳍棘和第二背鳍棘的长出及伸长，尾椎向上弯曲，各鳍的发育，至各鳍基本形成、腹鳍棘和第二背鳍棘绝对长度达到早期发育阶段最大值、鳞片长出、体色及斑纹形成之前为后期仔鱼期。这一时期的识别标志是卵黄囊已消失、身体透明、腹鳍棘和第二背鳍棘的长出及伸长。以卵黄囊的消失作为后期仔鱼结束的标志，国内外学者持有不同的观点。

2. 稚鱼期

通常称为变态期，是仔鱼到幼鱼的过渡阶段，主要的体征表现在腹鳍棘和第二背鳍棘收缩以及鳍棘上小刺数目急剧减少、鳞片生长、体色及斑纹形成。

3. 幼鱼期

该期鱼苗全身覆盖鳞片，腹鳍棘长度重新超过第二背鳍棘，鳍棘光滑无刺，除生殖腺尚未发育成熟外，其形态、体色及身体斑纹等方面都类似于成鱼，这一时期的识别标志为鳞片长齐、腹鳍棘长度大于第二背鳍棘、鳍棘光滑无刺、性腺尚未成熟。

三、育苗技术

1. 仔鱼培育技术的研究现状及发展趋势

石斑鱼卵细胞游离浮性，无色透明，圆球形，有油球 1 个，属少黄卵。受精卵的孵化与水温、盐度密切相关。据实验，大部分石斑鱼的最适孵化水温为 22~26℃，最适盐度为 30~36，孵化时间一般为 24~36 h。仔鱼出膜后 1~2 d 就开口，此后就要进行仔鱼培育。仔鱼培育是石斑鱼人工育苗规模化生产最关键、难度最大的问题，究其原因是石斑鱼仔鱼开口口径太小。仔鱼口径自然状态多数在 50~100 μm，即使取食临时性扩张，也不会超过 150 μm，如此小的开口，很难寻找营养既全面又平衡的活饵，致使仔鱼开口后，没有足量合适饵料而大批死亡。目前开口饵料问题的解决方法有 3 种：① 牡蛎或珍珠贝受精卵，其大小与仔鱼口径适合，也能被取食，但显微解剖死亡仔鱼后，从胃内流出许多活的牡蛎受精卵，其中一条仔鱼开口后第一天下午死亡，从胃内流出的受精卵多达 14 粒，这说明牡蛎或珍珠贝受精卵作为仔鱼开口饵料的营养问题还有待商榷；② 泰国产 SS 型超微轮虫，大小在 100 μm 以下，日本等国已有供应，但培育几代后就变成 L 型大轮虫了，仍不能满足大规模生产，但就其营养价值等方面较牡蛎或珍珠贝受精卵是一大进步，以上两种是目前普遍采用的活饵型开口饵料；③ 酶制剂微囊开口饵料，我们根据石斑鱼消化道窄小，消化酶不足及难以开口等特点，特制成酶制剂加适当风味剂的微囊型开口饵料，该饵料能满足仔鱼生长发育的营养需求，具体实验正在进行。

另一原因为仔鱼培育过程受诸多因素影响。除开口难关外，还有“腰点”出现，背、胸鳍棘的长出与收回、饵料营养难关。我们研究发现仅用酵母轮虫饲喂仔鱼，因 ω3HUFA 摄取不足，23 日龄后仔鱼存活率为 0，而利用小球藻和乳白鱼肝油强化轮虫喂仔鱼，23 日龄后，仔鱼存活率高达 54.6%；强光、水体搅动过强等都可能引起仔鱼休克致死。虽然，目前国内外尚无一整套完全成熟的仔鱼培育技术，但国内外十分看重石斑鱼市场，已向工厂化育苗系统的方向发展，严格的培育条件，周密而细致的管理，仔鱼存活率将大大提高。

2. 稚鱼培育技术

仔鱼各鳍分化完成，全身披鳞，长出花纹后就进入稚鱼期，鱼苗后续阶段的培育称之为稚鱼培育或中间培育。培育方式有陆上水泥池培育和海上网箱培育两种。进入稚鱼期后，鱼苗间互相残食加剧，对此目前的做法是按大小过筛分养或在养殖网箱、池塘中放入沉管等遮蔽物，以便稚鱼躲藏，避免残食，还可在一定程度上增加养殖密度。

四、石斑鱼种苗繁育所面临的问题及其展望

1. 石斑鱼人工繁育重要的技术环节

在取得人工繁殖成功的石斑鱼中，仅有少数几种（如点带石斑鱼、斜带石斑鱼、棕点石斑鱼）能自然产卵、产卵季节长、产卵量大，大多数种类如赤点石斑鱼、青石斑鱼、鞍带石斑鱼等还不能得到大批量的受精卵。可见人工育苗技术水平仍然是石斑鱼人工繁育的关键。

2. 石斑鱼仔、稚、幼鱼生长发育的危险期

对石斑鱼仔、稚、幼鱼生长发育的研究发现，石斑鱼的育苗过程中有 3 个死亡率很高的阶段，称作危险期。降低危险期的死亡是提高育苗成活率的关键。不同的学者对于不同石斑鱼危险期的描述有所不同。

第一个危险期发生在仔鱼前期，仔鱼由内源性营养向外源性营养逐渐过渡阶段。主要是由于受精卵先天性原因（卵质不良或胚胎畸形）或受精卵运输过程中卵的质

量下降，仔鱼开口时不能摄食或摄食不到食物等。减低死亡率的根本方法是选择优质亲鱼，进行强化培育，如果鱼卵需要运输，要保证运输过程中卵的成活率，且保证仔鱼开口时有适时、适口的饵料。

第二个危险期发生在仔鱼发育中期时，卵黄囊几乎消失，消化道已经完全打通，仔鱼具备摄食能力，进入“混合性营养”阶段。但此时仔鱼口径很小，加之运动能力有限，仔鱼只能摄食牡蛎受精卵，而且饵料密度要达到相当大的程度。这一状况维持到仔鱼的口径进一步扩大，可摄食部分常规培养的轮虫，此时鱼已经长出背棘与腹棘，内部器官进一步发育完善，外部形态也发生变化，这一时期仔鱼对饵料营养要求比较高，因食物中 DHA 和 EPA 不足，或比例不适致使仔鱼营养缺乏，同时由于食物残留，细菌、原生动物繁殖很快，加之桡足类的投喂也会携带病害，所以这期间要注意水质控制、防止 DHA 和 EPA 缺乏和营养单一，投喂 DHA 强化的轮虫。

第三个危险期是指随着仔鱼的生长，仔鱼后期和稚鱼期的养殖群体会出现大小差异，鱼苗间会发生残食现象。这种现象是由于大小差异、饵料不足、投喂不均、次数不够所造成。要防止这种现象的发生必须加大投饵频率，并在必要时进行分苗。鳞片长齐后，幼鱼获得保护屏障，可以完全采取配合饲料投喂，同时要控制水质和防治病害。

第四节 国内外海水鱼工厂化养殖现状

一、国内外海水鱼工厂化循环水养殖概况

随着高密度、集约化养殖规模不断扩大，各国水产养殖产业面对的养殖环境压力也不断增大，各国为确保本地区水产养殖业的可持续发展，都在积极发展能有效调控水质的养殖模式。在此背景下，工厂化循环水养殖技术发展起来，应用面积越来越大，规模较大的循环水养殖场层出不穷。当前国内外学者不仅在循环水养殖科学研究方面，而且在实际生产应用方面也已经获得多项突破，成就斐然。

欧洲现在的主流养殖模式是高密度封闭循环水养殖，提高养殖生物放养密度进而提高了养殖总产量，单产最高可达 100 kg/m^3，同时所养殖的品种范围不断扩大，现已普及到虾类、贝类、藻类的养殖。在丹麦，平均每 10 万人就拥有一家循环水养殖场，越来越多的鲑鱼（*Oncorhynchus*）流水式养殖车间正在向循环水养殖转变；在法国，几乎所有的大菱鲆（*Psetta maxima*）和牙鲆（*Paralichthys olivaceus*）苗种孵化和养成都用循环水系统；西班牙和葡萄牙的养殖量有 70% 是在循环水里实现的；在挪威，2005 年鲑鱼全国总产量只有 35 万尾，到了 2009 年利用循环水养殖鲑

鱼幼鱼，总产量已经高达380万尾，增长了约11倍，生产规模逐年扩大。挪威最近启动了“网箱上岸”的国家计划，以每年20%的增量，将大西洋鲑鱼从网箱养殖转移到循环水车间养殖。

我国是全球最大的水产养殖国家，海、淡水总产量已占世界的六成以上，我国也是唯一养殖产量超过捕捞产量的国家。近年来，我国水产养殖业蓬勃发展，到2014年，海水养殖总产量达到1 812.65万t，总产值达到2 815.47亿元。我国海水陆基工厂化养鱼起步较晚，发展初期只有少数热电厂温排水养殖牙鲆、河鲀（*Takifugu*）等，这种养殖模式是通过大量更换新水来改善生态环境的，养殖产生的残饵和代谢排泄物不经任何处理就直接排放到养殖场周围的水域环境中去，所以尚处在工厂化养鱼的初级阶段。后来国内水产养殖企业继续学习国外先进技术，并引进水处理设备，流水养殖模式经过转型改造，发展成为封闭式循环水模式。其发展和应用主要从我国北方沿海地区的鲆鲽类开始，后逐渐发展到热带地区的高价鱼类如石斑鱼等。据统计，2014年我国工厂化养殖的规模已接近6 000万m^2，产量36.7万t，其中，海水工厂化养殖规模超过2 564.5万m^2，产量17.0万t，其中山东和福建两省的海水工厂化养殖面积总和占全国总养殖面积的一半还多，天津和海南的海水工厂化养殖面积比较接近，都是40万m^2余。

二、工厂化循环水养殖研究进展

工厂化循环水养殖模式是从21世纪初才开始定向研究和推广应用的，它具有节能、节水、节地、减排、安全、高效、不受季节限制等优点，目前主要品种以鲆鲽类、石斑类为主。这种养殖模式之所以具有强大的生命力，与国内产、学、研业界同仁全力研究解决水质处理的核心技术密切相关。养殖废水虽属轻度污染水，但要达到循环回收利用，水质处理是关键，循环水的处理技术要求的等级较高。在生产上，一般需要采用物理过滤、化学过滤、生物过滤等过程；技术上一般采用包括微滤机、弧形筛、泡沫分离、臭氧消毒、生物滤池、紫外线杀菌、加热恒温、纯氧增氧等一系列手段进行处理。因此，循环水的水处理技术工艺就成为工厂化循环水养殖模式的关键核心环节（图1.4）。只有优质、高效的水处理工艺才能使养殖废水中的有害物质得到有效去除，尤其对其中一些危及养殖生物健康、安全的病原微生物和可溶性有机物的处理，是工厂化循环水处理中的重中之重。

1. 生物过滤

鉴于生物滤器在循环水养殖水质的稳定性上起着重要作用，近几年我国对生物滤器的研究加大了科研力量，在其基本工作原理领域已经研究得比较透彻并取得了一定的成果。生物滤池是生物滤器的主要载体，定向培养微生物菌群，降解水体中

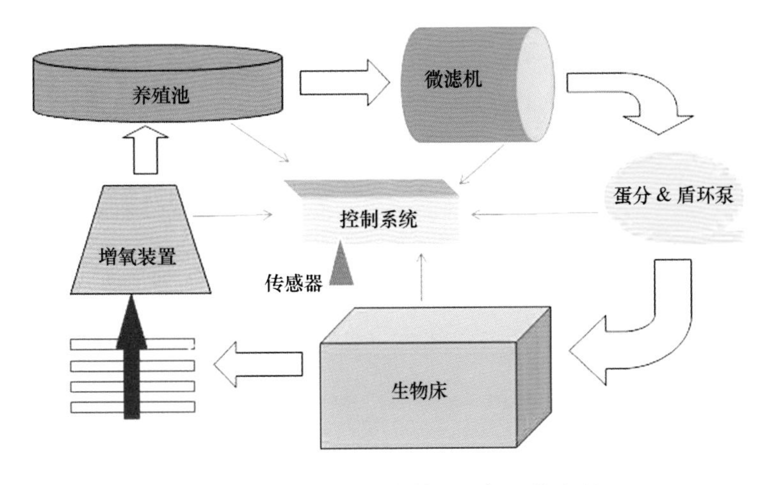

图 1.4 工厂化循环水养殖一般工艺流程

含氮化合物，实现水质净化，反应过程一般包括硝化反应和反硝化反应。简单地讲，就是在生物滤池中填装比例适量的填料，通过精心培养，促使填料表面生长生物膜，主要由自养型硝化细菌组成，产生硝化反应去除水中的氨氮和亚硝基氮。目前在我国北方鲆鲽类养殖面积很大，多采用循环水养殖模式，这些循环水养殖系统大多数是应用浸埋式生物滤池。

2. 物理过滤

物理过滤主要是清除养殖水体中悬浮物、粪便和残饵等固体废弃物。在海水鱼类循环水养殖系统中，使用率最高的过滤设备主要有微滤机、弧形筛和蛋白质分离器等。主要作用是利用过滤、沉降、吸附等方式去除水体中的固型颗粒物。蛋白质分离技术最早应用在20世纪70年代工业废水处理中，后来被应用到循环水养殖上来。其主要工作原理是“气浮”，向水体中不断充气，表面活性物质被微小气泡所吸附，浮于水面形成泡沫，进而被收集并清除，达到水质净化的目的。废水中存在的蛋白质等有机物可被矿化成具有毒性的氨化物以及其他有毒物质，采用蛋白质分离技术对水体进行处理，可消除这种现象。在实际生产中，养殖场常常把弧形筛和泡沫分离器一起配合使用，效果反映不错。

3. 杀菌、消毒设备

目前循环水养殖系统中主要使用臭氧和紫外线杀菌消毒。宫小明等利用0.28 mg/L的臭氧浓度对沙滤海水进行处理，在10 min内即可全部杀死溶藻弧菌等致病性弧菌。姜国良等在对牙鲆的急毒性实验中表明，残余臭氧浓度为0.2～0.4 mg/L时，12 h牙鲆存活率为65%，24 h为7%。海水中的臭氧溶解度是有限的，浓度到一定时间就会饱和，达最大值，因此，臭氧处理时注意浓度控制，保证达到理想杀菌效果。由于臭氧处理容易产生残余，其最佳杀菌浓度不容易控制，在养殖企业实际生产中紫外线装置的使用更为广泛。研究结果表明紫外线属电磁波辐射，杀菌的最有效波段在240~280 nm，主要的波长为253.7 nm时，杀灭细菌效果最佳。向流经的水体放射紫外线，能穿过有害菌体的细胞膜，引起细胞核中DNA的构造变化，从而破坏有害菌体的繁殖能力，达到消灭病原菌的效果。福建省连江水产技术推广站在大黄鱼（*Pseudosciaena crocea*）的育苗过程中使用紫外消毒技术，结果表明，紫外线对育苗用水平均杀菌率为99.87%，鱼苗平均成活率从18.0%提高到51.2%。

4. 增氧设备

循环水养殖系统中可以使用罗茨鼓风机或液氧来增加养殖水体中的溶解氧含量。近几年，海南省海水鱼类工厂化养殖过程中逐步开始进行液氧代替传统鼓风机充氧进行豹纹鳃棘鲈养殖。

第二章 豹纹鳃棘鲈人工繁殖技术

第一节 亲鱼的培育与催产

豹纹鳃棘鲈的亲鱼或后备亲鱼要选择个体大、体质健壮、体型匀称、色泽鲜艳、生长速度快、体表完整、无伤无病、活泼机敏的个体。目前，用于人工繁殖的亲鱼有两个来源：① 通过捕获野生个体养成的无伤无病、体型正常的个体；② 从人工养殖的商品鱼中挑选。野生的豹纹鳃棘鲈雄性一般要求亲鱼的体重在 4 kg 以上、雌性的体重在 2.5 kg 以上；从人工养殖商品鱼中筛选的亲鱼一般在养殖 3 年后就可以进行强化培育。一个小的繁殖群体要求有效的亲鱼数量在 50 尾以上，雌雄比最好能控制在 1∶1~2∶1 的范围内。当然，亲鱼群体数量越多繁殖成功率也越高，也可避免因近亲交配造成的受精卵质量下降的问题。如果条件允许可以定期更换繁殖群体，可保持繁殖群体的遗传多样性，保证后代的生长速度等经济性状。在海南，豹纹鳃棘鲈的亲鱼培育一般在近岸网箱内培育和催产。

一、亲鱼培育的网箱设置

用于培育亲鱼的网箱，一般选择框架式网箱，网箱的规格可根据实际情况而定，一般放养于规格 3 m×3 m×3 m 的网箱，放养密度一般为 4~8 kg/m^3。把养殖亲鱼的网箱设置在更靠近外海，水质稳定，盐度、pH 值、温度等理化因子变化小，远离河流入海口，避风性好的位置（图 2.1）。

二、亲鱼的强化培育、催熟和催产

对饲养在网箱中的后备亲鱼（图 2.2），以每天投喂新鲜杂鱼、虾、蟹或鱿鱼等进行强化培育。进入繁殖准备阶段前，每天在饲料中添加酵母细胞壁 6~8 g/kg、微量元素 6~8 g/kg、高级鱼油和多种维生素（主要含维生素 C、维生素 E）2~4 g/kg 等，以 α^2 淀粉来黏合饲料，混合调均匀后塞入鱿鱼外套膜内投喂，同时根据亲鱼情况定期在背部肌肉注射激素促进亲鱼性腺的发育，已达到催熟的目的。在培育过程中，控制投喂饵料量为鱼体重的 2%~5%，并保持网箱水流畅通清洁，定期更换清洗网衣，每天检查网箱，发现网箱中有破损或有漂浮污物时必须及时处理。当水温

图 2.1　豹纹鳃棘鲈亲鱼培育网箱

低于 21℃时，每 3 d 投喂 1 次，水温在 22～29℃时，每天投喂 1 次，每天 9：00 前完成，高水温期间适当减少投饵量。

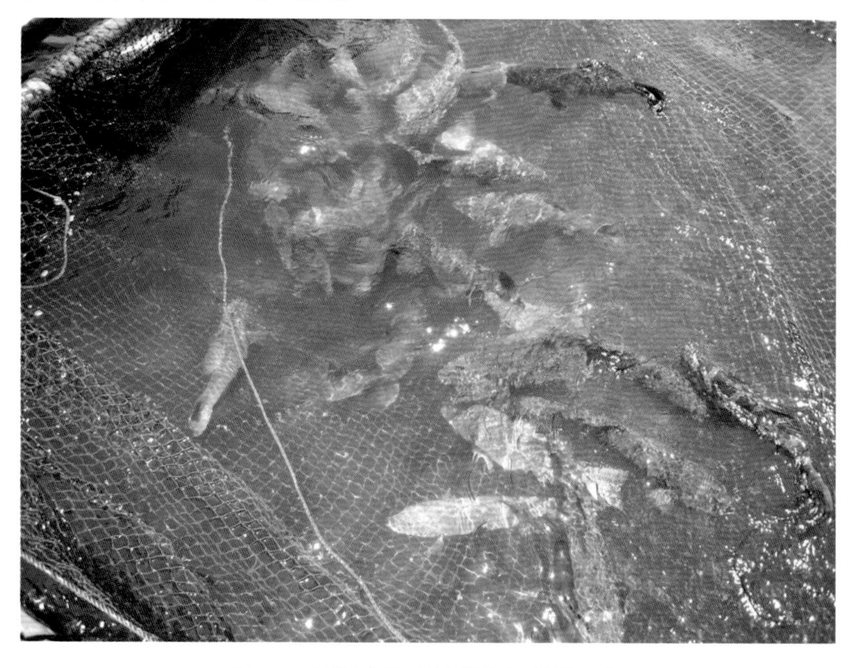

图 2.2　网箱中培育的豹纹鳃棘鲈亲鱼

在繁殖季节，挑选腹部较大（图 2.3）、显露性腺轮廓的亲鱼进行性成熟度检查，选择用手轻微挤压腹部有白色精液或卵子流出的个体，雌、雄亲鱼按 1∶1～1.5∶1比例搭配，进行注射药物催产。

图 2.3　待催产的豹纹鳃棘鲈亲鱼

为简化操作过程，减少对亲鱼的损伤，人工催产应与亲鱼的选择同时进行，将挑选好的亲鱼先放入海水水带中进行麻醉，待亲鱼麻醉侧卧时，即可实施催产。催产剂使用宁波市三生药业有限公司生产的注射用绒促性素（HCG）和注射用促黄体素释放激素 A_3（促排卵素 3 号，LHRH-A_3）。剂量为 HCG 600～650 IU+LHRH-A_3 5～5.6 μg/kg（鱼体重），溶解于 1.5 mL 注射用水，一次性注射，水温为 30.7℃。实际操作中的具体药物催产浓度应视亲鱼性腺成熟状态进行适当调整，一般雄鱼注射剂量为雌鱼的 1/2，背部肌肉注射，注射时针头朝向头部，与鱼体呈 30°角（图 2.4）。注射后放入内套一层筛绢网的网箱中进行自然产卵，放养密度为 1 尾/m^2，若条件允许可在网箱内布设气石，适量充气，药物效应时间大约在 32 h。

中午对亲鱼注射催产激素，次日早上部分亲鱼开始出现发情行为。亲鱼发情时，通常可见两尾鱼一左一右齐头并游，或一前一后追逐，游动速度较快，到网箱拐角处相互交叉，发生身体接触后反方向继续齐头并游；还偶尔发现两尾鱼首尾相接游动的现象，这种发情追逐一直持续到次日傍晚（图 2.5）。晚上亲鱼沉在网箱底部，由于光线较暗，无法观察其行为。到次日凌晨 2∶30，部分亲鱼开始到水面以齐头并游的方式活动，异常激烈，偶尔发现并游的两尾亲鱼中的一尾腹部会露出水面数秒

图 2.4　豹纹鳃棘鲈打针催产

钟，此时亲鱼正在产卵。4:00 后，亲鱼沉到网箱底部，不太活动，产卵结束。后 1 d凌晨开始，亲鱼重复前 1 d 的行为，并少量产卵。

图 2.5　注射催产剂后的豹纹鳃棘鲈亲鱼

三、受精卵的收集、打包与运输

鱼排上培育的亲鱼一般在夜间产卵，卵在水中自然受精，由于夜间在鱼排上操作不方便，一般在次日早上进行收卵。豹纹鳃棘鲈的受精卵为浮性卵，可用特制的捞网收卵（图 2.6），把收集的受精卵用 20 目或 40 目的手抄网过滤洗净后，轻轻放在装有清洁海水的卤虫孵化桶中，先停止对孵化桶充气，并朝一个方向轻轻搅动，形成旋转的水流，好的受精卵通常会浮于上层，死卵、未受精的卵、杂物等会沉在底部，此时打开底部开关将死卵等杂物排除，然后再补充清新海水，可重复 1~2 次以清除坏卵和杂物，之后恢复充气。打包前停止充气，用手抄网捞起表层的受精卵进行称重、计数后进行打包。

受精卵一般采用尼龙袋充氧打包运输，先向尼龙袋中加上 2~3 L 新鲜海水，然后放卵 50~100 g，充入氧气打包后，即可进行低温（控制在 25℃左右）运输。一般在 6~10 h 运至育苗孵化场。

图 2.6 从亲鱼培育网箱收集受精卵

四、日常管理

建立亲鱼管理日志，对掌握亲鱼情况，提高养殖管理水平是很必要的，坚持每天记录。

（1）亲鱼的活动和摄食情况，亲鱼的死亡数量及症状、发病原因、用药种类和数量等防范措施。

（2）记录天气、海水温度、盐度、pH 值、水色、透明度、风浪和流速等。对突发性的台风、洪水、冷空气和赤潮等海况应特别记录。

（3）记录每天投喂饵料的种类、数量、投喂次数和时间等。

（4）详细记录人工催产的亲鱼数量、催产时间、药物与剂量、效应时间、发情行为、产卵量、受精率等各项指标，还要记录产卵时的天气和流速等海况。

第二节 豹纹鳃棘鲈受精卵的胚胎发育

2008 年笔者记录并观测了豹纹鳃棘鲈人工催产的受精卵的胚胎发育形态过程，实验在海南省陵水源泰水产养殖有限公司的黎安港基地进行，共挑选体重 3.0～3.5 kg，体表无伤、健康的豹纹鳃棘鲈亲鱼个体 84 尾用于人工催产。观察到亲鱼发情之后，不间断地用 60 目手抄网在亲鱼网箱实验性捞卵。将得到的受精卵放在 1 L 的烧杯中，保持与网箱中相同的水温条件孵化，同时取少量受精卵在显微镜下观察，记录受精卵的发育情况、描述其形态特征并拍照。之后每隔 1 h 左右，重新从网箱中捞取受精卵用于观察，直至仔鱼孵出。根据第一次取得受精卵的时间及形态，结合亲鱼的产卵行为确定产卵时间。镜检中，10 个胚胎中有 5 个以上发育至某一时期，即确定为胚胎发育至该时期。受精卵卵径、卵黄囊、油球的大小、出膜仔鱼的全长等，在显微镜下用目测微尺测量。

一、豹纹鳃棘鲈的胚胎发育时序

利用 2008 年 5 月 22 日采集到的豹纹鳃棘鲈的受精卵，进行胚胎发育的观察。在水温 30.0～31.2℃，盐度 30 的条件下，胚胎发育过程历时 16 h 32 min，孵出活动能力正常的仔鱼。豹纹鳃棘鲈胚胎发育时序见表 2.1。

表 2.1 豹纹鳃棘鲈胚胎发育时序

受精后时间	胚胎发育时期	水温/℃	主要形态特征
0 h 00 min	受精卵	30.5	浮性、圆球形端黄卵，1 大油球
0 h 17 min	胚盘隆起	30.5	形成盘状突起
0 h 32 min	2 细胞期	30.5	第 1 次卵裂，形成 2 个细胞
0 h 40 min	4 细胞期	30.5	第 2 次卵裂，形成 4 个细胞
0 h 49 min	8 细胞期	30.5	第 3 次卵裂，形成 8 个细胞
0 h 57 min	16 细胞期	30.4	第 4 次卵裂，形成 16 个细胞

续表

受精后时间	胚胎发育时期	水温/℃	主要形态特征
1 h 05 min	32 细胞期	30.4	第 5 次卵裂，形成 32 个细胞
1 h 14 min	64 细胞期	30.4	第 6 次卵裂，形成 64 个细胞，细胞开始分层
1 h 24 min	128 细胞期	30.4	第 7 次卵裂，形成 128 个细胞，细胞分层明显
1 h 36 min	多细胞期	30.4	排列极不规则，细胞变小
2 h 01 min	桑椹胚期	30.0	细胞变小，数目增多呈桑椹球形状
3 h 00 min	高囊胚	30.0	囊胚隆起，呈高帽状
4 h 10 min	低囊胚	30.0	胚盘隆起下降，覆盖在卵黄上
5 h 25 min	原肠早期	30.0	侧面观可见胚环和新月形的雏形胚盾
6 h 20 min	原肠中期	30.4	胚层下包卵黄 1/2，胚盾明显变长
7 h 00 min	原肠末期	30.7	胚层下包卵黄 3/4，胚盾变得更长
8 h 20 min	胚体形成期	30.7	胚层即将下包整个卵黄，胚体头部变大
9 h 07 min	神经胚期	30.9	神经板形成，脊索可见
9 h 45 min	克氏泡形成期	30.9	胚体前端出现视囊，末端球腹面出现克氏泡
10 h 45 min	视囊成形期	31.2	胚体前端视囊轮廓增大，出现 7 对肌节
11 h 40 min	脑泡形成期	31.2	脑泡出现
12 h 45 min	心脏形成期	31.2	心脏出现，肌节 16 对
14 h 05 min	肌肉效应期	30.7	胚体开始颤动，脑泡分为左右两室
14 h 37 min	尾牙成期	30.7	视杯明显，尾牙已和卵黄囊分开
14 h 59 min	心脏跳动期	30.7	心脏开始跳动
15 h 21 min	出膜前期	30.7	胚体扭动幅度、频率增大而有力，即将出膜
16 h 32 min	初孵仔鱼	30.7	已孵出 50%的仔鱼

二、豹纹鳃棘鲈胚胎发育形态变化

1. 受精卵

豹纹鳃棘鲈的受精卵为端黄卵，浮性，圆球形，直径为（816.5±15.9）μm，具一直径约 145.5 μm 的油球（图版Ⅰ-1），有些还含有数个小油球（图版Ⅰ-2），小油球的数量 1~6 个不等，含小油球的受精卵约占受精卵总数的 10%。受精后

17 min，卵质由植物极流向动物极形成盘状突起，即胚盘隆起（图版Ⅰ-3）。

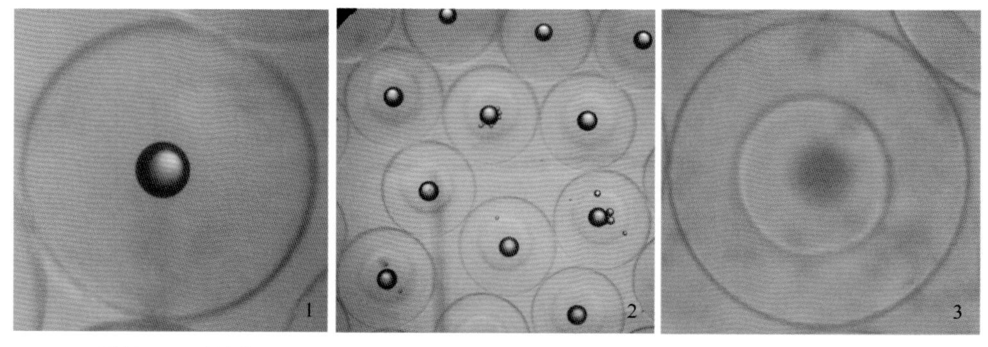

图版Ⅰ-1 受精卵　图版Ⅰ-2 油球　图版Ⅰ-3 胚盘隆起

2. 卵裂期

豹纹鳃棘鲈的卵裂方式与其他硬骨鱼类相同，属盘状卵裂。受精后 32 min，完成第 1 次卵裂，先是在胚盘中央出现裂痕，并且逐渐加深，最后卵裂纵沟把胚盘分裂成两个细胞，为经裂（图版Ⅰ-4）；受精后 40 min，在与第 1 次卵裂面的垂直线上纵裂，把两个细胞分别一分为二，完成第 2 次卵裂，进入 4 细胞期（图版Ⅰ-5）；受精后 49 min，完成第 3 次卵裂，在第 1 次卵裂面的两侧发生纵裂，分裂面与第 1 次卵裂面平行，进入 8 细胞期，此时的卵裂球外观呈圆角状的长方形，规则且对称地排列成两行（图版Ⅰ-6）。

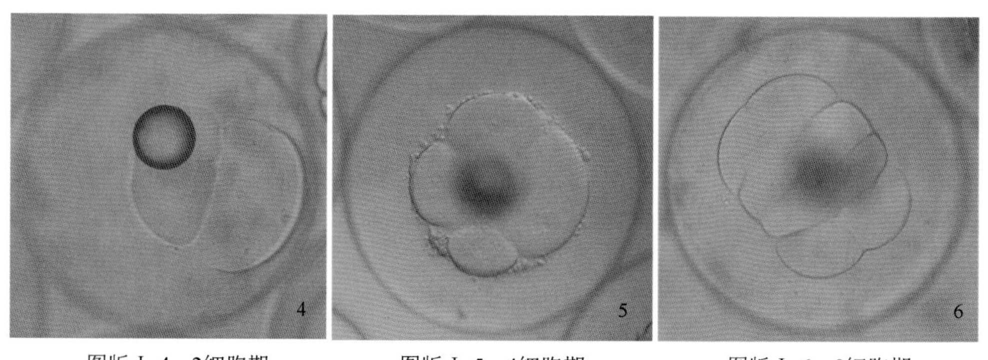

图版Ⅰ-4 2细胞期　图版Ⅰ-5 4细胞期　图版Ⅰ-6 8细胞期

受精后 57 min，完成第 4 次卵裂，在第 2 次卵裂面的两侧、平行于第 2 次卵裂面产生分裂沟，由 8 个细胞分割成 16 个细胞，此时的卵裂球外观呈圆角状的正方形，细胞大小基本相等，规则地排成 4 行 4 列（图版Ⅰ-7）；受精后 1 h 05 min，发生第 5 次卵裂，形成 32 个细胞。这次卵裂完成后，卵裂球细胞排列不规则，中央细胞稍大，最外层细胞围成一圈、大小均等，细胞之间的界限开始模糊不清（图版Ⅰ-8）；受精后 1 h 14 min，发生第 6 次卵裂，共产生 64 个细胞，细胞排列不规则，且大小不均等，显微镜下观察细胞开始出现重叠现象；受精后 1 h 24 min，发生第 7

次卵裂，细胞团轮廓在显微镜下呈不规则的圆形，出现明显的重叠现象，细胞排列不规则，细胞界限模糊不清，进入128细胞期（图版Ⅰ-9）。

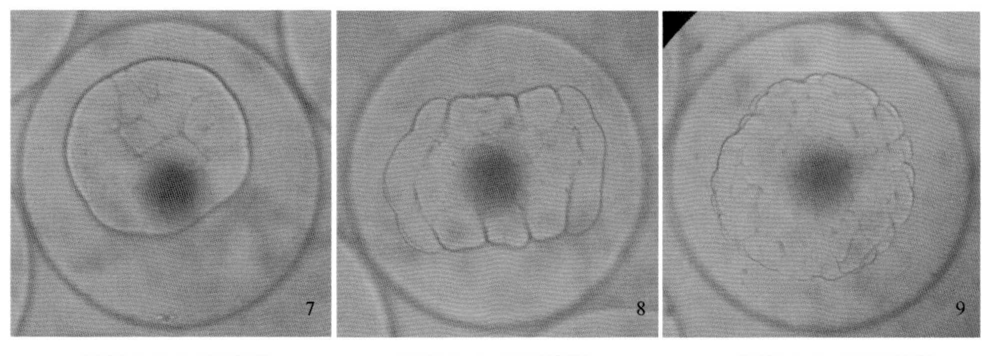

图版Ⅰ-7 16细胞期　　图版Ⅰ-8 32细胞期　　图版Ⅰ-9 128细胞期

受精后1 h 36 min，细胞团轮廓在显微镜下呈不规则的方形，细胞数目难以数清，细胞变小，排列极不规则，细胞界限模糊不清，进入多细胞期（图版Ⅰ-10）；受精后2 h 01 min，细胞变得更小，呈球状，细胞团轮廓已渐趋圆形，与桑椹球形状非常相似，此时已进入桑椹胚期（图版Ⅰ-11）。

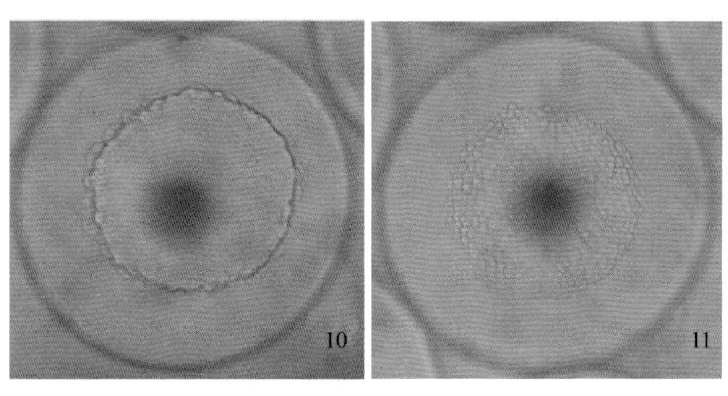

图版Ⅰ-10 多细胞期　　图版Ⅰ-11 桑椹胚

3. 囊胚期

受精后3 h 00 min，随着卵裂继续进行，细胞数目及细胞层次不断增加，胚盘与卵黄之间形成囊胚腔，囊胚中部明显地向上隆起，呈高帽状，此时进入高囊胚期（图版Ⅰ-12）；此后，胚盘逐渐下降，受精后4 h 10 min，进入低囊胚期（图版Ⅰ-13），这时胚盘边缘可见到呈带状分布的颗粒状卵黄多核体，胚盘的表面光滑。

4. 原肠胚期

在囊胚期之后，胚胎发育进入原肠胚期。胚层细胞逐渐向植物极下包，在此过程中，边缘部的细胞运动缓慢并向内卷。受精后5 h 25 min，卵黄被胚层下包1/3，进入原肠早期（图版Ⅰ-14），此时侧面观可见边缘细胞内卷而形成明显的胚环和新月形的雏形胚盾；受精后6 h 20 min，胚层下包卵黄1/2，胚环更加明显、变大，胚

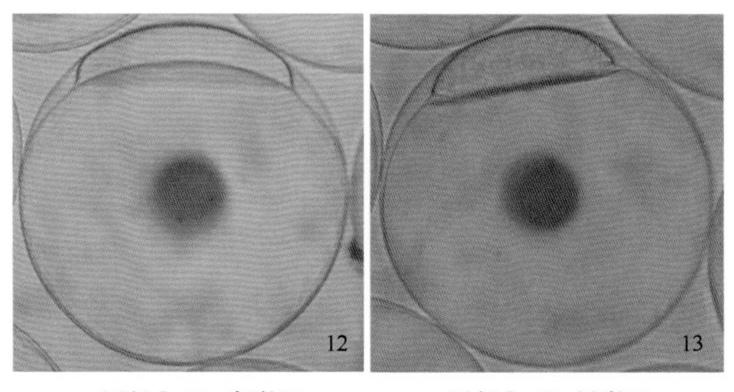

图版 Ⅰ-12 高囊胚　　图版 Ⅰ-13 低囊胚

盾明显变长，即进入原肠中期（图版Ⅰ-15）；受精后 7 h 00 min，胚层下包卵黄 3/4，胚盾变得更长，发育至原肠末期（图版Ⅰ-16）。

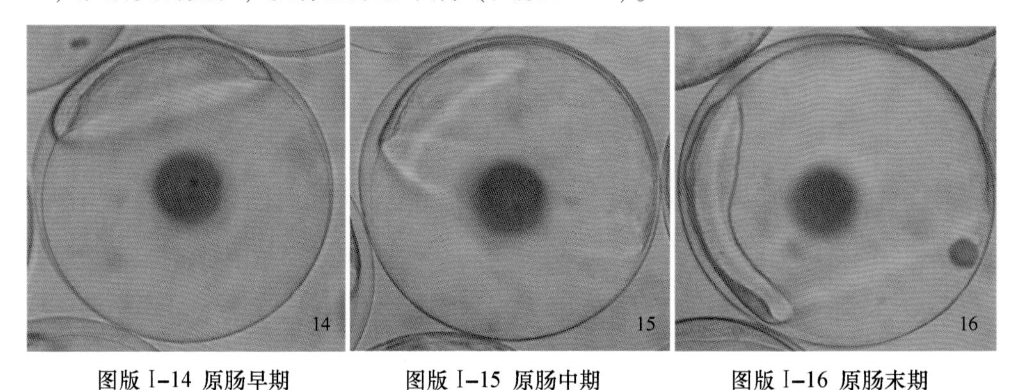

图版 Ⅰ-14 原肠早期　　图版 Ⅰ-15 原肠中期　　图版 Ⅰ-16 原肠末期

5. 胚体期

受精后 8 h 20 min，胚层即将下包到整个卵黄，胚体头部变大，进入胚体形成期（图版Ⅰ-17）；受精后 9 h 07 min，胚盘背面增厚，形成神经板，在显微镜下，神经板折光性较强，中央线内有一条圆柱状脊索，即进入神经胚期（图版Ⅰ-18）；受精后 9 h 45 min，在胚体前端两侧出现一对视囊，在末端腹面（近卵黄处）出现 1 个液泡样结构即克氏泡，出现 7 对肌节（图版Ⅰ-19）。

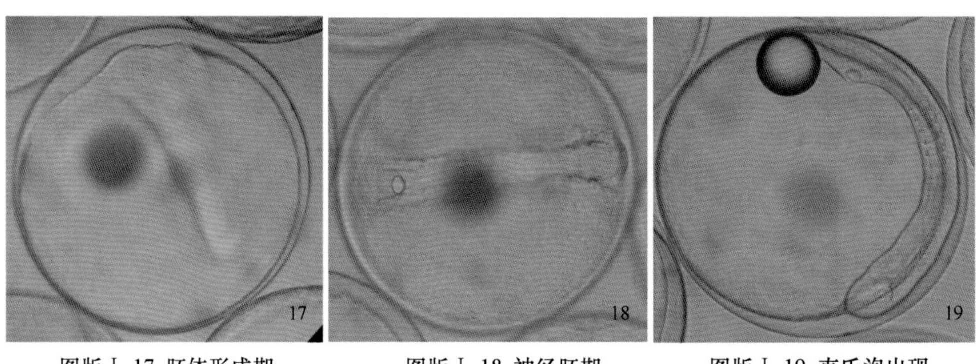

图版 Ⅰ-17 胚体形成期　　图版 Ⅰ-18 神经胚期　　图版 Ⅰ-19 克氏泡出现

受精后 10 h 45 min，在胚体前端两侧出现的一对视囊轮廓更加清晰（图版Ⅰ-20）；受精后 11 h 40 min，在胚体头部背面两个视囊之间出现椭圆形板状脑泡，脑泡未分室，克氏囊消失（图版Ⅰ-21）；受精后 12 h 45 min，胚体下包卵黄约 1/2，心脏出现，肌节 16 对（图版Ⅰ-22）。

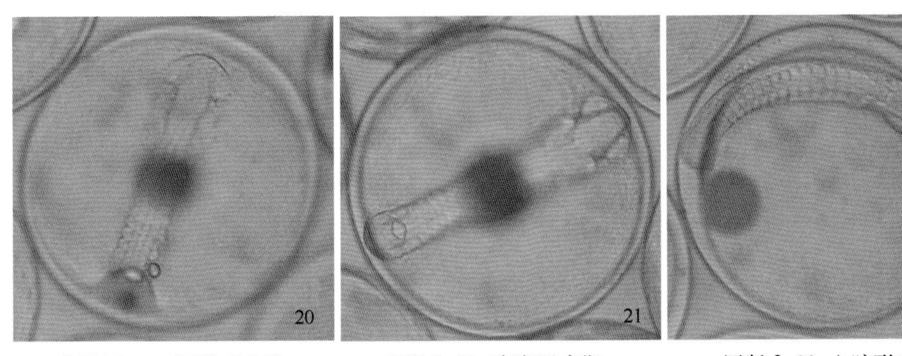

图版Ⅰ-20 视囊形成期　图版Ⅰ-21 脑泡形成期　图版Ⅰ-22 心脏形成期

受精后 14 h 05 min，胚体开始颤动，此时尾芽还未与卵黄囊分离，胚体颤动无规律，脑泡分为左右两室（图版Ⅰ-23）；受精后 14 h 37 min，视杯明显，尾芽已和卵黄囊分开（图版Ⅰ-24）；受精后 14 h 59 min，胚体下包卵黄约 2/3，心脏开始跳动，起初搏动很微弱，随后逐渐变得快而有力，此时胚体开始间歇抽动（图版Ⅰ-25）。

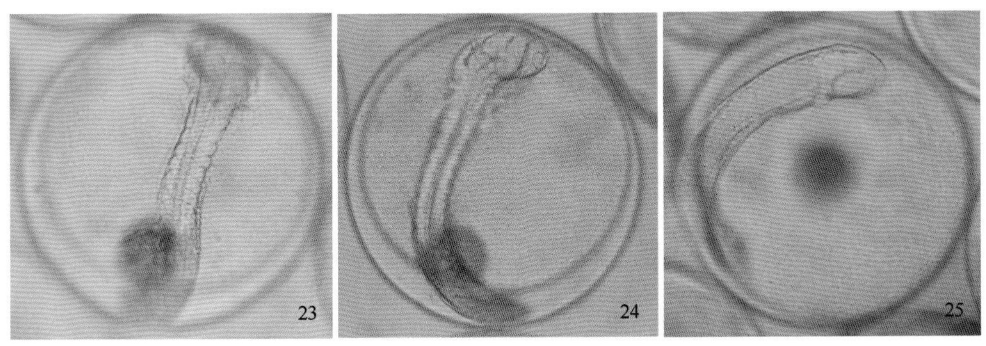

图版Ⅰ-23 肌肉效应期　图版Ⅰ-24 尾芽期　图版Ⅰ-25 心脏跳动期

受精后 15 h 21 min，胚体下包卵黄 4/5，胚体扭动幅度、频率变大而有力，进入出膜前期（图版Ⅰ-26）；受精后 16 h 50 min，已有一半的仔鱼孵出，初孵仔鱼全长约（1 503.2±120.1）μm，腹部带有 1 个大的椭圆形卵黄囊［长径约（873.1±28.3）μm、短径约（684.0±23.9）μm］，卵黄囊后端有 1 个直径约 145.5 μm 的油球，此时仔鱼的卵黄囊朝下，身体纵轴呈水平悬浮于水中，偶尔扭动，无游泳能力（图版Ⅰ-27）。

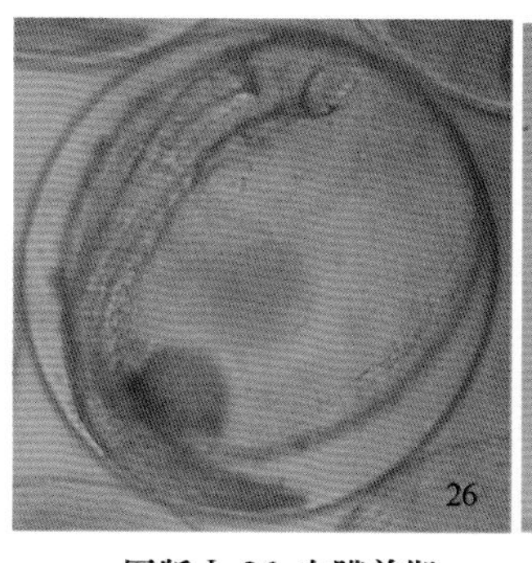

图版 I–26 出膜前期

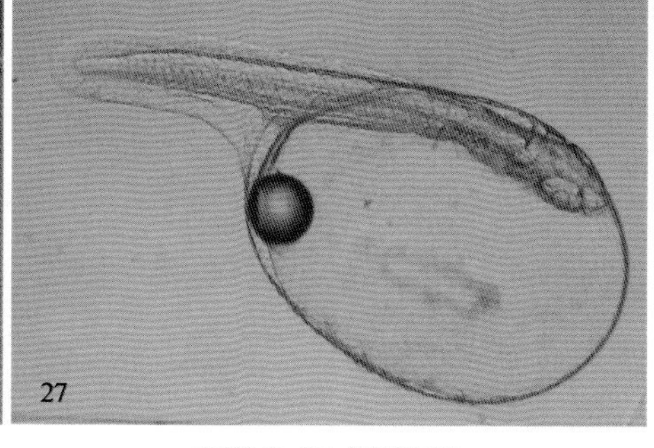

图版 I–27 初孵仔鱼

三、豹纹鳃棘鲈胚胎发育特点

豹纹鳃棘鲈受精卵在水温 30.0~31.2℃条件下，胚胎发育时间为 16 h 32 min 时，已有 50%的仔鱼出膜，Kenzo 等报道该鱼的受精卵在水温 28℃的条件下，孵化出 50%的仔鱼时，需要经过 19 h 00 min。这与其他动物胚胎发育特点是一致的。并且，发育速度与石斑鱼属的其他种类也比较接近，如陈国华等研究了点带石斑鱼的人工繁殖，得到不同发育温度与胚胎发育时间的关系，20~21℃时孵化时间48 h 40 min，22~23℃时为 39 h 30 min，23~24℃时为 33 h 00 min，24~25℃时为 26 h 10 min，25.5~26.5℃时为 24 h 0 min，25~27℃时为 22 h 50 min，25.5~28.5℃时为 21 h 53 min，30~32℃时为 19 h 7 min；黎祖福等研究鞍带石斑鱼的人工繁殖时发现，其受精卵在盐度 28~33、水温 25~28℃、pH 值 8.0~8.5 的水环境条件下，经过 22 h 可孵化出仔鱼；张海发等研究斜带石斑鱼胚胎发育发现，在水温（25±0.5)℃、盐度 31.0、pH 7.8 的海水中，斜带石斑鱼胚胎历时 28 h 30 min 完成整个胚胎发育孵化出膜；刘付永忠等研究了自然产卵的赤点石斑鱼胚胎发育，在水温 27.9~29.3℃、盐度 33.5 的环境条件下，从受精卵发育至仔鱼孵化历时 17 h 55 min。

王涵生总结石斑鱼人工繁殖现状和存在的问题时指出，即使是在自然产卵条件下石斑鱼的卵质也不佳。具体表现在：①卵径大小相差较大；②上浮卵的比例小；③受精率低。作者本次对豹纹鳃棘鲈的催产，也存在产卵量小、受精卵低等问题。此外，本次得到的豹纹鳃棘鲈受精卵中多数中央只含有一个大的油球，有 10%左右的受精卵还含有数个小的油球，点带石斑鱼、斜带石斑鱼和驼背鲈的受精卵中只含有一个油球。根据笔者的经验，海水鱼类受精卵出现一些小的油球，也是卵质不好的表现。上述情况的出现，是催产剂量不合理还是亲鱼的发育状况存在问题，值得进一步研究。

第三节　温度、盐度和 pH 值对豹纹鳃棘鲈早期发育阶段的影响

温度、盐度和 pH 值是影响海水鱼类生存、生长的重要环境因子，同时也是海水鱼类种苗培育所需的三大关键因子，不同鱼类对这 3 种环境因子的适应范围也有很大差异。国内外有关温度、盐度和 pH 值对海水鱼类早期发育阶段的影响已有不少报道，萱野泰久等研究了温度、盐度对赤点石斑鱼胚胎发育及仔鱼生长发育的影响；张海发等研究了温度、盐度及 pH 值对斜带石斑鱼受精卵孵化和仔鱼活力的影响；曲焕韬等研究了温度和盐度对鞍带石斑鱼受精卵发育及仔鱼成活率的影响。笔者探讨了不同温度、盐度和 pH 值对豹纹鳃棘鲈受精卵孵化及仔鱼活力的影响，旨在探索环境因子对豹纹鳃棘鲈早期发育阶段生存的影响，以期丰富豹纹鳃棘鲈早期发育阶段的生物学基础资料，并为生产实践提供理论依据。

一、温度对豹纹鳃棘鲈受精卵孵化和仔鱼活力的影响

1. 实验用材料来源

实验用的豹纹鳃棘鲈受精卵、初孵仔鱼均由海南省海洋与渔业科学院下属的海南海研热带海水鱼类良种场提供。在水泥池中培育的豹纹鳃棘鲈亲鱼，在海水水温 30℃条件下，经催产后一般在凌晨 3：00 前后产卵。等亲鱼产卵后，马上用 60 目的筛绢网捞取受精卵，放在干净的海水中，挑选发育正常的受精卵用于孵化实验。

另取部分受精卵置于卤虫孵化桶中进行充气孵化，待仔鱼孵出后，用小烧杯轻轻的挑选活力正常、无畸形的个体用于不投饵存活系数的实验。

2. 不同温度条件对豹纹鳃棘鲈受精卵孵化的影响

共设置 20℃、22℃、24℃、26℃、28℃、30℃、32℃ 7 个梯度，用加热棒及冰袋控制水温为以上 7 个梯度，每个梯度设两个平行，共需烧杯 14 个。挑选发育正常的受精卵用于实验，将豹纹鳃棘鲈的受精卵分别放在不同温度梯度的盛有 1 000 mL新鲜过滤海水的烧杯中，每组放入 100 粒受精卵，静水孵化。待仔鱼孵出后，记录培育周期、孵化周期、孵化率、畸形率、一定时间内仔鱼存活率（24 h、48 h）。培育周期指同时受精的一批卵子中有 50%孵化出膜所用的时间，孵化周期指同时受精的一批鱼卵从第一尾仔鱼孵化出膜至最后一尾仔鱼孵化出膜的时间间隔。

不同温度条件下豹纹鳃棘鲈受精卵孵化情况见表 2. 2。结果表明，在温度 20~32℃范围内，培育周期呈现先降低后升高的趋势，温度为 20℃时，培育周期最长，为 19. 6 h，温度为 28℃时，培育周期最短，为 18. 7 h。

表 2.2 不同温度下豹纹鳃棘鲈受精卵的孵化

温度/℃	20	22	24	26	28	30	32
培育周期/h	19.6±0.2	19.5±0.2	19.0±0.1	18.8±0.3	18.7±0.1	19.0±0.2	19.5±0.1
孵化周期/h	5.1±0.1	4.9±0.2	4.5±0.5	4.3±0.1	3.5±0.1	3.7±0.3	4.0±0.3
总孵化率/%	76.67	90.00	83.33	90.00	70.00	66.67	56.67
畸形率/%	0.00	0.00	0.00	0.00	0.00	0.00	0.00
24 h 存活率/%	0.00	40.74	80.00	77.78	90.48	90.00	64.70
48 h 存活率/%	0.00	37.04	80.00	74.07	90.48	90.00	50.40

孵化周期的情况与培育周期相似，在温度 20～32℃范围内，孵化周期呈现先降低后升高的趋势，温度为 20℃时，孵化周期最长，为 5.1 h，温度为 28℃时，培育周期最短，为 3.5 h。

随着温度的升高，孵化率呈现先升高后降低的趋势，在 22℃和 26℃时达到最高，均为 90%，温度为 30℃和 32℃时，孵化率较低，分别为 66.67%和 56.67%。各温度组初孵仔鱼中并没有发现畸形现象。

温度为 32℃的初孵仔鱼在 48 h 后存活率为 50.4%；而且在温度为 22℃时，初孵仔鱼存活率也不高，24 h 后为 40.74%，48 h 后仅为 37.04%；温度为 28℃时的初孵仔鱼存活率最高，24 h 和 48 h 存活率都为 90.48%。

3. 不同温度条件对仔鱼不投饵存活系数（*SAI*）的影响

仔鱼的活力以不投饵存活系数（Survival Activity Index，*SAI*）为衡量指标。温度条件共设置 20℃、22℃、24℃、26℃、28℃、30℃、32℃ 7 个梯度，待仔鱼孵出后，用小烧杯小心的舀取水体表层游动活泼、肉眼观察无畸形的健康仔鱼 50 尾，放入 1 000 mL 烧杯中静水培育，不投饵，每天计算死亡的仔鱼数，直至仔鱼全部死亡。然后比较其不投饵存活系数 *SAI* 值。

SAI 值以下式求出：

$$SAI = \sum_{i=1}^{k} (N - h_i) \times i/N$$

式中：N 为起始的仔鱼数；k 为仔鱼全部死亡所需的天数；h_i 为第 i 天时仔鱼的累计死亡数。

在不同温度条件下，测定了 5 批次豹纹鳃棘鲈仔鱼的不投饵存活系数（*SAI*），结果详见图 2.7。可知，在温度 20～24℃的范围内，仔鱼的 *SAI* 值基本保持在同一个水平，随温度升高呈略有增加的趋势；在温度 24～32℃的范围内，随着温度的增加，仔鱼的 *SAI* 值逐渐减小。在温度为 24℃时仔鱼的 *SAI* 值达到最大，为 18.89；温度高于26℃时，*SAI*值明显变小，都在10以下。可见豹纹鳃棘鲈仔鱼存活的适宜温度范围为20~26℃，最适温度范围为22~24℃。

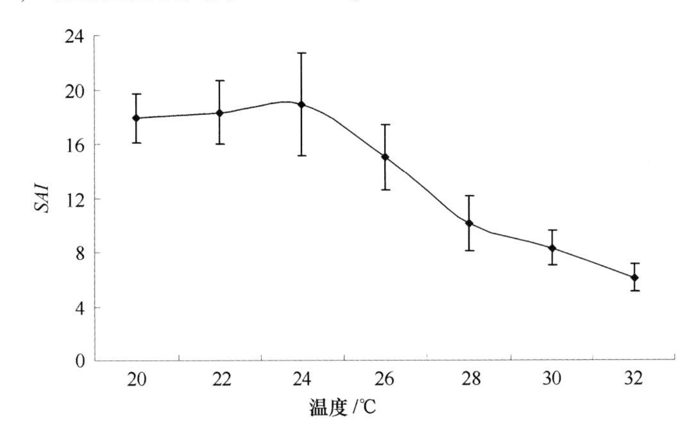

图2.7　不同温度条件下豹纹鳃棘鲈仔鱼的不投饵存活系数

4. 温度对豹纹鳃棘鲈受精卵和仔鱼存活影响分析

任何一种海水鱼类的胚胎发育都需要在适宜的温度条件下进行，不同的鱼种胚胎发育要求的温度条件不同，对温度的适应范围也有很大差异。曲焕韬等在温度和盐度对鞍带石斑鱼受精卵发育及仔鱼成活率的影响的研究中得出，鞍带石斑鱼受精卵在26~30℃时孵化率较高，尤其是28℃时孵化率达到最高水平，当温度超过30℃时，随着温度的升高孵化率降低。张海发等在温度、盐度及pH对斜带石斑鱼受精卵孵化和仔鱼活力的影响的研究中得出，斜带石鱼斑受精卵在温度低于22℃时不能孵化，24~26℃范围内孵化率最高，而在其他温度组孵化率较差。豹纹鳃棘鲈受精卵的孵化率在22℃和26℃时达到最高，均达到90%，温度为30℃和32℃时，孵化率较低，分别为66.67%和56.67%。但是仔鱼48 h存活率为28℃、30℃时最高，分别为90.48%和90%。在温度24℃时，孵化率为83.33%，仔鱼48 h存活率为80%，比26℃时的存活率74.07%要高，综上所述，豹纹鳃棘鲈受精卵的最适孵化温度为24℃。

二、盐度对豹纹鳃棘鲈受精卵孵化和仔鱼活力的影响

1. 实验用材料来源

实验用的豹纹鳃棘鲈受精卵、初孵仔鱼均由海南省海洋与渔业科学院下属的海南海研热带海水鱼类良种场提供。在水泥池中培育的豹纹鳃棘鲈亲鱼，在海水温度30℃条件下，经催产后一般在凌晨3:00前后产卵。待亲鱼产卵后，马上用60目的筛绢网捞取受精卵，放在干净的海水中，挑选发育正常的受精卵用于孵化实验。

另取部分受精卵置于卤虫孵化桶中进行充气孵化，待仔鱼孵出后，用小烧杯轻轻的挑选活力正常、无畸形的个体用于不投饵存活系数的实验。

2. 不同盐度条件下对豹纹鳃棘鲈受精卵孵化的影响

盐度条件共设置5.0、10.0、15.0、20.0、25.0、30.0、35.0、40.0、45.0共9个梯度，使用天然海水添加精盐和纯净淡水调配梯度，每个梯度设两个平行，共需烧杯18个。将豹纹鳃棘鲈发育正常的受精卵放于1 000 mL不同盐度梯度的烧杯中，每组100粒，恒温（26±0.5)℃静水孵化。待仔鱼孵出后，记录培育周期、孵化周期、孵化率、畸形率和一定时间内仔鱼存活率（24 h、48 h)。

在水温（26.0±0.5)℃条件下，对不同盐度条件下豹纹鳃棘鲈受精卵的孵化情况进行了研究（表2.3)。实验发现随着盐度的升高，受精卵的培育周期和孵化周期呈现先降低后升高的趋势，在盐度为30时培育周期和孵化周期最短，分别为23.5 h和2.1 h。

豹纹鳃棘鲈的受精卵在盐度为20～45孵化时，孵化率都比较高，都在75%以上；盐度在25～45时24 h存活率均在95%以上，特别是盐度在25～35时，48 h存活率也都在90%以上；当在盐度低于25或高于35的条件下孵化时，仔鱼的存活率很低，此盐度条件不适合豹纹鳃棘鲈受精卵的孵化，特别是在盐度低于20的条件下，仔鱼的存活率都为0，说明该鱼人工育苗不适合在盐度较低的水体条件下进行。

在盐度30～45时4个实验组中均发现有畸形仔鱼，畸形率分别为0.5%、1.0%、1.1%和3.0%，其余各组均未发现畸形鱼。

表2.3 不同盐度对豹纹鳃棘鲈受精卵孵化的影响

盐度	5	10	15	20	25	30	35	40	45
培育周期/h	–	24.5±0.3	24.4±0.1	23.9±0.2	23.6±0.1	23.5±0.2	23.9±0.2	24.1±0.3	24.9±0.1
孵化周期/h	–	3.1±0.5	3.0±0.2	2.7±0.2	2.3±0.2	2.1±0.1	2.5±0.1	3.8±0.1	4.1±0.2
总孵化率/%	–	56.1	66.4	78.8	84.9	93.3	90.7	88.2	90.1
畸形率/%	–	0.0	0.0	0.0	0.0	0.5	1.0	1.1	3.0
24 h存活率/%	0	0.0	0.0	78.1	100.0	100.0	98.2	96.7	96.1
48 h存活率/%	0	0.0	0.0	0.0	92.7	95.6	92.5	62.8	26.9

3. 不同盐度条件对仔鱼不投饵存活系数（*SAI*）的影响

仔鱼的活力以不投饵存活系数（*SAI*）为衡量指标。盐度条件共设置5.0、10.0、15.0、20.0、25.0、30.0、35.0、40.0、45.0共9个梯度。待仔鱼孵出后，用小烧杯小心地舀取水体表层游动活泼、肉眼观察无畸形的健康仔鱼 50 尾，放入 1 000 mL烧杯中恒温（26±0.5）℃静水培育，不投饵，每天计算死亡的仔鱼数，直至仔鱼全部死亡。然后比较其不投饵存活系数 *SAI* 值。

在水温（26.0±0.5）℃条件下，测得了 5 批豹纹鳃棘鲈仔鱼在不同盐度条件下的不投饵存活系数（*SAI*）（图 2.8）。盐度在 5~45 的范围内，随着盐度的增加，仔鱼的 *SAI* 值呈先升后降的变化趋势。当盐度为 5 时仔鱼的 *SAI* 值为 0，盐度大于 40 时仔鱼的 *SAI* 明显降低，盐度在 10~35 的范围内仔鱼的 *SAI* 值较高，其中盐度为 25 时仔鱼的 *SAI* 值最高。可见豹纹鳃棘鲈仔鱼的存活的适宜盐度范围为 10~35，最适盐度范围为 25~30。

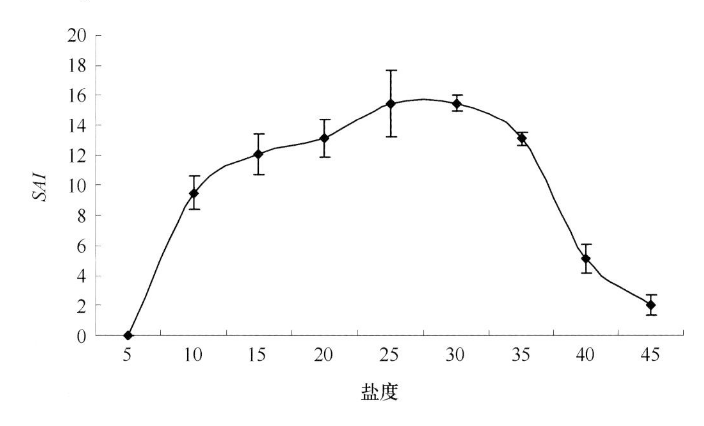

图 2.8 不同盐度条件下豹纹鳃棘鲈仔鱼的不投饵存活系数

4. 盐度对豹纹鳃棘鲈受精卵和仔鱼存活影响分析

海水的盐度与温度一样也是直接影响鱼类胚胎发育的重要因素。曲焕韬等在温度和盐度对鞍带石斑鱼受精卵发育及仔鱼成活率的影响的研究中得出，鞍带石斑鱼受精卵最适盐度范围为 25.6~31.7，同时在该范围内，72 h 仔鱼存活率也比较高。张海发等在温度、盐度及 pH 对斜带石斑鱼受精卵孵化和仔鱼活力的影响的研究中得出，斜带石斑鱼受精卵的适宜盐度范围是 15~45，而最适盐度范围是 20~30。豹纹鳃棘鲈受精卵在盐度为 20~45 时孵化率比较高，都在 75%以上，特别是盐度在 25~35 时，48 h 存活率也都在 90%以上，因此可以看出豹纹鳃棘鲈受精卵孵化的适盐范围比较宽。综上所述，建议在豹纹鳃棘鲈种苗繁育生产中将海水盐度范围控制在 25~35，以期达到较高的孵化率和成活率。

二、pH 值对豹纹鳃棘鲈受精卵孵化和仔鱼活力的影响

1. 实验用材料来源

实验用的豹纹鳃棘鲈受精卵、初孵仔鱼均由海南省水产研究所下属的海南海研

热带海水鱼类良种场提供。在水泥池中培育的豹纹鳃棘鲈亲鱼，在海水水温30℃条件下，经催产后一般在凌晨3:00前后产卵。等亲鱼产卵后，马上用60目的筛绢网捞取受精卵，放在干净的海水中，挑选发育正常的受精卵用于孵化实验。

另取部分受精卵置于卤虫孵化桶中进行充气孵化，待仔鱼孵出后，用小烧杯轻轻地挑选活力正常、无畸形的个体用于不投饵存活系数的实验。

2. 不同pH值条件对豹纹鳃棘鲈受精卵孵化的影响

设置5.0、5.5、6.0、6.5、7.0、7.5、8.0、8.5、9.0、9.5共10个pH梯度，用HCl和NaOH调节pH值梯度，每个梯度设2个平行，共需烧杯20个。挑选发育正常的受精卵用于实验，将豹纹鳃棘鲈受精卵分别放于1 000 mL烧杯中恒温（26±0.5℃）静水培育，每组100粒受精卵。待仔鱼孵出后，记录培育周期、孵化周期、孵化率、畸形率、一定时间内仔鱼存活率（24 h、48 h）。

在水温（26.0±0.5）℃条件下，不同pH值条件下豹纹鳃棘鲈受精卵孵化情况见表2.4。培育周期和孵化周期在pH值为5.0~9.5范围内，均呈现先降后升的趋势。在pH值为6.5~8.0范围内，培育周期较短，平均为21.6 h；而在pH值为5.0时，培育周期最长，为25.6 h。在pH值为7.0~8.5范围内，孵化周期较短，最短时间为6.2 h；在pH值为5.0时，孵化周期最长，为10.2 h。孵化率在pH为5.5~9.5范围内，呈现先升后降的趋势，在pH值为8.0时达到最大值，为93.3%；在pH值为5.5和9.5时，孵化率仅为50%和12.6%；在pH值为5.0时，受精卵不孵化。所有组别初孵仔鱼均未发现畸形现象。在pH值为7.0时，24 h初孵仔鱼存活率最高，为92.3%；在pH值为8.0时，48 h初孵仔鱼存活率最高，为77.4%；48 h后，在pH值为6.0~8.0范围内，仔鱼存活率较高，其余各组存活率都很低。

表2.4　不同pH值条件下豹纹鳃棘鲈受精卵的孵化

pH值	5.0	5.5	6.0	6.5	7.0	7.5	8.0	8.5	9.0	9.5
培育周期/h	25.6±0.4	23.5±0.2	22.1±0.1	21.7±0.2	21.5±0.2	21.6±0.1	21.5±0.3	22.0±0.1	23.1±0.1	25.0±0.2
孵化周期/h	10.2±0.5	8.7±0.2	7.5±0.1	7.0±0.3	6.3±0.3	6.2±0.1	6.5±0.1	6.5±0.2	7.1±0.1	9.7±0.3
总孵化率/%	0.0	50.0	76.7	80.0	86.7	88.3	93.3	89.6	80.0	12.6
畸形率/%	0.0	0.0	0.0	0.0	0.0	0.0	0.0	0.0	0.0	0.0
24 h存活率/%	42.3	73.3	74.7	88.3	92.3	86.0	86.8	60.7	66.7	36.6
48 h存活率/%	0	33.3	61.6	70.3	71.5	76.0	77.4	41.0	25.9	0

3. 不同 pH 条件对仔鱼不投饵存活系数（*SAI*）的影响

仔鱼的活力以不投饵存活系数（*SAI*）为衡量指标。pH 条件设置 5.0、5.5、6.0、6.5、7.0、7.5、8.0、8.5、9.0、9.5 共 10 个 pH 值梯度，待仔鱼孵出后，用小烧杯小心地舀取水体表层游动活泼、肉眼观察无畸形的健康仔鱼 50 尾，放入 1 000 mL烧杯中恒温（26±0.5)℃静水培育，不投饵，每天计算死亡的仔鱼数，直至仔鱼全部死亡。然后比较其不投饵存活系数 *SAI* 值。

在水温（26.0±0.5)℃条件下，测得了 5 批豹纹鳃棘鲈仔鱼在不同 pH 值条件下的不投饵存活系数（*SAI*）（图 2.9）。pH 值在 5.0~9.5 时，随着 pH 值的增加，仔鱼的 *SAI* 值呈先升后降的变化趋势。当 pH 值为 5.0 和 9.5 时，仔鱼基本上不能存活，*SAI* 都在 2 以下；pH 值在 5.5~8.5 时，*SAI* 值随着 pH 值的增加逐渐增大；pH 值在 7.5~8.5 时，*SAI* 值最大，pH 值为 7.5、8.0 和 8.5 时的 *SAI* 值分别为 18.99、19.20 和 18.87；在 pH 值大于 8.5 时，*SAI* 值急剧下降。由此可见，豹纹鳃棘鲈仔鱼的存活的适宜 pH 值范围为 5.5~8.5，最适 pH 值范围为 7.5~8.5。

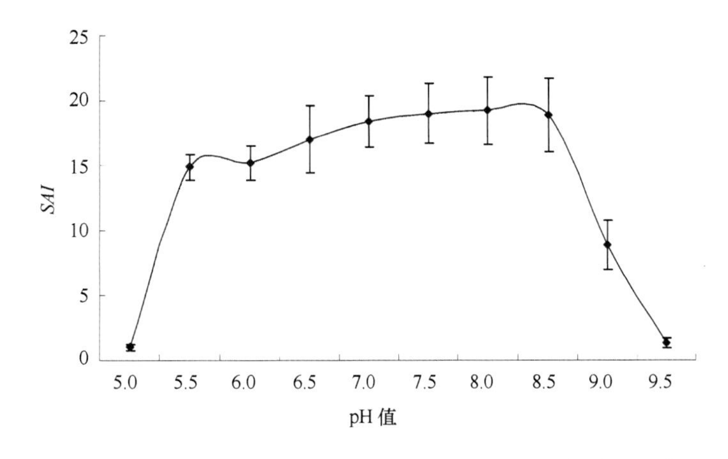

图 2.9 不同 pH 值条件下豹纹鳃棘鲈仔鱼的不投饵存活系数

4. pH 值对豹纹鳃棘鲈受精卵和仔鱼存活影响分析

pH 值是水环境因素中的一个主要指标，能直接影响鱼类的生长发育和生理状况，不同鱼类要求水环境的 pH 值最适范围不同。张海发等在温度、盐度及 pH 值对斜带石斑鱼受精卵孵化和仔鱼活力的影响的研究中得出，斜带石斑鱼受精卵孵化的适宜 pH 值范围是 6.5~8.5。豹纹鳃棘鲈受精卵在 pH 值为 6.5~9.0 孵化率均在 80% 以上，但是 48 h 成活率为 7.0~8.0 时较高，因此在豹纹鳃棘鲈苗种培育中，注意将水体 pH 值控制在 7.0~8.0。

第三章　豹纹鳃棘鲈人工育苗技术

第一节　豹纹鳃棘鲈室外大型水泥池人工育苗技术

进入20世纪90年代后，我国南、北方沿海养殖高潮迭起，被誉为海水养殖的第四次浪潮相继出现，在这一新形势下，全国的海水鱼类增养殖向人工繁殖苗种提出了更新和更高的要求。石斑鱼作为海水养殖最名贵的经济鱼类，具有病害少、生长快等优势，是海水养殖业进行海洋生物高值化技术开发最理想的选择。尤其是在目前对虾养殖步入低谷之时，许多虾农希望改养石斑鱼等高品质的鱼类。然而，我国石斑鱼人工育苗还未形成产业，天然苗数量有限，严重制约了石斑鱼养殖产业的发展。目前，进行豹纹鳃棘鲈人工育苗的方式主要有高位池池塘育苗和室内工厂化育苗两种形式，但这两种育苗方式育苗成功率都不稳定。高位池池塘育苗常受到恶劣天气的影响，而室内工厂化育苗因育苗水体太小，水质不容易控制，育苗难度较大，为此，我们选择在室外利用550 m^2 的大型水泥池进行育苗，在顶部加盖遮光太阳板半封闭顶棚来控光、控温和防雨，并取得了良好的效果。

一、育苗设施与前期准备

1. 育苗设施

采用面积达550 m^2，池深1.8 m的方形水泥池进行育苗生产（图3.1）；在水泥池四周铺设直径3.3 cm的塑料管，在塑料管上每隔1.5 m扎一小孔安装气管并投放气头进行充气；水泥池底部铺沙约10 cm，并设置排水口；池塘顶部铺设遮光太阳板半封闭顶棚，来调控光照强度，并能防止雨水浸入，同时还能很好地保持水温的稳定。

2. 育苗用水处理

水泥池经排水、暴晒后，进水20 cm并用漂白粉消毒，然后进水至1.5 m深，即可开始培养生物饵料。进水时，先抽自然海水到沉淀池沉淀48 h，然后经过沙滤池过滤，最后再放入育苗水泥池。在培养生物饵料的同时，从藻类培养池抽取绿藻到育苗水泥池培养，并投放加强型利生素微生物制剂增加水体中有益微生物的数量，

图 3.1　室外大型水泥池育苗设施

待水色变为黄绿色或嫩绿色时即可放卵（图 3.2）。

图 3.2　育苗水体水色培育

培育期间的理化条件：水温 28.0~30.0℃，盐度 25~32，pH 值 7.9~8.3，溶解氧 5 mg/L 以上，氨氮 0.10~0.12 mg/L，透明度保持在 25~35 cm，光照控制在 1×10^4 lx 以下。

二、饵料生物培育

1. 藻类培养

选择一口 30 m×50 m×1.5 m 的养虾高位池，经清塘消毒后，进沙滤海水 1.5 m 后泼洒 20×10^{-6} mg/L 的强氯精消毒，待药失效后接种小球藻，每亩*施尿素 6 kg、磷肥 3 kg，或者每亩使用羊粪、牛粪等有机肥 50 kg，并根据透明度补施肥。经过两个星期的培养后，待藻色趋于稳定，且小球藻浓度达 80 万 cells/mL 以上时便可供育苗使用。

2. 轮虫培养

轮虫培养在一口 20 m×30 m×1.5 m 的高位池中进行。清塘后，进沙滤海水（120 目筛绢网过滤）20 cm，泼洒 50×10^{-6} mg/L 漂白粉消毒 48 h，排掉消毒水，再进过滤海水（120 目筛绢网过滤）至 1.5 m，以每亩泼洒 60 kg 浸沤过的杂鱼汁作肥料，施肥后 5~6 d 水色呈茶褐色时便可接入轮虫，接种密度为 3 个/mL 左右，同时加入藻水 10 cm。采收时使用水泵抽水至筛绢网袋内过滤收集。

3. 桡足类培养

桡足类培养在一口 40 m×60 m×1.5 m 的养虾高位池中进行，用水处理同上。进水后，每亩泼洒 50 kg 鸡粪和 60 kg 浸沤的鱼汁，鸡粪包装在戳破的编织袋中置于池中浸泡，使鸡粪发酵后的养分持续不断地渗入池塘中。施肥 7 d 后便可接种桡足类，用筛绢网过滤收集个体较大或挂卵桡足类进行接种，接种密度为 1 个/L。一般接种后经 10 d 的培育就能连续采集桡足类。采收时使用 80 目或 200 目两种筛绢网袋进行收集。

三、育苗技术操作与管理

1. 受精卵孵化

受精卵的孵化主要在水泥池中设置的孵化袋（3 m×4 m×1 m）内进行。首先在岸上搭建孵化袋（图 3.3），用 8.3 cm（2.5 寸）的聚乙烯塑料管搭建一个 3 m×4 m 的长方形框架，并在下方设置浮子，在上方搭建遮阳网，孵化袋挂在框架内部；然后把其放入水泥育苗池中进行固定，并向孵化袋中加入新鲜海水，直到把整个孵化袋加满为止，加水时用 150 目筛绢网过滤；均匀的设置 9 个气石进行充气，受精卵

---

* 亩为非法定计量单位，1 亩 = 1/15 hm^2。

孵化时充气量要调大，待大部分仔鱼孵出后，适当调小充气量（图 3.4）；孵化袋做好后即可直接把受精卵放入进行孵化，放卵时要先进行水温、盐度、pH 值的平衡，再缓缓放入孵化袋中。

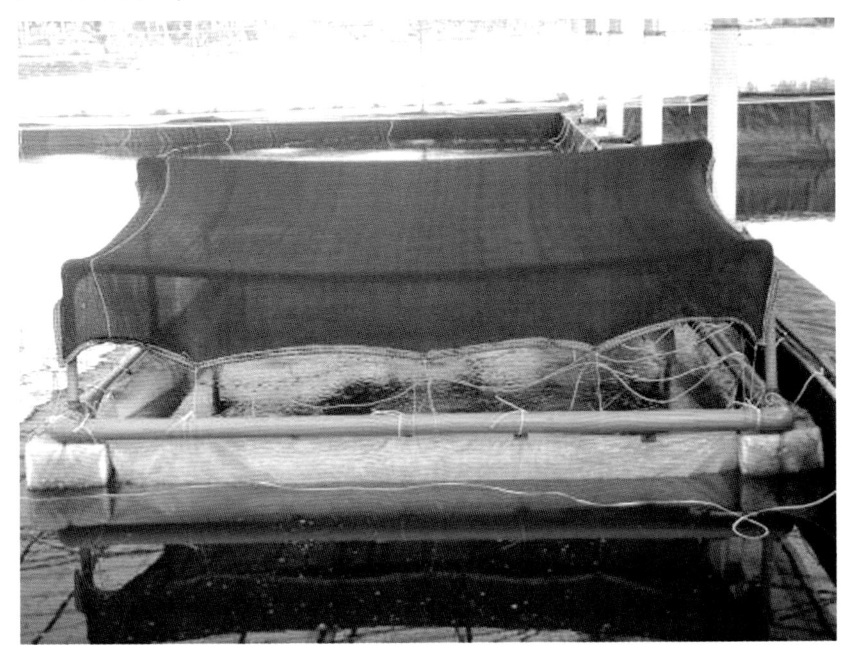

图 3.3 孵化袋设置

图 3.4 受精卵充气孵化

2. 仔、稚鱼的培育

仔鱼开口前2~3 d，在育苗池内大量接种轮虫作为仔鱼开口饵料。待仔鱼开口后立即缓慢打开孵化袋让仔鱼自行游入育苗池中。从仔鱼开口后开始投喂小型SS轮虫和桡足类幼体，一般早上投喂，尽量泼洒在气头周围，轮虫和桡足类幼体密度保持在250~350个/L，根据水体中轮虫的密度决定下午的投喂量，并根据水色变化及时添加小球藻藻液，保持清爽的黄绿色水色；从孵化后第13天开始投喂小型桡足类成体，开始只占总量的1/5，此后逐渐加大桡足类的投喂量；至孵化后第20天时便停止投喂轮虫，转为全部投喂为大型桡足类；仔鱼进入稚鱼期后大型桡足类的投喂量逐步加大，到稚鱼后期可以增加一些个体更大的浮游动物饵料，如蒙古裸腹蚤等海水枝角类；待进入幼鱼期后鳞片长齐时便可起捕。

3. 育苗的日常管理

每天早上、中午和晚上分别观察育苗水体情况，主要检查育苗水体中生物饵料的种类和数量的变化，根据观察的结果安排下一步工作；检查苗种的分布、个体形态与大小、活力状态等，并定时测量仔鱼的全长，对其进行解剖，观察其消化道内饵料生物的种类。

每天定时记录天气、水温、水色、透明度等指标，并在水色发生变化时，测量pH、氨氮等理化指标。

4. 育苗病害管理

石斑鱼病毒性神经坏死病是近年来严重危害石斑鱼类育苗和养成的暴发性流行的重大病害之一，其致病原为鱼类诺达病毒也称神经坏死病毒。大多数石斑鱼类在仔稚鱼期易受感染，感染后病死率极高。患病鱼苗食欲差，体色灰白或者偏黑，通常浮在水面，间或作突发性的螺旋游动，不着底，不摄食，身体黑化，未见出血或糜烂，3~4 d死亡。

防治措施：①受精卵的消毒，使用含碘消毒剂对鱼卵进行消毒，有效碘达50×10^{-6}浓度的蒸馏水溶液可有效消灭残存于受精卵表面的病毒，而受精卵孵化基本不受影响；②注意清池和工具的消毒，可以采用暴晒及药物清除育苗池中和工具上的病原体；③饵料生物的消毒，豹纹鳃棘鲈种苗生产中需投喂大量室外培养的生物饵料，因此在育苗过程中必须严格洗净消毒后方能使用；④提高鱼体免疫能力，通过加强营养，并注意饵料转换期间的饵料供给，确保幼苗有效获得足够的不饱和脂肪酸和其他生长发育所需营养，还要注意改善水质，积极调控育苗水体的生态环境，增强幼苗自身的抵抗能力。

四、育苗成果与摄食分析

1. 育苗成果

在海南省海洋与渔业科学院科研基地，共进行了5批次的豹纹鳃棘鲈室外大型水泥池育苗实验，育苗结果详见表3.1。

表3.1 豹纹鳃棘鲈室外大型水泥池育苗结果

育苗时间	放卵时水温/℃	放卵数量/万粒	孵化率/%	培育时间/d	出苗数量/万尾	育苗成活率/%	备注
2010-03-10	25	120	86.3	12	0	0	遇到寒潮
2010-03-25	26	120	94.8	35	7.2	6.33	
2010-04-28	28	120	85.1	30	6.1	5.97	
2010-06-02	29	120	73.8	28	5.4	6.09	
2010-06-18	31	120	67.1	27	3.2	3.98	

2. 鱼苗摄食及消化道中生物饵料的组成

在育苗过程中发现，豹纹鳃棘鲈仔鱼一般白天摄食，晚上基本不摄食；仔、稚鱼白天喜欢在光照充足的水体上层集群，晚上不集群，分散在水体中随水漂流；在稚鱼达到2.5 cm后其体色便开始转为通体红色的幼鱼，此时的幼鱼便开始进入底栖生活阶段。

对不同发育阶段的豹纹鳃棘鲈鱼苗的消化道内容物进行镜检（表3.2）。全长3.10~3.82 mm的个体消化道内食物组成主要以原生动物和轮虫为主；全长4.43~5.95 mm的个体消化道内食物组成主要以轮虫和桡足类幼体为主，大部分为轮虫；全长6.30~12.64 mm的个体消化道内食物组成主要以轮虫和桡足类为主，大部分为桡足类幼体；全长14.75~25.68 mm的个体消化道内食物组成主要以桡足类和蒙古裸腹溞为主。

表3.2 不同体长豹纹鳃棘鲈鱼苗消化道中生物饵料的组成

仔、稚鱼全长/mm	原生动物	轮虫	桡足类幼体	桡足类成体	蒙古裸腹溞
3.10~3.82	++	+	-	-	-
4.43~5.95	-	++	+	-	-
6.30~12.64	-	+	++	+	-
14.75~25.68	-	-	+	++	+

注："+"消化道中能检出的生物饵料，"-"消化道中未能检出的生物饵料。

五、豹纹鳃棘鲈室外大型水泥池育苗模式分析

在本次育苗过程中，由于基础工作准备充实，生物饵料准备充足，管理得当，取得了良好的育苗效果。受精卵在孵化袋孵化出仔鱼的3 d内，必须遮盖遮阳网，因为随着仔鱼视网膜的发育，仔鱼具有微弱的趋光性的时候，可以防止光线对其刺激导致异常活跃而消耗过多的能量，保证仔鱼在开口时拥有较好的活力从而顺利开口。开口时以投喂小轮虫为效果最好，轮虫密度最好达到1个/mL左右。豹纹鳃棘鲈仔鱼在发育出鳍棘后便开始大量摄食桡足类幼体，生长速度也随之加快。

当稚鱼达到2.5 cm后其体色便开始转为通体红色的幼鱼，此时的幼鱼开始进入底栖生活阶段，大大增加了起捕的难度。因此，应选择在豹纹鳃棘鲈稚鱼达到2 cm后，开始游塘寻饵时起捕。把握好起捕的时机对提高出苗率有直接的帮助。

在育苗过程中，当暴雨或冷空气等恶劣天气频繁发生时，水质环境会出现较大的变化，温度也大起大落，会对仔鱼的成活率造成较大影响，而其中尤以暴雨对5日龄和6日龄时的仔鱼威胁最大，因为此时仔鱼较小，喜欢聚集于水面下7~8 cm围着气头摄食生物饵料，有时会更接近水面，很容易被暴雨所冲击而导致死亡。因此，选择合适的育苗时机和设施的改善将是在以后的育苗工作中需要重点考虑的问题。

由实验结果可知，在4—6月放卵，育苗的孵化率和成活率都比较高，是豹纹鳃棘鲈人工育苗的最佳时间；在3月初放卵容易受寒潮的影响，育苗的水温不稳定，很容易造成育苗的全军覆没；在6月下旬后放卵，因水温高，育苗难道变大，育苗不稳定。由此可见，豹纹鳃棘鲈的人工育苗最适合在4—6月放卵，育苗的成功率和成活率都较高。

第二节　豹纹鳃棘鲈池塘育苗技术

石斑鱼池塘育苗是目前海南石斑鱼类主要的育苗模式，也是豹纹鳃棘鲈最重要的育苗模式。池塘育苗具有育苗水体大，饵料生物丰富，操作简单，技术要求不高等特点，但也存在受天气影响大，对外界环境变化抵抗能力弱，育苗整体成功率低等缺点。

一、育苗设施与前期准备

1. 育苗设施

本实验在海南省海洋与渔业科学院国家级海水鱼类良种场实施。育苗生产使用

35 m×50 m×2 m 的长方形养虾高位池，经加装充气设备后使用（图 3.5）。高位池四周铺设塑料软管，每隔 3 m 扎一小孔安装气管投放气头，泥沙质池底，水泥斜坡，配备一台 1.5 kW 的叶轮式增氧机在池塘肥水和育苗后期增氧时使用。

图 3.5 豹纹鳃棘鲈池塘育苗

2. 育苗用水处理

池塘经暴晒、漂白粉消毒后，即可进水培养生物饵料。进水时，先把水抽到沙滤池，经粗滤后再进入育苗高位池，开始时进水 1.5 m。在施肥培养生物饵料的同时，从旁边的藻类培养池抽取小球藻到育苗高位池培养，并连续投放利生素增加水体中有益微生物的数量，待水色变为黄绿色时即可放卵。

培育期间水温 24.0~29.0℃，盐度 25~32，pH 值 7.95~8.3，溶解氧 5 mg/L 以上，氨氮 0.10~0.12 mg/L，透明度保持在 25~35 cm，孵化至开口阶段避免光照直射，光照控制在 1×10^4 lx 以下。

3. 受精卵来源及孵化

2009 年 3 月 21 日，从三亚红沙港运进受精卵 1 kg，受精卵采用 20 L 的聚乙烯塑料袋，每袋装水 8~10 L，放卵 10 万~15 万粒，充氧密封后扎好袋口，降温运输，运输时间不超过 4 h。将受精卵放置于池塘中孵化袋（3 m×4 m×2 m）内微充气孵化，孵化用水经过 150 目筛绢网过滤，孵化袋上用遮阳网控制光线强度，待仔鱼孵化后第 3 天开口时将孵化袋缓缓打开让仔鱼随水流散入池塘中培育。

二、仔、稚、幼鱼的培养

在仔鱼开口前 3 d 沿池塘接种轮虫作为仔鱼开口饵料。待仔鱼开口后立即打开孵化袋让其自行游入育苗池中。从仔鱼开口后开始投喂小型轮虫和桡足类幼体，早上投喂一次，尽量泼洒在气头周围，轮虫和桡足类幼体密度保持在 250～350 个/L，并根据水色变化及时添加小球藻藻液，保持清爽的黄绿色水色；从孵化后第 13 天开始投喂小型桡足类成体，开始只占总量的 1/5，此后逐渐加大桡足类的投喂量；至孵化后第 20 天时便停止投喂轮虫，饵料供应全部为大型桡足类；仔鱼进入稚鱼期后大型桡足类的投喂逐步加大，到稚鱼后期可以增加一些个体更大的浮游生物饵料，如海水枝角类，蒙古裸腹蚤；待进入幼鱼期后鳞片长齐便可排水拉网起捕。池塘培育豹纹鳃棘鲈后期水色及苗种见图 3. 6。

图 3. 6　池塘培育的豹纹鳃棘鲈鱼苗

三、育苗结果

1. 育苗成活率

3 月 21 日晚测得初孵仔鱼的平均全长约 1. 58 mm，孵化率为 80. 5%，经过 31 d 的精心培育，共培育出全长 26. 1～29. 8 mm 的幼鱼 5. 7 万尾，成活率约 5. 5%（表 3. 3）。

表 3.3　豹纹鳃棘鲈苗种培育结果

受精卵数量/万粒	初孵仔鱼数/万尾	孵化率/%	出苗数量/万尾	成活率/%
128.51	103.5	80.5	5.7	5.5

2. 池塘培育的豹纹鳃棘鲈鱼苗消化道内容物观察

豹纹鳃棘鲈早期发育阶段的划分主要参照国内外对硬骨鱼类胚后发育时期划分的一般方法来进行，其胚后发育可分为仔鱼期、稚鱼期和幼鱼期 3 个阶段。从仔鱼刚孵出开始，每天晚上 8：00 取样并测量仔鱼体长，对其进行解剖，观察其消化道内饵料生物的种类。

解剖不同时期的豹纹鳃棘鲈鱼苗，观察其消化道内容物（表 3.4）。全长 3.10～3.64 mm 的个体消化道内食物组成主要以轮虫和原生动物为主；全长 4.45～5.98 mm的个体消化道内食物组成主要以轮虫和桡足类幼体为主，大部分为轮虫；全长 6.33～12.03 mm 的个体消化道内食物组成主要以轮虫和桡足类为主，大部分为桡足类幼体；全长 15.35～25.63 mm 的个体消化道内食物组成主要以桡足类和蒙古裸腹蚤为主；全长 26.08～29.96 mm 的个体开始摄食鱼糜，桡足类极少，还摄食部分蒙古裸腹蚤。

表 3.4　不同体长豹纹鳃棘鲈鱼苗消化道中生物饵料的组成

仔稚鱼全长/mm	原生动物	轮虫	桡足类幼体	桡足类成体	蒙古裸腹蚤
3.10～3.64	++	+			
4.45～5.98		++	+		
6.33～12.03		+	++	+	
15.35～25.63			+	++	++
26.08～29.96				+	++

注：“+”消化道中能检出的生物饵料，“-”消化道中未能检出的生物饵料。

四、豹纹鳃棘鲈池塘育苗分析

在本次育苗过程中，由于基础饵料准备充足，设施配合得当，取得了良好的育苗效果。而受精卵孵化至仔鱼后第二天，随着视网膜的发育，仔鱼已经具有微弱的趋光特性，因此必须加盖遮阳网，防止光线对其刺激导致的异常活跃而消耗过多的能量，保证仔鱼在开口时拥有较好的活力从而顺利开口。开口时投喂效果以小轮虫为最好，密度最好达到 1 个/mL 左右。开口后 1 d 豹纹鳃棘鲈的仔鱼便有个别发育长出背鳍第二鳍棘，也就是5日龄时，而6日龄时便基本都长出鳍棘，腹鳍第一鳍棘在7日龄才明显看到。在豹纹鳃棘鲈仔鱼发育出鳍棘后便开始大量摄食桡足类幼体，仔鱼生长速度也随之加快。

应选择在豹纹鳃棘鲈稚鱼达到2 cm后，开始游塘寻饵时起捕，如果起捕时间太迟，在稚鱼达到2.5 cm后其体色便开始转为通体红色的幼鱼，此时的幼鱼便开始进入底栖生活阶段，大大增加了起捕的难度，因此把握好起捕的时机对提高出苗率有直接的帮助。

在育苗过程中，在仔鱼发育至5日龄时天气开始出现反复，暴雨和冷空气频繁发生，温度也大起大落，这些都严重影响了仔鱼的成活率。而其中尤以暴雨对5日龄和6日龄时的仔鱼威胁最大，因为此时仔鱼较小，喜欢聚集于水面下7~8 cm围着气头摄食生物饵料，有时会更接近水面，很容易被暴雨所冲击而导致死亡。因此选择合适的育苗时机和设施的改善将是以后的育苗工作中需要重点考虑的问题。

第三节　豹纹鳃棘鲈仔、稚、幼鱼的形态

国内外对豹纹鳃棘鲈的研究多集中在生态学研究领域，而有关其仔、稚、幼鱼的形态学的研究较少。了解豹纹鳃棘鲈的仔、稚、幼鱼的形态有利于掌握豹纹鳃棘鲈鱼苗食性转换，对育苗过程中生物饵料的投喂选择提供重要参考依据。笔者在海南省海洋与渔业科学院琼海科研基地对豹纹鳃棘鲈的仔、稚、幼鱼的形态学进行了初步观察，旨在积累该鱼的生物学资料，以供育苗工作者参考。

一、豹纹鳃棘鲈仔、稚、幼鱼的取材

豹纹鳃棘鲈仔、稚、幼鱼的培育在海南省海洋与渔业科学院国家级热带海水鱼类良种场进行，放养密度为0.15万尾/m^3，水温在24.0~29.0℃，海水盐度25~32，pH值7.95~8.3，溶解氧在5 mg/L以上，氨氮0.10~0.12 mg/L，透明度保持在25~35 cm，孵化至开口阶段避免光照直射，光照控制在0.7万 lx以下。放苗前经肥水并投放有益微生物菌群营造生态育苗环境，根据水色变化不定期添加小球藻，在池塘中培养开口饵料生物，并在仔鱼开口后逐步投放轮虫，桡足类和枝角类，卤虫幼体及卤虫成体。

每天坚持巡塘观察鱼苗生长发育情况，并于傍晚至天黑时待鱼苗分布均匀后随机连续取样。由于池塘育苗仔稚鱼发育较快，前10 d每天取样，其后每隔2 d取样。每次取样15~20尾使用10%的甲醛溶液固定观察测量。形态观察于光学显微镜下进行，并在解剖镜下拍照存档，长度测量使用测微尺测量。

二、豹纹鳃棘鲈仔、稚、幼鱼形态发育描述

1. 卵黄囊期仔鱼

初孵仔鱼：全长约 1.60 mm，体高约 0.60 mm，卵黄囊前部和头部呈微褐色，其余部位无色透明。卵黄囊椭圆形，长径约 0.87 mm，短径约 0.56 mm，占鱼体的绝大部分，油球圆球形，位于卵黄囊后端。脊索稍弯曲，黑色素较少。消化管为直管状，无色透明，末端呈 90°弯曲，尚未与外连通。背、腹及尾部有较窄的鳍褶（图 3.7）。刚孵化的仔鱼常头部斜向上悬浮于水体表层，尾部偶有颤动，可作蝌蚪状向上游动。

1 d 仔鱼：全长约 2.69 mm，体高约 0.78 mm，身体变得细长，头部出现黑色素。卵黄囊显著缩小，长径约 0.58 mm，短径约 0.41 mm，油球体积也略变小。仔鱼头部增大，且突出于卵黄囊之前，眼窝明显，无黑色素，脊索略变粗，背、腹及尾部的鳍褶显著加宽，无色透明（图 3.8）。置于烧杯中观察，仔鱼通体透明，悬浮于水体中上层，头朝下，作垂直运动，或偶尔朝烧杯底部垂直游动并用吻端撞击杯底。在水中仔鱼开始感应到水流，运动能力开始有所加强。

2 d 仔鱼：全长约 2.93 mm，体高约 0.75 mm，卵黄囊和油球几乎已耗尽，口裂形成，下颌略长于上颌，眼部黑色素加深，胸鳍原基明显，听囊显著增大，鳃盖出现，消化道显著变粗，末段膨胀明显呈喷嘴状，肛门开口于体外（图 3.9）。置于烧杯中观察，两眼黑色素清晰可见，大部分仔鱼能够平游，多数仔鱼以吻部反复碰撞烧杯底部，此时仔鱼开始摄食。

图 3.7 豹纹鳃棘鲈初孵仔鱼

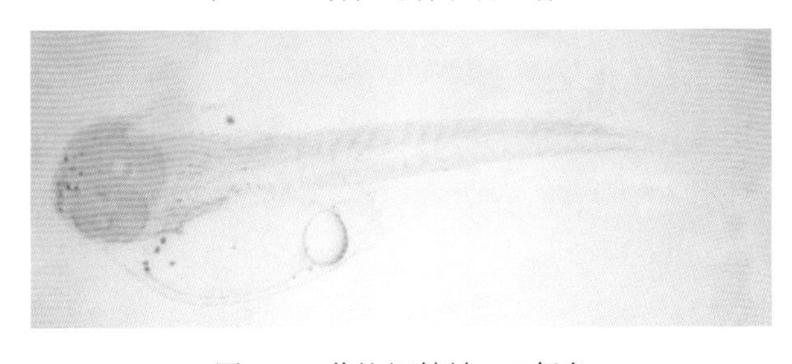

图 3.8 豹纹鳃棘鲈 1 d 仔鱼

图 3.9　豹纹鳃棘鲈 2 d 仔鱼

2. 后期仔鱼

3 d 仔鱼：全长约 3.04 mm，体高约 0.74 mm，卵黄囊消失，油球仅见残迹。吻端突出，鳃盖形成，眼球黑色素更深，听囊与眼球靠近，消化道显著变粗，其上部树枝状黑色素明显，覆盖整个消化道上部。尾椎骨下方黑色素增加，呈树枝状（图 3.10）。置于烧杯中观察，仔鱼活力明显加强，腹部明显膨胀，黑色素加深，此时仔鱼已能够摄食外源性食物，如轮虫幼虫等。

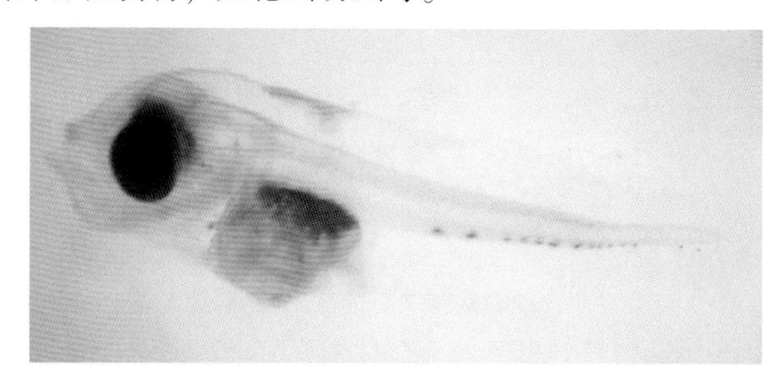

图 3.10　豹纹鳃棘鲈 3 d 仔鱼

4 d 仔鱼：全长约 3.27 mm，体高约 0.91 mm，油球完全消失，胸鳍原基和尾鳍弹丝明显，腹部下方开始覆盖大量的黑色素同上方的黑点连成一片，背鳍棘芽和腹鳍棘芽根基出现在消化道的正上方和正下方。在育苗池中仔鱼开始集群，游泳能力进一步加强。

6 d 仔鱼：全长约 5.62 mm，体高约 1.33 mm，消化道进一步变粗，呈葫芦状，腹部下方的黑色素变大。背部和腹部鳍褶变窄，腹鳍棘和背鳍棘原基开始出现（图 3.11）。

至第 8 天，一对腹鳍棘和第二背鳍棘显著增长成为 3 根长棘，腹鳍棘长约 1.09 mm，第二背鳍棘长约 0.56 mm，长棘的末端出现小刺，同时出现黑色素（图 3.12），此时仔鱼集群活动，喜欢沿塘边或角落处围绕气头摄食。

9 d 仔鱼：全长约 7.15 mm，体高约 1.62 mm，此时第二背鳍棘生长速度变快，

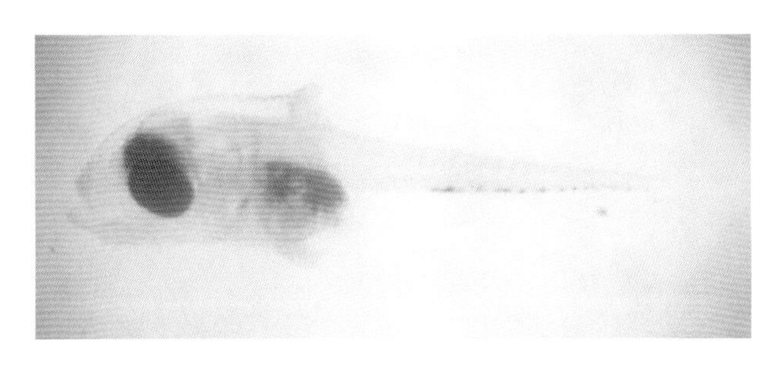

图 3.11　豹纹鳃棘鲈 6 d 仔鱼

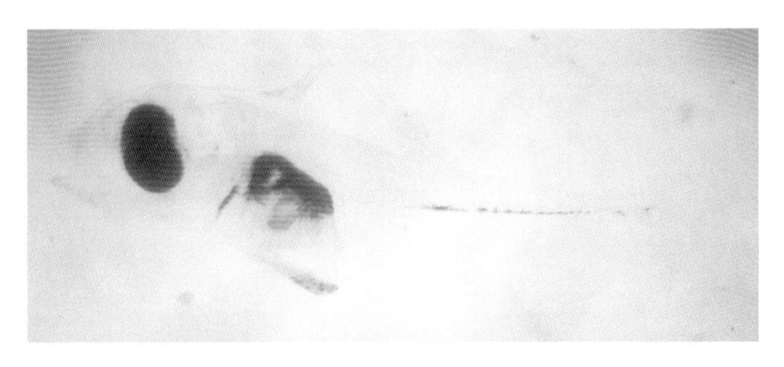

图 3.12　豹纹鳃棘鲈 8 d 仔鱼

已超过腹鳍棘，第二背鳍棘长约 1.93 mm，腹鳍棘长约 1.88 mm。

10 d 仔鱼：全长约 7.71 mm，体高约 1.68 mm，第一背鳍棘原基出现，腹鳍棘和第二背鳍棘进一步增长，腹鳍棘长约 2.89 mm，第二背鳍棘长约 3.06 mm，长棘末端小刺增多、黑色素更深（图 3.13）。至第 12 天，第一背鳍棘长出，但很短，与第二背鳍棘长度相差悬殊，此时仔鱼眼后上方出现两个黑色斑点（图 3.14）。

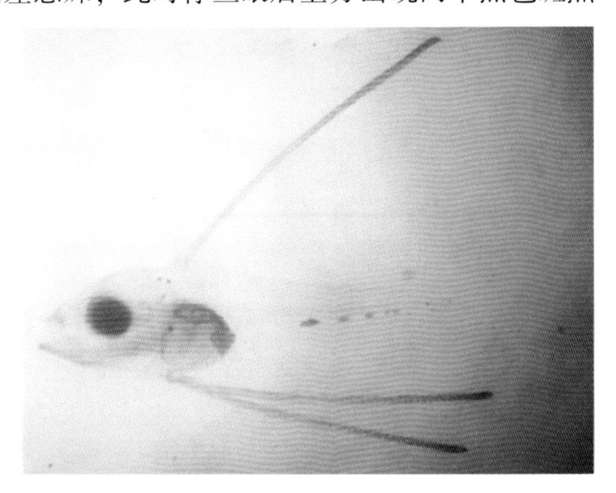

图 3.13　豹纹鳃棘鲈 10 d 仔鱼

至第 14 天，腹鳍棘和第二背鳍棘进一步增长，长棘末端黑色素更深，臀鳍原基

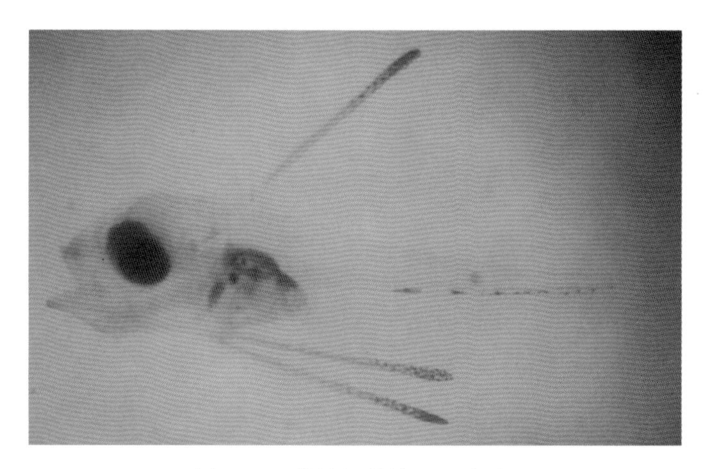

图 3. 14　豹纹鳃棘鲈 12 d 仔鱼

出现，在眼睛后上方的两个黑色斑点变大（图 3. 15）。此时鱼在池塘中呈黑色，个体明显增大，由于背鳍棘和腹鳍棘的存在，呈飞机状，仍在水体中上层成群活动。

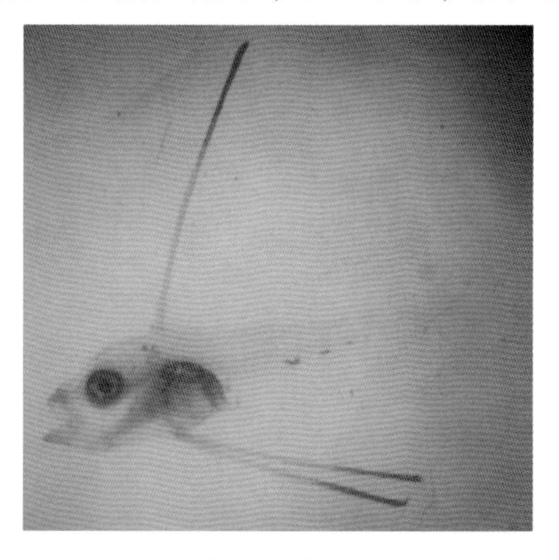

图 3. 15　豹纹鳃棘鲈 14 d 仔鱼

16 d 仔鱼：全长约 13. 66 mm，体高约 3. 18 mm，此时腹鳍棘和第二背鳍棘的绝对长度长到仔稚鱼阶段的最大值，腹鳍棘长约 10. 19 mm，第二背鳍棘长约 12. 13 mm，同时鳍棘上的小刺数也最多。鱼体头部眼眶斜后上方色斑增多，并向胸鳍附近扩展，头部呈淡淡的红色。第一背鳍和第二背鳍已连在一起，臀鳍第一鳍条长出鳍棘，其他各鳍已基本形成（图 3. 16）。鱼在池塘中呈浅红色，集群活动。

3. 稚鱼

18~27 d 稚鱼：从第 18 天起，腹鳍棘的绝对长度开始变小（图 3. 17），至第 24 天时达到最小值。而此逐步收缩的过程，通常在育苗生产中称为收刺。同时鳍棘上的小刺数量急剧减少并逐步收回。鱼体表面开始出现细小的鳞片，此后渐渐扩展至

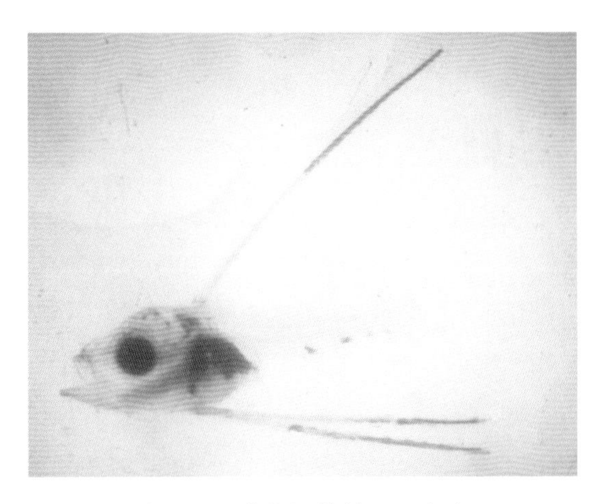

图 3.16　豹纹鳃棘鲈 16 d 仔鱼

鱼体全身披鳞。鱼体身上的斑纹也逐渐形成，体色先由头部开始慢慢变红，逐渐扩展到全身变红（图 3.17）。此时的稚鱼仍营浮游生活，但主要活动水层已转入中下层水，游动迅速，天微亮和傍晚时可看到鱼群沿池塘边环游索饵。

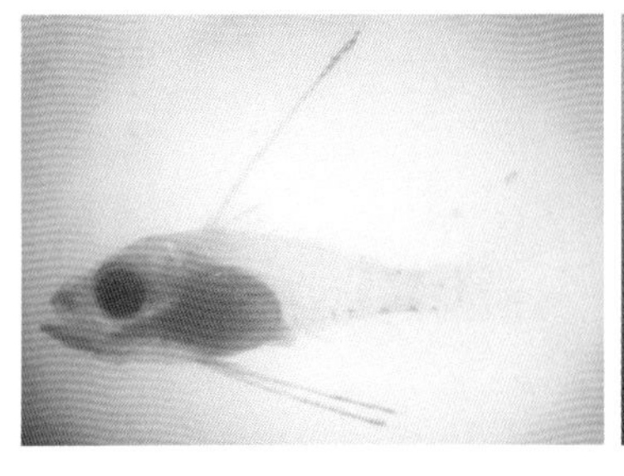

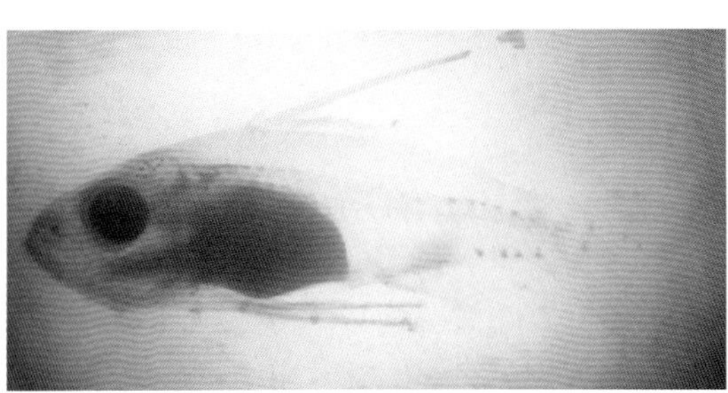

图 3.17　豹纹鳃棘鲈稚鱼

4. 幼鱼

第 28 天以后，第二背鳍棘和腹鳍棘的绝对长度收缩到稚、幼鱼阶段的最小值，分别约为 4.21 mm 和 4.22 mm，这 3 根鳍棘上的小刺也完全消失而显得光滑起来，鳞片已完全长齐，侧线明显，鱼体红色（图 3.18），在鱼体上有数列排列整齐的蓝色或黑色斑点。体色和形态特征与成鱼基本一致（图 3.18）。此时期的幼鱼已开始栖息于塘底生活，较喜欢躲藏于隐蔽物中，未经驯化一般不轻易游至水面索饵。

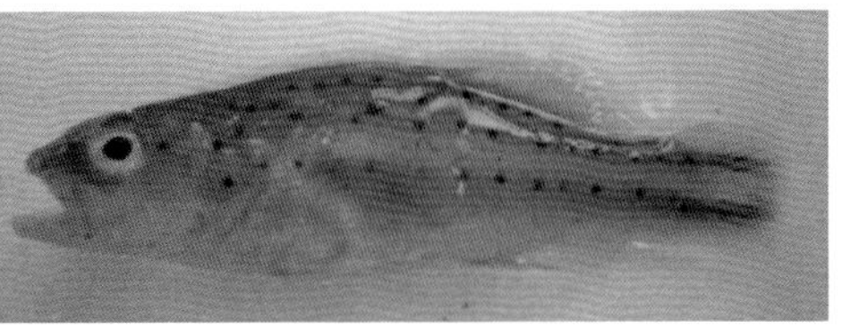

图 3.18　豹纹鳃棘鲈幼鱼

三、豹纹鳃棘鲈仔、稚、幼鱼的生长特征

1. 豹纹鳃棘鲈仔、稚、幼鱼的生长指标

豹纹鳃棘鲈仔、稚、幼鱼的生长特征详见图 3.19。由图 3.19 可以看出，豹纹鳃棘鲈初孵仔鱼在 24 h 内全长增长很快，而后 1~4 d 仔鱼生长缓慢；仔鱼在成功开口摄食后，即 4~7 d 的仔鱼开始第二次快速增长，而后 8~14 d 仔鱼又进入缓慢生长阶段；从 18 d 仔鱼开始，腹鳍棘开始收缩，而第二背鳍棘从 22 d 起才开始收缩，此时仔鱼变为稚鱼，此阶段稚鱼进入第三次快速增长阶段；豹纹鳃棘鲈的体高在仔鱼期间生长缓慢，进入稚鱼期后体高才开始快速增长。豹纹鳃棘鲈仔、稚、幼鱼的生长曲线跟水温和它摄食饵料的转变有关，水温高发育速度就快，每经历一次饵料转变，都会带来仔、稚、幼鱼阶段的快速增长。

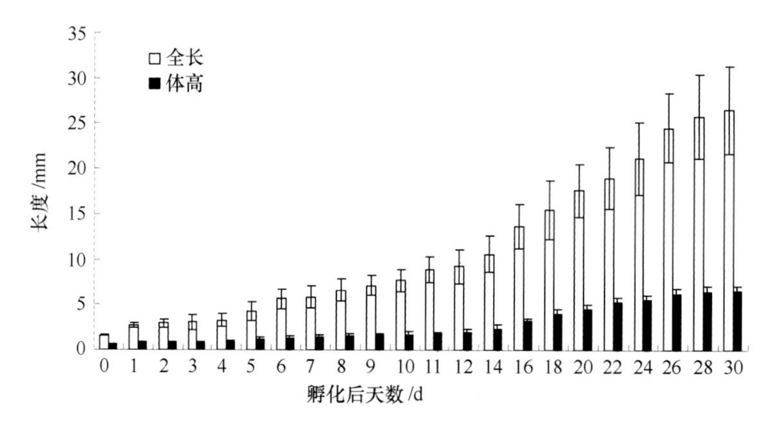

图 3.19　豹纹鳃棘鲈仔、稚、幼鱼的生长

2. 仔、稚、幼鱼腹鳍棘和第二背鳍棘的生长变化

豹纹鳃棘鲈仔、稚、幼鱼的发育过程跟其他种类的石斑鱼一样，都存在第二背鳍棘和腹鳍棘的长出和收回，这一过程详见图 3.20 和图 3.21。背鳍棘和腹鳍棘原基在孵化后 4~6 d 时开始出现，开始时腹鳍棘比第二背鳍棘长，但第二背鳍棘生长速度很快，到 9~10 d 时绝对长度已超过腹鳍棘，到 16 d 和 20 d 时腹鳍棘和第二背鳍棘的绝对长度分别达到最大，相对长度在 16 d 时达到最大，腹鳍棘和第二背鳍棘的相对长度从 16 d 后开始变小，相对长度的变小趋势较明显。第 28 天后的幼鱼腹鳍棘和第二背鳍棘的相对长度基本维持在一个较恒定的范围，为 15.32%~15.91%。

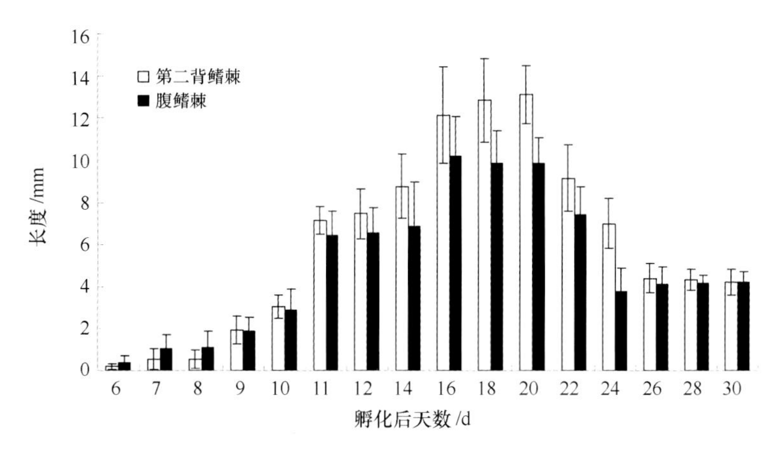

图 3.20 腹鳍棘和第二背鳍棘长度的变化

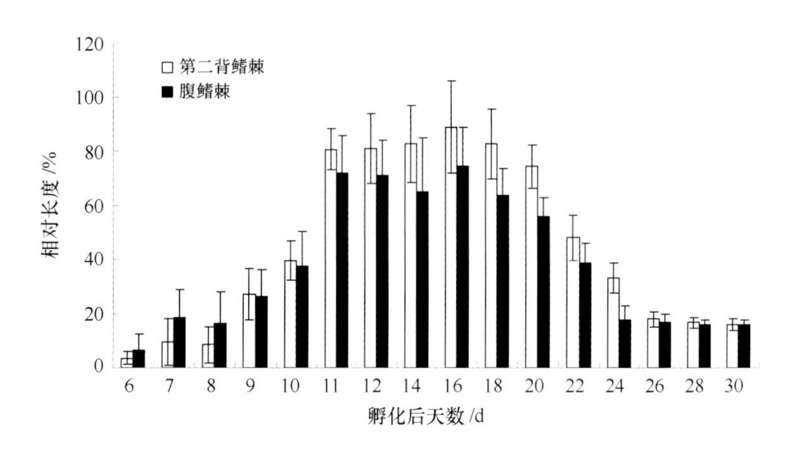

图 3.21 腹鳍棘和第二背鳍棘相对长度的变化

四、豹纹鳃棘鲈仔、稚、幼鱼的形态学分析

1. 豹纹鳃棘鲈胚后发育阶段的划分

参考国内外不同学者对鮨科鱼类胚后发育阶段的划分方法，并结合本研究对豹纹鳃棘鲈胚后发育的观察及各项统计分析数据，可将豹纹鳃棘鲈胚后发育分为仔鱼期、稚鱼期和幼鱼期。

仔鱼期划分为卵黄囊期仔鱼和后期仔鱼，从仔鱼出膜后至卵黄囊消失前为卵黄囊期仔鱼，该阶段仔鱼发育营养主要由卵黄囊提供，卵黄囊的存在是这一时期的标准；后期仔鱼阶段是整个鱼类生长过程中形态变化最大的阶段，从仔鱼开口摄食，经历了腹鳍棘和第二背鳍棘的长出和伸长，各鳍的发育，消化系统功能的完善及从内源性营养到外源性营养的过渡，到腹鳍棘和第二背鳍棘绝对长度达到早期发育阶段的最大值。后期仔鱼结束的标志国内外学者有不同的观点，陈国华等认为以鳍的基本形成作为点带石斑鱼后期仔鱼期结束的标志；邹记兴等认为点带石斑鱼仔鱼的腹鳍棘、背鳍棘开始收缩，鳞片长出前为后期仔鱼结束的标志；Ketut 等认为老鼠斑腹鳍棘、背鳍棘收缩完成，各鳍棘和鳍条数跟成鱼相同时为后期仔鱼结束的标志。通过观察和数据分析，我们把腹鳍棘开始收缩和第二背鳍棘绝对长度达到早期发育阶段的最大值时作为结束仔鱼期进入稚鱼期的标志，这跟邹记兴等对点带石斑鱼早期发育阶段的划分相一致。

稚鱼期指的是后期仔鱼的腹鳍棘、背鳍棘开始收缩，鳞片开始长出至全身披鳞结束，此期乃仔鱼变态的延续，将完成仔鱼到幼鱼过渡的阶段。幼鱼期鱼苗全身覆盖鳞片，身体形成斑纹，鱼苗个体在形态、习性上都与成鱼相似。

2. 豹纹鳃棘鲈胚后发育的特点

豹纹鳃棘鲈隶属于鲈形目、鮨科、鳃棘鲈属，其胚后发育跟同科的石斑鱼属相比有些不同。① 豹纹鳃棘鲈幼鱼体红色，在胚后发育阶段，当仔鱼期结束开始进入稚鱼期时身体体色开始变红，直到稚鱼期结束转变成幼鱼时体色完全变红，此时在鱼体上有数列排列整齐的蓝色或黑色斑点。② 豹纹鳃棘鲈胚后发育过程中臀鳍发育较晚，在腹鳍棘和第二背鳍棘绝对长度达最大时臀鳍第一鳍条才开始长出鳍棘，比石斑鱼属的斜带石斑鱼、点带石斑鱼以及赤点石斑鱼等鱼类臀鳍的发育要晚很多天。③ 豹纹鳃棘鲈早期发育阶段腹鳍棘和第二背鳍棘的绝对长度比石斑鱼属的都要长，而相对长度又较大。如豹纹鳃棘鲈腹鳍棘和第二背鳍棘的绝对长度比已报道过的斜带石斑鱼、点带石斑鱼及鞍带石斑鱼的长，这主要是因为豹纹鳃棘鲈的体型比较修长，石斑鱼属的鱼类体型较宽大的缘故。

第四节　温度和盐度对豹纹鳃棘鲈仔、稚、幼鱼生长的影响

一、温度对豹纹鳃棘鲈仔、稚、幼鱼生长的影响

1. 温度渐变对豹纹鳃棘鲈仔、稚鱼生长的影响

实验用室内经沉淀过滤的自然海水，水温为26℃、盐度为31、pH 值为8.0。实验共设置14℃（A）、18℃（B）、22℃（C）、26℃（D）、30℃（E）、34℃（F）6个温度梯度，每个梯度3个平行组，分别标示为Ⅰ、Ⅱ、Ⅲ。准备18个20 L 的玻璃瓶，分别装入自然海水16 L，然后将仔、稚鱼以每组40尾移入玻璃瓶中，其中A组以室内自然水温26℃为起始，每6小时降1℃，直至达到14℃；B组达到18℃；

C 组达到 22℃；D 组取室内 26℃自然海水即可；E 组以室内自然水温 26℃为起始，每 6 小时升 1℃，直至达到 30℃；F 组达到 34℃。温度误差在±0.5℃。

实验前随机取 20 尾鱼测其全长，并用电子天平称其体重，测得平均全长为 2.04 cm，平均体重为 0.207 2 g。实验开始后每天定时投喂饵料、吸污、换水并记录死亡仔稚鱼数量，20 d 后测量全长与体重，并计算全长平均增长率和体重平均增长率以及存活率。

仔、稚鱼在不同水温条件下培育 20 d 后生长情况如表 3.5 所示。从表 3.5 可以看出，在自然海水盐度为 31、温度为 26℃时，仔稚鱼的全长平均增长率最高，为 66.99%；18℃、22℃、30℃时的仔、稚鱼全长平均增长率分别为 31.70%、48.69%、52.94%。而当温度为 30℃时仔、稚鱼的体重平均增长率最高，为 89.16%；18℃、22℃、26℃、34℃时的仔、稚鱼体重平均增长率分别为 39.83%、31.80%、76.42%、31.46%。由方差分析可知，26℃与 30℃实验组仔、稚鱼之间的体重平均增长率并无显著差异，因此仔、稚鱼在 26℃时生长最好、最快。

表 3.5　温度渐变对豹纹鳃棘鲈仔、稚鱼生长的影响

温度/℃		实验前		实验后		全长增长/cm	体重增长/g	平均全长增长率/%*	平均体重增长率/%**
		平均全长/cm	平均体重/g	平均全长/cm	平均体重/g				
14	Ⅰ	2.04	0.207 2	2.27	0.207 3	0.23	0.000 1	12.58±0.71[a]	14.00±8.25[a]
	Ⅱ	2.04	0.207 2	2.32	0.266 5	0.28	0.059 3		
	Ⅲ	2.04	0.207 2	2.3	0.234 8	0.26	0.027 6		
18	Ⅰ	2.04	0.207 2	2.69	0.307 4	0.65	0.100 2	31.70±0.71[c]	39.83±4.26[b]
	Ⅱ	2.04	0.207 2	2.71	0.280 5	0.67	0.073 3		
	Ⅲ	2.04	0.207 2	2.66	0.281 3	0.62	0.074 1		
22	Ⅰ	2.04	0.207 2	3	0.248 3	0.96	0.041 1	48.69±2.14[d]	31.80±6.48[ab]
	Ⅱ	2.04	0.207 2	3.12	0.294 4	1.08	0.087 2		
	Ⅲ	2.04	0.207 2	2.98	0.276 6	0.94	0.069 4		
26	Ⅰ	2.04	0.207 2	3.48	0.357 6	1.44	0.150 4	66.99±1.82[e]	76.42±1.95[c]
	Ⅱ	2.04	0.207 2	3.36	0.370 8	1.32	0.163 6		
	Ⅲ	2.04	0.2072	3.38	0.368 2	1.34	0.161		

续表

温度/℃		实验前		实验后		全长增长/cm	体重增长/g	平均全长增长率/%*	平均体重增长率/%**
		平均全长/cm	平均体重/g	平均全长/cm	平均体重/g				
30	Ⅰ	2.04	0.2072	3.14	0.3916	1.1	0.1844	52.94±1.50[d]	89.16±2.98[c]
	Ⅱ	2.04	0.2072	3.16	0.4028	1.12	0.1956		
	Ⅲ	2.04	0.2072	3.06	0.3814	1.02	0.1742		
34	Ⅰ	2.04	0.2072	2.54	0.256	0.5	0.0488	20.75±2.27[b]	31.46±5.64[ab]
	Ⅱ	2.04	0.2072	2.38	0.295	0.34	0.0878		
	Ⅲ	2.04	0.2072	2.47	0.2662	0.43	0.059		

说明：据右上角不同字母表示差异显著（$P<0.05$）；*，**两列数据由平均值±标准差组成。

2. 温度渐变对豹纹鳃棘鲈仔、稚鱼存活的影响

14℃实验组的仔、稚鱼在实验开始后，随着温度的逐渐降低，体色逐渐发白，身体逐渐弯曲，活力变差，几乎不摄食；18~30℃实验组的仔稚鱼在实验开始时摄食良好，体色鲜红，会抢食，但是第三天后，18℃实验组的仔稚鱼活力开始降低，摄食情况一般；34℃实验组的仔稚鱼在实验开始后随着温度不断升高，活力逐渐降低。由图3.22可知，仔稚鱼在26℃自然水温下存活率最高，为92.50%。

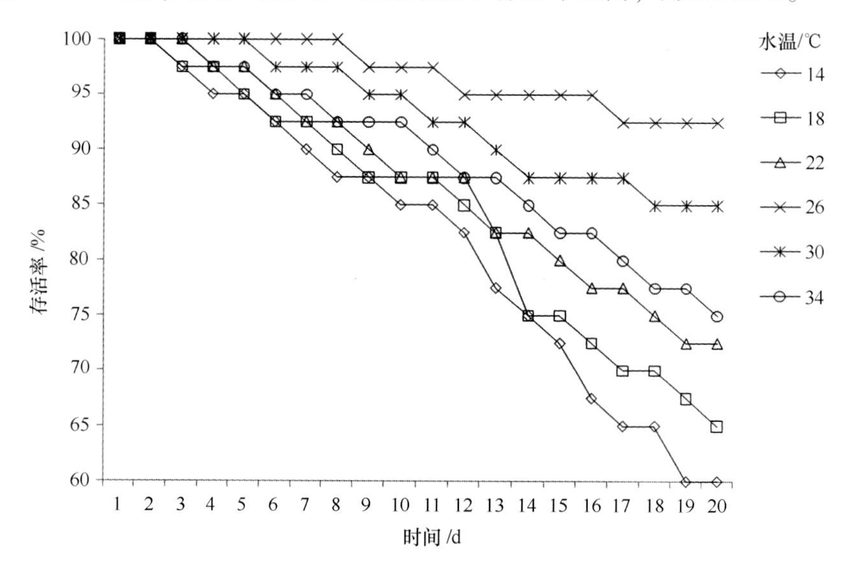

图3.22 温度渐变对豹纹鳃棘鲈仔、稚鱼存活的影响

3. 温度骤变对豹纹鳃棘鲈仔、稚鱼存活率的影响

实验用室内经沉淀过滤的自然海水，水温为26℃、盐度为31、pH值为8.0。实验共设置14℃、17℃、20℃、23℃、26℃、29℃、32℃、35℃、38℃、41℃共10个温度梯度，每个梯度3个平行组。准备30个20 L的玻璃瓶，分别装入自然海水16 L，然后分别将每个梯度组的海水水温调节到实验所需温度，再将准备好的每组40尾仔稚鱼置于玻璃瓶中暂养，每24小时观察记录一次仔稚鱼死亡数，实验共进行7 d，结束时计算存活率。

14℃和17℃实验组的仔稚鱼在实验开始后全部活跃于水面，运动剧烈，1 min后栖于底部，活力迅速下降；20℃、23℃、38℃实验组的仔稚鱼活力较好；26~35℃实验组的仔稚鱼活力最好，其中仔稚鱼在26℃时活力最高。

由表3.6可以看出，14℃实验组的仔稚鱼在实验开始1 d内存活率急剧下降，3 d后全部死亡；17℃实验组的仔稚鱼在实验开始5 d后全部死亡；41℃实验组的仔稚鱼6 d后全部死亡；20℃和38℃实验组的仔稚鱼7 d存活率比较低，分别为25.83%和44.17%；23~35℃各实验组的仔稚鱼7 d存活率均在75%以上，特别是26℃实验组的仔稚鱼7 d存活率最高，为94.17%。

表3.6 温度骤变对豹纹鳃棘鲈仔、稚鱼存活率的影响

温度/℃		实验时间/d	存活量/尾								平均存活率/%*
			0 d	1 d	2 d	3 d	4 d	5 d	6 d	7 d	
14	Ⅰ	7	40	10	2	0	0	0	0	0	0.00±0.00[a]
	Ⅱ	7	40	14	4	0	0	0	0	0	
	Ⅲ	7	40	16	4	0	0	0	0	0	
17	Ⅰ	7	40	31	19	8	0	0	0	0	0.00±0.00[a]
	Ⅱ	7	40	30	21	10	1	0	0	0	
	Ⅲ	7	40	34	16	8	0	0	0	0	
20	Ⅰ	7	40	38	33	30	25	23	13	11	25.83±1.67[b]
	Ⅱ	7	40	39	35	31	28	26	14	11	
	Ⅲ	7	40	38	35	28	24	21	13	9	
23	Ⅰ	7	40	40	40	39	38	35	34	32	77.50±1.44[d]
	Ⅱ	7	40	40	39	39	37	36	34	31	
	Ⅲ	7	40	40	40	40	39	37	35	30	

续表

温度/℃		实验时间/d	存活量/尾								平均存活率/%*
			0 d	1 d	2 d	3 d	4 d	5 d	6 d	7 d	
26	Ⅰ	7	40	40	40	39	39	39	38	38	94.17 ± 0.83^{g}
	Ⅱ	7	40	40	40	40	39	38	38	37	
	Ⅲ	7	40	40	40	40	39	39	38	38	
29	Ⅰ	7	40	40	40	40	39	38	37	36	89.17 ± 0.83^{f}
	Ⅱ	7	40	40	39	39	37	36	36	36	
	Ⅲ	7	40	40	39	38	37	36	36	35	
32	Ⅰ	7	40	40	39	38	36	35	34	33	85.00 ± 1.44^{e}
	Ⅱ	7	40	40	39	39	36	34	34	34	
	Ⅲ	7	40	40	40	39	38	35	35	35	
35	Ⅰ	7	40	40	39	37	36	36	34	33	79.17 ± 1.67^{d}
	Ⅱ	7	40	40	39	38	37	35	32	31	
	Ⅲ	7	40	40	39	38	37	36	31	31	
38	Ⅰ	7	40	38	35	31	28	25	21	19	44.17 ± 2.20^{c}
	Ⅱ	7	40	37	33	30	25	23	19	18	
	Ⅲ	7	40	38	36	33	27	25	19	16	
41	Ⅰ	7	40	32	26	20	12	3	0	0	0.00 ± 0.00^{a}
	Ⅱ	7	40	33	22	18	10	0	0	0	
	Ⅲ	7	40	29	21	17	8	0	0	0	

说明：数据右上角不同字母表示差异显著（$P<0.05$），相同字母表示差异不显著（$P\geqslant0.05$），相间者表示差异极显著（$P<0.01$），*该列数据由平均值±标准差组成。

二、盐度对豹纹鳃棘鲈仔、稚、幼鱼生长的影响

1. 盐度渐变对豹纹鳃棘鲈仔稚鱼生长的影响

实验用室内经沉淀过滤的自然海水，水温为28℃、盐度为31、pH值为8.0。共设置4、9、14、19、24、29、34、39共8个盐度梯度，每个梯度3个平行组。准备24个20 L的玻璃瓶，分别装入自然海水16 L，将仔、稚鱼以每组40尾分别移入玻璃瓶中，玻璃瓶中保持水温为（28±0.5）℃，以每6小时升降盐度1，分别使每个梯度组的海水盐度达到实验所需盐度。

实验前随机取 20 尾鱼测其全长，并用电子天平称其体重，测得平均全长为 2. 29 cm，平均体重为 0. 229 9 g。实验开始后每天记录仔稚鱼死亡数，观察仔稚鱼摄食和活力情况，实验共进行 20 d，20 d 后测量全长与体重，计算全长平均增长率、体重平均增长率及存活率。

由表 3. 7 可以看出，在温度 28℃条件下，在盐度 19~34 时各实验组的仔、稚鱼全长平均增长率差异显著。盐度 29 的实验组仔、稚鱼全长平均增长率最高，为 63. 61%；盐度 9 的实验组仔、稚鱼全长平均增长率最低，仅为 22. 12%，而体重平均增长率无显著差异。

表 3. 7 盐度渐变对豹纹鳃棘鲈仔、稚鱼生长的影响

盐度		实验前		实验后		全长增长/cm	体重增长/g	全长平均增长率/%*	体重平均增长率/%**
		平均全长/cm	平均体重/g	平均全长/cm	平均体重/g				
9	Ⅰ	2. 29	0. 229 9	2. 78	0. 243 7	0. 49	0. 013 8	22. 12±1. 19[a]	29. 03±22. 20[a]
	Ⅱ	2. 29	0. 229 9	2. 85	0. 398 7	0. 56	0. 168 8		
	Ⅲ	2. 29	0. 229 9	2. 76	0. 247 5	0. 47	0. 017 6		
14	Ⅰ	2. 29	0. 229 9	3. 06	0. 292 7	0. 77	0. 062 8	34. 06±1. 40[bc]	26. 21±9. 21[a]
	Ⅱ	2. 29	0. 229 9	3. 13	0. 325 5	0. 84	0. 095 6		
	Ⅲ	2. 29	0. 229 9	3. 02	0. 252 3	0. 73	0. 022 4		
19	Ⅰ	2. 29	0. 229 9	3. 39	0. 335 3	1. 1	0. 105 4	49. 49±2. 87[d]	21. 17±12. 62[a]
	Ⅱ	2. 29	0. 229 9	3. 33	0. 239 7	1. 04	0. 009 8		
	Ⅲ	2. 29	0. 229 9	3. 55	0. 260 7	1. 26	0. 030 8		
24	Ⅰ	2. 29	0. 229 9	3. 03	0. 352 3	0. 74	0. 122 4	39. 16±4. 65[c]	66. 87±10. 61[a]
	Ⅱ	2. 29	0. 229 9	3. 39	0. 431 7	1. 1	0. 201 8		
	Ⅲ	2. 29	0. 229 9	3. 14	0. 366 9	0. 85	0. 137		
29	Ⅰ	2. 29	0. 229 9	3. 71	0. 279 3	1. 42	0. 049 4	63. 61±1. 19[e]	65. 71±29. 96[a]
	Ⅱ	2. 29	0. 229 9	3. 73	0. 512 3	1. 44	0. 282 4		
	Ⅲ	2. 29	0. 229 9	3. 8	0. 351 3	1. 51	0. 121 4		
34	Ⅰ	2. 29	0. 229 9	2. 91	0. 344 7	0. 62	0. 114 8	26. 06±3. 69[ab]	48. 92±0. 63[a]
	Ⅱ	2. 29	0. 229 9	3. 02	0. 342 7	0. 73	0. 112 8		
	Ⅲ	2. 29	0. 229 9	2. 73	0. 339 7	0. 44	0. 109 8		

续表

盐度		实验前		实验后		全长增长/cm	体重增长/g	全长平均增长率/%*	体重平均增长率/%**
		平均全长/cm	平均体重/g	平均全长/cm	平均体重/g				
39	Ⅰ	2.29	0.229 9	3.09	0.271 7	0.8	0.041 8	36.68±2.67[c]	28.36±6.20[a]
	Ⅱ	2.29	0.229 9	3.25	0.320 9	0.96	0.091 0		
	Ⅲ	2.29	0.229 9	3.05	0.292 7	0.76	0.062 8		

说明：数据右上角不同字母表示差异显著（$P<0.05$）；*，**两列数据由平均值±标准差组成。

2. 盐度渐变对豹纹鳃棘鲈仔、稚鱼存活率的影响

由图3.23可以看出，豹纹鳃棘鲈仔、稚鱼在盐度9~39范围内20 d存活率均在80%以上，盐度为24实验组仔、稚鱼20 d存活率最高，为97.5%。仔、稚鱼在盐度9~39范围内活力和摄食情况良好，只有盐度9实验组的仔、稚鱼一部分体色开始发白，但活力并无明显降低。

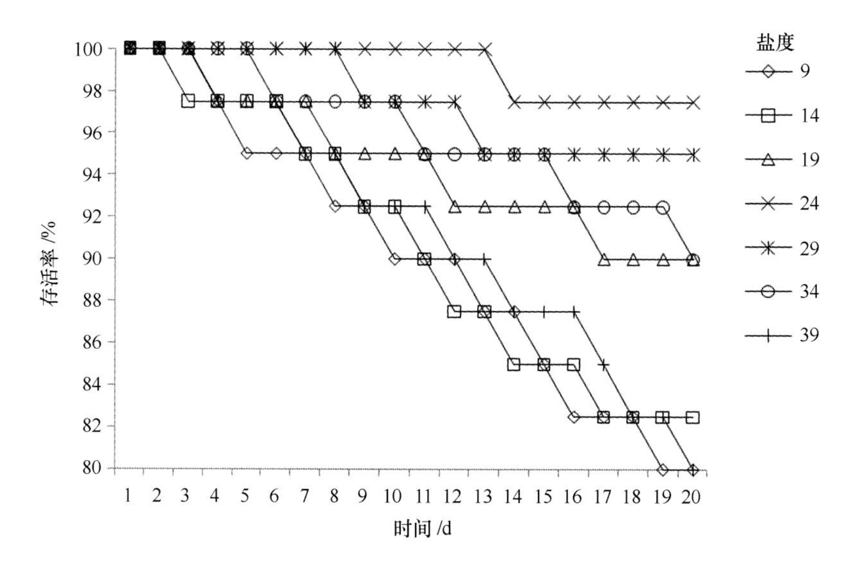

图3.23　盐度渐变对豹纹鳃棘鲈仔、稚鱼存活的影响

3. 盐度骤变对豹纹鳃棘鲈仔、稚鱼存活率的影响

实验用室内经沉淀过滤的自然海水，水温为28℃、盐度为31、pH值为8.0。共设置4、9、14、19、24、29、34、39共8个梯度，每个梯度3个平行组。准备24个20 L的玻璃瓶，分别装入自然海水16 L，然后将每个梯度组的海水盐度调节到实验所需盐度，再将准备好的每组40尾仔稚鱼置于玻璃瓶中暂养，每24小时观察记

录一次仔、稚鱼死亡数，实验共进行 7 d，结束时计算存活率。

由表 3.8 可以看出，豹纹鳃棘鲈仔稚鱼在淡水条件下 1 d 后全部死亡，仔稚鱼在盐度 4 条件下 3 d 后全部死亡，仔稚鱼在盐度 9 和 39 条件下的最终存活率分别为 26.67%和 16.67%，仔稚鱼在盐度 14 条件下存活率也比较低，为 65.00%，而在其余盐度条件下仔稚鱼存活率均在 85%以上。盐度 34 和 39 实验组的仔稚鱼摄食情况很差，几乎不摄食，胃空；盐度 4 和 9 实验组的仔、稚鱼在开始一段时间后全部体色发白，身体弯曲，不停扭动；盐度 14 实验组的仔、稚鱼一部分体色发白，但是摄食情况良好；盐度 19、24、29 实验组的仔、稚鱼活力较好，摄食情况较好，体色鲜红，而且会抢食。

表 3.8 盐度骤变对豹纹鳃棘鲈仔、稚鱼存活率的影响

盐度		实验时间/d	存活量/尾								平均存活率/%*
			0 d	1 d	2 d	3 d	4 d	5 d	6 d	7 d	
0	Ⅰ	7	40	0	0	0	0	0	0	0	0.00±0.00[a]
	Ⅱ	7	40	0	0	0	0	0	0	0	
	Ⅲ	7	40	0	0	0	0	0	0	0	
4	Ⅰ	7	40	12	4	0	0	0	0	0	0.00±0.00[a]
	Ⅱ	7	40	8	0	0	0	0	0	0	
	Ⅲ	7	40	7	0	0	0	0	0	0	
9	Ⅰ	7	40	28	24	20	16	14	14	12	26.67±2.20[c]
	Ⅱ	7	40	30	22	19	17	17	15	11	
	Ⅲ	7	40	20	18	13	11	11	10	9	
14	Ⅰ	7	40	37	36	36	34	33	30	28	65.00±2.89[d]
	Ⅱ	7	40	35	35	34	32	32	29	26	
	Ⅲ	7	40	37	33	31	30	30	25	24	
19	Ⅰ	7	40	39	37	37	37	36	36	35	88.33±0.83[e]
	Ⅱ	7	40	39	38	38	38	38	36	35	
	Ⅲ	7	40	38	38	37	37	37	36	36	
24	Ⅰ	7	40	40	40	40	40	39	39	39	96.67±0.83[f]
	Ⅱ	7	40	40	40	40	39	39	39	39	
	Ⅲ	7	40	40	39	39	39	39	38	38	

续表

盐度		实验时间/d	存活量/尾								平均存活率/%*
			0 d	1 d	2 d	3 d	4 d	5 d	6 d	7 d	
29	Ⅰ	7	40	40	40	40	40	40	40	40	98.33±0.83[f]
	Ⅱ	7	40	40	40	40	40	40	39	39	
	Ⅲ	7	40	40	40	40	40	40	40	39	
34	Ⅰ	7	40	40	40	40	40	40	39	39	96.67±0.83[f]
	Ⅱ	7	40	40	40	40	39	39	39	38	
	Ⅲ	7	40	40	40	40	39	39	39	39	
39	Ⅰ	7	40	35	29	25	22	16	12	7	16.67±2.20[b]
	Ⅱ	7	40	33	27	21	17	15	11	5	
	Ⅲ	7	40	30	29	24	19	18	9	8	

说明：数据右上角不同字母表示差异显著（$P<0.05$）。* 表示该列数据由平均值±标准差组成。

三、温度和盐度对豹纹鳃棘鲈仔、稚鱼生长影响分析

1. 温度对豹纹鳃棘鲈仔、稚鱼生长影响分析

温度是影响海水鱼类生存和发育的重要因素，适宜的温度有利于鱼类的生存和发育。同时鱼类早期发育阶段被认为是发育过程中对温度比较敏感的时期，适宜的温度对鱼类的生长发育具有正效应，但是过高或过低的温度往往会抑制鱼类的生长发育，甚至死亡。因此，研究温度在渐变和骤变条件下对豹纹鳃棘鲈仔、稚鱼阶段存活和生长的影响，旨在探索出豹纹鳃棘鲈仔、稚鱼对温度渐变和骤变的耐受力。

温度渐变对豹纹鳃棘鲈仔、稚鱼生长存活的实验结果表明，在适宜的温度范围内，随着温度的升高，鱼类的生长和存活与温度呈正相关，但是过高或者过低的温度都不利于鱼类的生长和存活。豹纹鳃棘鲈仔、稚鱼生长发育的适宜温度范围是18~30℃，26℃实验组豹纹鳃棘鲈仔、稚鱼发育最好，存活率最高，为豹纹鳃棘鲈仔、稚鱼的最适生长发育温度；14℃实验组的仔、稚鱼体色发白，身体弯曲，摄食能力弱，活力较差。张海发等研究得出，斜带石斑鱼仔鱼生存的适宜温度范围是24~32℃，最适温度范围是24~26℃；曲焕韬等研究得出，28℃时鞍带石斑鱼仔鱼成活率最高，初孵仔鱼的适宜温度范围是26~30℃。温度骤变对豹纹鳃棘鲈仔、稚鱼生长存活的实验结果表明，在一定的温度范围内，豹纹鳃棘鲈仔、稚鱼对于温度突变的耐受力比较强，在23~35℃范围内7 d存活率均在75%以上。张雅芝等研究得

出，温度突变条件下斜带石斑鱼幼鱼在11~32℃范围内存活率均在85%以上。在实验开始后2 d内，通过温度渐变和温度骤变对豹纹鳃棘鲈仔、稚鱼生长存活的实验结果对比发现，豹纹鳃棘鲈仔、稚鱼对温度改变的耐受力与水温下降速度和下降幅度呈负相关。这与陈政强等在温度对秋冬季生殖真鲷胚胎发育及仔、稚鱼存活的影响中指出的，仔、稚鱼对降温的适应能力与其个体大小、起止温度高低呈正相关，而与水温下降速度和下降幅度呈负相关的结论一致。

综上所述，豹纹鳃棘鲈仔、稚鱼在适宜的范围内对温度渐变和骤变的耐受力比较强，且最适生长发育温度为26℃。

2. 盐度对豹纹鳃棘鲈仔、稚鱼生长影响分析

盐度是影响海水鱼类生存和发育的重要因素，适宜的盐度有利于鱼类的生存和发育。同时鱼类早期发育阶段被认为是发育过程中对盐度比较敏感的时期，研究盐度在渐变和骤变条件下对豹纹鳃棘鲈仔、稚鱼阶段存活和生长的影响，旨在探索出豹纹鳃棘鲈仔、稚鱼对盐度渐变和骤变的耐受力。

通过盐度渐变实验发现，豹纹鳃棘鲈仔、稚鱼在盐度9~39范围内都能存活，且20 d存活率都在80%以上，而且仔、稚鱼在盐度19~34范围内20 d存活率都在90%以上，说明豹纹鳃棘鲈仔、稚鱼对于盐度的缓慢变化表现出很大的忍耐性，在9~39范围内均适于豹纹鳃棘鲈仔、稚鱼的生长和存活。在盐度为24时，仔、稚鱼全长平均增长率和体重平均增长率最高，分别为31.73%和66.87%，这与张海发研究的斜带石斑鱼幼鱼的最适生长盐度为17~27的结果吻合。但各实验组仔、稚鱼的体重平均增长率并无显著差异，说明豹纹鳃棘鲈仔、稚鱼体重平均增长率与盐度没有显著关系。曲焕韬等研究得出，盐度为31.7时鞍带石斑鱼仔鱼成活率最高，初孵仔鱼的适宜盐度范围是27.1~31.7。

但是在盐度突变实验中发现，盐度为0和4时，豹纹鳃棘鲈仔、稚鱼很快全部死亡，而且在盐度9和39时，仔、稚鱼7 d存活率也比较低，分别为26.67%和16.67%，但是盐度在19~34范围内，仔、稚鱼7 d存活率都在85%以上，说明豹纹鳃棘鲈仔、稚鱼对盐度突变的适应性还是比较强的。刘旭等报道盐度为5和10时，全长4~5 cm的斜带石斑鱼幼鱼均无法生存，本实验结果与刘旭的研究结果一致，说明豹纹鳃棘鲈仔稚鱼对低盐度的耐受性较差。

综上所述，豹纹鳃棘鲈仔稚鱼在适宜的范围内对盐度渐变和骤变的耐受力比较强，且最适生长发育盐度为29，但是对低盐度的耐受力差，无法在淡水中养殖。

第四章　生物饵料培养技术

第一节　光合细菌的培养

光合细菌（PSB）是地球上最早出现具有原始光能合成体系的原核生物，是一大类在厌氧条件下进行不放氧光合作用的细菌的总称，广泛存在于地球生物圈的各处。

光合细菌在水产养殖上的应用主要有以下 5 个方面。

1. 作为养殖水质净化剂

高密度水产养殖水体中含有大量的鱼类粪便和残饵，以及鱼药残留物，它们腐败后产生的氨态氮、硫化氢等有害物质，直接污染水体和底泥。轻度污染可造成鱼类生活不适，饵料系数增高，生长缓慢，积累到一定程度后，可使水体底部缺氧。PSB 能有效地将氨态氮、硫化氢等有害物质吸收，组成菌体本身，从而提高水体中溶氧含量，调节 pH 值。水体的富营养化亦可滋生大量的病原微生物，使鱼类感染发病。施用 PSB 后，还能抑制其他病原菌的生长，从而达到净化水质，使鱼类健康生长的目的。

2. 维护水体微生态平衡

水产养殖场的水体中存在着各种各样的微生物，有些是有益的，有些是有害的；也有些是处于中间状态的叫“条件致病微生物”，即正常情况下，这类微生物不致病，遇水质污染，鱼类免疫功能下降时，它们便大量繁殖危害鱼类。通常人们采用消毒杀菌剂来控制，但随着施用次数的增加，病原微生物的耐药性也相应地增强，为了达到预防和治疗的效果，每次施用的剂量不得不逐渐加大，这不仅增加了用药成本，而且还污染了水体，造成水产品质量下降，甚至不能食用。利用光合细菌预防鱼病，完全可克服消毒杀菌剂的缺点，它不仅可降解或清除水体中包括鱼药在内的有害化学物质，占绝对优势的光合细菌还可与病原微生物争夺营养和空间，使其无法进行大量生长繁殖，同时还可避免产生病原微生物耐药性问题，从而不易形成致病的环境条件，鱼类也就不易发病。

鱼类的病害防治原则是：防重于治。只有在日常的渔业生产中，维持水体中微生态系统平衡，使有益微生物始终占绝对优势，尽量不给病原微生物大量生长繁殖的机会，才是健康养殖的出路之一。如果平时不能有效地预防，出现症状时再去治疗，包括鱼药成本在内的重大生产损失将是不可避免的。

3. 培养浮游动物作饵料

PSB 的菌体细胞营养很丰富，这正好是浮游动物的优质饵料。实践证明，水体中的 PSB 越多，浮游动物生长也就越旺盛，以浮游动物为食的鱼类增产效果也就越明显。尤其是在鱼类育苗生产中，适量增加水体中 PSB 的含量，可大大增加育苗水体中浮游动物（轮虫、枝角类等）的数量，并能提高浮游动物自身的营养含量等，十分有利于鱼苗的开口和仔稚鱼的生长，可大大提高育苗的成活率。

4. 作为饲料添加剂

PSB 的菌体细胞营养丰富，并含有大量的生理活性物质，可直接拌入饲料中投喂，除增加营养，降低饲料系数外，还可起到刺激动物免疫系统，增强消化和抗病能力，促进生长的作用。

5. 间接增氧作用

PSB 生长繁殖时，不需要氧气，也不释放氧气，它是通过吸收水体中的耗氧因子，而产生了间接地增加氧气的作用。

一、光合细菌的培养条件

1. 营养条件

光合细菌细胞体构成的元素主要有：碳、氢、氧、氮、磷、钾、钠、镁、钙、硫和一些微量元素等，它们也是所有生物细胞构成的主要物质。一般情况下的比重为：水分占 80%~90%、无机盐 1%~1.5%、蛋白质 7%~10%、脂肪 1%~2%、糖类和其他有机物占 1%~1.5%；其中干细胞含碳 45%~55%、氢 5%~10%、氧 20%~30%、氮 5%~13%、磷 3%~5%、其他矿物元素 3%~5%。光合细菌的细胞膜具有半透性，能选择性地让营养成分按一定需要进入细胞内，在酶的作用下合成自己的细胞组分并促进分裂新的个体。所以在培养光合细菌时要选择营养比较全面的培养基进行培养才能满足光合细菌的营养需求。

2. 环境条件

营养全面的光合细菌培养基，只是满足光合细菌生长的内在条件，并不能培养出光合细菌菌液。还需有适宜光合细菌生长的环境条件，才能培养出优质的菌液。环境条件具体有以下几个方面。

（1）培养介质：含菌量低的清洁淡水、海水或加粗食盐的淡水。从经济、实用的角度考虑，地下水含菌量低，为最佳水源；清洁的地表水也可使用；含氯量较高的自来水应敞口放置 2~3 d 或调 pH 值至偏碱后使用；蒸馏水及纯净水固然很好，但成本太高，可用于提纯菌种。

（2）酸碱度（pH）值：7.5~8.5 最佳（适应范围 6~10）。

（3）水硬度：pH 值中性时 10 度以下。即调节 pH 值至 8.0 左右时，培养介质中的乳白色沉淀物不宜过多。

（4）温度：25~34℃最佳（适应范围 15~40℃）。

（5）光照强度：3 000~4 000 lx 最佳。即每 25 千克菌液需用 60 W 左右的电灯泡进行光照，当然，太阳光是最好的光源且无需成本。

（6）透气性：密闭、敞口皆可培养，密闭效果更好。

（7）容器：透明或白色容器；大规模培养可用土池、水泥池等，菌液深度 30 cm以下为佳。

二、培养工具的消毒方法

1. 加热消毒法

利用高温杀死微生物的方法。

（1）直接灼烧：此法可直接把微生物烧死，灭菌彻底，但只适用于小型金属或玻璃工具的消毒。

（2）煮沸消毒：一般煮沸 5~10 min，适用于小型容器、工具的消毒。

（3）烘干箱消毒：亦称为恒温干燥箱消毒法。

2. 化学药品消毒法

适用在批量培养中，大型容器、工具、玻璃钢水槽和水泥池中。

（1）酒精：浓度为 70%的酒精常用于中、小型容器的消毒。用纱布蘸酒精在容器、工具的表面涂抹，10 min 后，用消毒水冲洗两次即可。

（2）高锰酸钾：按 300×10^{-6}配成高锰酸钾溶液，把洗刷洁净的容器、工具放在溶液中浸泡 5 min，取出，再用消毒水冲洗 2~3 次即可。

三、接种

培养基配制好后，应立即进行接种。光合细菌生产性培养的接种量比较高，一般为 20%~50%，即菌种母液量和新配培养量之比为 1∶4（20%）~1∶1（50%），且不应低于 20%，尤其微气培养接种总量应高些，否则，光合细菌在培养液中很难占绝对优势。

四、光合细菌的生产工艺

1. 培养液的配制

将光合细菌培养基取一小包（0.5 kg），放入一个干净的容器中，加入 100 kg 水，搅拌均匀，直到培养基溶化为止。

注意事项：水源一定要选择好，含菌量较低的清洁淡水、海水或加粗食盐的淡水。从经济、实用的角度考虑，地下水（井水）含菌量低，为最佳水源，另外，若当地自来水含氯较低，也可用，效果很好；清洁的地表水也可使用；含氯量较高的自来水应敞口放置 2~3 d 或调 pH 值至偏碱后使用。

容器：少量生产可用透明度较高的白色或透明塑料桶、玻璃容器。大量生产可用水泥池和水泥船，也可临时开挖土池，垫上双层塑料膜防漏防浑浊，培养液的深度为 30 cm 最佳。

2. 培养方式

培养方式有以下两种。

（1）小规模培养：① 容器为 1.25 L 的饮料瓶，即小规模生产方法，由于饮料瓶的体积小，瓶子透明度好，又密封，所以培养环境好，需要的接种量也少，比较简单。② 设备为光照箱，用一个大的纸箱，放一个 40 W 的白炽灯悬挂在箱子的顶部（注意防火），纸箱内壁四周，摆装好了加入培养液并接了种的饮料瓶，这样，既达到了保温到 25~40℃的效果，又达到了光照的效果。较大的箱子要用 60 W 的白炽灯，一般一个箱子可放这种饮料瓶 8 个以上，即一次可生产约 10 kg/箱。灯泡与瓶子的距离不超过 20 cm。夏天，可撤去纸箱，以防温度过高，或在纸箱四周钻孔以散热。③ 操作规程如下：配料为培养液和液体菌种 4∶1。培养在箱子内，打开白炽灯，照几天即可，一般可达到温度 35℃，控制在 30~40℃之间，第一次培养可能需要 5 d 以上，每天早晚摇晃两次，一般只需要 2 d 即可长成深红色。④ 成熟标准：以培养液长成深红色为准，这时一般成品的光合细菌浓度可达到 30 亿~50 亿/mL。

（2）大规模培养：利用太阳能大规模培养（以培养 2 t 菌液为例）。选择阳光充足的地方，开挖一土池（长 5 m、宽 1.8 m、深 0.4 m），垫上塑料薄膜，然后再铺上桶状塑料薄膜，并将其一端密封，从另一端加入 1.8 t 配制好的培养液和 0.2 t 的菌种，共 2 t，排尽薄膜中空气后，再将该端密封。保持适当的温度，5 d 后，菌液即可培养成熟。

五、培养管理

光合细菌的培养日常管理包括测试、观察和分析处理 3 个方面。

1. 测试

（1）搅拌：光合细菌培养过程中必须搅拌或充气，其作用是帮助沉淀的光合细菌上浮获得光照，保持菌细胞的良好生长，每天至少摇动3次，定时进行。

（2）调节光照度：培养光合细菌需要连续进行照明，白天可利用太阳光源培养，晚间则需人工光源照明，或完全利用人工光源培养。人工光源一般使用碘钨灯或白炽灯泡。一般培养光照强度控制在2 000~5 000 lx。

（3）调节温度：在培养过程中，光合细菌一般在23~39℃均能正常生长繁殖，但如果温度过低，可以把培养容器放在箱子里，利用白炽灯泡散发的热提高箱内温度，并根据需要调整箱子的密封程度达到调节温度的目的。

（4）酸碱度的测定和调整：为了延长光合细菌的指数生长期，提高培养基的利用率和单位水体的产量，测定和调整pH值是一项重要措施。一般采用加酸的办法降低菌液的酸碱度，醋酸、乳酸均可使用，而最常用的是醋酸。在日常的管理工作中，必须每天测定菌液的pH值，当pH值上升超出最适范围，即加酸调整。

（5）测定光密度（OD）值：光密度值和细胞干重之间是近似线性关系，这种相关关系常用来测定培养物的浓度。首先根据测定的数据画出相关的标准曲线图，然后测定菌液的光密度值，即可根据标准曲线大致估算出菌细胞的浓度。光密度值常用分光光度计测定。在日常管理工作中，通过测定菌液的光密度，可以了解光合细菌的生长繁殖情况。

2. 生长情况的观察和检查

在培养过程中，可以通过观察菌液的颜色及其变化来了解光合细菌生长繁殖的大致情况。菌液的颜色是否正常，接种后颜色是否由浅迅速变深，均可反映光合细菌生长是否正常以及繁殖速度的快慢。此外，通过测定菌液的光密度值及其变化情况，能更准确地了解菌体的生长繁殖情况。接种后，光密度值迅速加大，表示生长正常、繁殖迅速。如果光密度值不增加以及菌液颜色不正常、出现菌体附壁等现象，说明培养效果不良。必要时还可以通过显微镜检查，了解细菌生长情况。

3. 问题的分析和处理

通过日常管理、检测、观察和检查，了解光合细菌的生长情况，就可以结合当时环境条件的变化进行分析，找出影响光合细菌正常生长的原因，采取相应的对策。影响光合细菌生长的原因很多，从内因看菌种本身是否优良，即接种的母种的质量是否优良；从外因看，不外乎是光照、温度、营养、敌害、厌气程度等方面。

六、光合细菌培养液的颜色解析

平时，在培养光合细菌的生产实践中，经常会遇到培养液出现不同的颜色，自然界的光合细菌分别属于红螺菌科、着色菌科、绿杆菌科和绿色丝状菌科 4 个科，一共 23 属，80 余菌种。目前水产养殖上用得最为广泛的种类是红螺菌科，特别是红色假单孢菌属中的种类。这类光合细菌在净化水质、防治疾病和促进水产动物生长方面有着较明显的效果。

1. 光合细菌培养液的颜色

光合细菌的光合色素包括细菌叶绿素和胡萝卜素，菌体因各种色素含量不同而呈现出不同的颜色。一般红螺菌科和着色菌科的菌呈现出红色、粉红色、橙色、紫色或茶褐色；绿杆菌科和绿色丝状菌科的菌呈现出绿色。但是，由于培养条件的不同，其颜色在此基础上仍会有变化，如：球形红色假单胞菌和荚膜红色假单胞菌的厌氧液体培养液呈茶褐色，而在半好氧（微厌氧）状态下培养液呈红色。这是因为氧的存在对光合细菌色素的合成有十分明显的抑制作用。表 4.1 为海水养殖中常用的红色假单孢菌属的几个种在不同培养条件下的呈色反应。

表 4.1 红螺菌科红假单胞菌属中的几个种在厌氧条件与半好氧条件下液体培养物的颜色比较

菌种名称	厌氧液体培养物的颜色	半好氧液体培养物的颜色
Rhodopseudomonas gelatinosa 胶质红假单胞菌	青桃色至深黄褐色	无色至浅黄褐色
Rhodopseudomonas capsulatus 荚膜红细菌	浅黄褐色至深褐色	深红至紫红色（若空中振荡几小时成红色）
Rhodopseudomonas sphaeroides 球形红杆菌	初为淡绿褐色，后为暗褐色	独特的红色（在空气中振荡几小时，厌氧下的褐色也转变为红色）
Rhodopseudomonas palustris 沼泽红假单胞菌	初为淡粉红色，后成红至褐红色，老的为暗红褐色	无色至粉红色
Rhodopseudomonas viridis 绿色红假单胞菌	最初为黄绿色，以后绿色至橄榄绿色	无色至淡黄绿色

2. 生产实践中光合细菌培养液颜色变化的分析

一般在培养的开始期，会出现黄褐色，或浅黄色，如果坚持培养下去，而不是就此倒掉，最终仍可以培养出外观质量较好的红色菌液来。从表 4.1 也可以看出，往往是最后才变成红色。有时，同样的操作，同一批菌液，在培养过程中有的培养容器中会产生绿色的溶液颜色。这时，要检查容器是否密封得太死，最好能充一点氧气进入。从表 4.1 还可以看出，在半好氧的条件下，往往可以得到比较鲜艳的红色菌液。所以在培养时，最好能充入一些空气，或在容器中留一部分空气，一是可以保持半好氧状态；二是也便于摇晃均匀。另外，温度高、光照强的条件下，容易得到绿色菌，这是因为此时的条件容易造成水体缺氧，从而引起绿色菌的生长优势。

总之，要得到颜色鲜艳的红色菌，就必须注意以下几个条件：① 注意保持半好氧培养的条件；② 温度光照不要太强；③ 出现一点绿色也不要灰心，要及时采取措施，如增加供氧、遮阳降温等，并坚持培养下去；④ 平时注意用灯泡和纸箱的培养方式，不间断地培养一些菌种，因为毕竟这种培养方式得到的培养液的质量较好，菌体也更加稳定。

七、光合细菌在水产养殖中的用法用量

1. 光合细菌在水产养殖中的应用剂量

光合细菌对各种水产养殖动物都有益，尤其是育苗阶段的效果特别明显。实验表明与对照组相比，光合细菌可使育苗成活率提高 20%～60%；用于成鱼育肥，可增产 20%左右，饵料系数下降 20%左右，个体增重 15%，且无任何毒副作用。

育苗用量：100 g/m^2，间隔 10 d 用一次。

鱼育肥：首次每亩 7 kg，以后每亩 4～5 kg，间隔 15 d 用一次。

鱼苗或病鱼药浴：用光合细菌稀释 10 倍，把鱼苗或病鱼放入浸泡 15 min 即可。药浴后，可使药浴鱼虾成活率提高 90%。如患黏细菌病、烂鳃病、打印病的，药浴后成活 60%～100%；患水霉病、赤鳍病、擦伤病的，药浴后成活近 100%，且无任何药浴副作用。

饲料中用量：鱼苗 5%，成鱼 3%，现拌现喂；喂水添加 3%，现拌现喂。

施用方法：适当用水稀释后全池洒匀，若先用生石灰后 2 h，再用光合细菌则效果更好。

2. 使用方法

① 将光合细菌菌液稀释 20～30 倍全池均匀泼洒。② 将菌液拌和饲料后投喂。③ 将菌液稀释 10 倍后，浸泡鱼种。

3. 注意事项

① 不可与消毒杀菌剂混合使用，水体消毒须 1 周后方可使用。② 使用前，将菌液光照 10 h 以上，使用效果更好。③ 晴天水温 20℃以上时使用效果较好。④ 拌入的饲料应于当天投喂完毕。⑤ 应灵活掌握用量和使用的连续性，因为光合细菌在水体中只有形成优势群落后，才能发挥最大的作用。⑥ 水体呈碱性时施用效果最好。酸性水体易使鱼类生病，应常用生石灰或烧碱调节 pH 值至中性或偏碱程度。⑦ 光合细菌菌液不能用金属器皿贮存。⑧ 培育鱼苗时，在苗种入池前 7 d 全池泼洒，以利于浮游生物生长。

八、光合细菌菌液的保存方法

菌液应放在低温环境下，15℃以下最好，夏季应放在凉爽的地方，并保持一定的光照度，每天不低于2 h。这是因为光合细菌在刚刚结束培养时，正处于生长旺盛期，形成了很强的“生长惯性”，如果此时突然没有了光照或光照很弱，经5~10 d后会出现光合作用失衡而导致大量死亡，使菌液发黑，并有恶臭，刚开始发黑时若施以适当光照，即可缓和。所以刚培养好的菌液应尽量降温，逐步降低光照强度，以减少生长惯性，到了生长惯性很弱或没有惯性时，光合细菌就进入了稳定期，此时在阴凉避光处可保存6个月。

总之，保存期的长短主要取决于温度、光照度。通常在正常连续生产及使用过程中，对光合细菌的保存及留种无须做特别的处理。如：夏天在太阳下培养的产品就放于阳光下，可保存两个月，可不断地再培养，扩大，反复等；秋天，培养的最后一批产品可保存1年之久。

九、光合细菌的培养基

对光合细菌培养条件进行了优化研究，结果表明：菌株的生长温度为30℃时，最适培养光照为3 000 lx，最低接种浓度为6%。培养基正交实验研究表明其最优培养基配方为：氯化铵2.00 g、磷酸氢二钾0.20 g、乙酸钠4.00 g、碳酸氢钠2.00 g、氯化钠1.00 g、酵母膏0.15 g、硫酸镁0.20 g、T. M储液少量、蒸馏水1 000 mL；其中乙酸钠为最大影响因子。酵母膏对产品品质影响较大，要求酵母膏质量稳定，无杂菌。

目前应用的光合细菌有多种配方，最常用的配方如下：

磷酸氢二钾（K_2HPO_4）	0.5 g
磷酸二氢钾（KH_2PO_4）	0.5 g
硫酸铵（$(NH_4)_2SO_4$）	1 g
硫酸镁（$MgSO_4 \cdot 7H_2O$）	0.5 g
乙酸钠（或95%酒精3 mL）	2 g
酵母浸出汁（或酵母膏）	2 g
消毒海水	1 000 mL

第二节　单细胞藻类的培养

单细胞藻类，简称单胞藻，因藻体微小，又称微藻。单胞藻具有利用太阳光能效率高、营养丰富、生长繁殖迅速、对环境适应性强和容易培养等重要特性，因而受到重视。单胞藻的应用主要是直接作为水产经济动物幼体（如大多数贝类的幼虫、虾类的溞状幼体和糠虾幼体、海参类的樽形幼体等）和成体的饵料。其次，单胞藻可用于培养动物性生物饵料（如轮虫、枝角类、桡足类等），再以动物性生物饵料投喂，作为水产经济动物幼体（如虾类的糠虾幼体、仔虾；蟹类的溞状幼体、大眼幼体；鱼类的仔鱼、稚鱼等）的饵料，单胞藻起到了“间接饵料”的作用。此外，单胞藻在光合作用过程中能放出大量氧气并吸收水中的富营养化成分，起到净化水质的作用，同时还可提高虾、蟹、鱼类育苗的成活率。

单胞藻的培养过程可分为容器、工具的消毒，培养液的制备，接种和培养 4 个步骤。

一、容器、工具的消毒

1. 加热消毒法

该法是利用高温杀死微生物的方法。不能耐高温的容器和工具，如塑料和橡胶制品等不能用加热法消毒。

（1）直接灼烧灭菌法可直接把微生物烧死，灭菌彻底，但只适用于小型金属或玻璃工具的消毒。

（2）煮沸消毒，用水煮沸消毒，一般煮沸 5~10 min，适用于小型容器、工具的消毒。

（3）烘干箱消毒，亦称为恒温干燥箱消毒法。

2. 化学药品消毒法

在生产性大量培养中，大型容器、工具、玻璃钢水槽和水泥池，一般用化学药剂消毒。

（1）酒精，浓度为 70% 的酒精常用于中、小型容器的消毒。用纱布蘸酒精在容器、工具的表面涂抹，10 min 后，用消毒水冲洗两次即可。酒精是一种较理想的消毒药品。

（2）高锰酸钾，消毒时按 300×10^{-6} 配成高锰酸钾溶液，把洗刷洁净的容器、工具放在溶液中浸泡 5 min，取出，再用消毒水冲洗 2~3 次即可。

二、培养液的制备

单胞藻的培养液（液体培养基）是在消毒海水（或淡水）中加入各种营养物质配制而成。

1. 海水的消毒

（1）加热消毒法：把经沉淀或沉淀后再经沙滤的海水，在烧瓶或铝锅中加温消毒，一般加温达 90℃左右维持 5 min 或加热达到沸腾即停止加温。海水加热消毒后要冷却，在加入肥料前须充分搅拌，使海水中因加温而减少的溶解气体的量恢复到正常水平。

（2）过滤消毒法：把经沉淀的海水，经过沙滤装置过滤，可把大型的生物和非生物除去，再经陶瓷过滤罐过滤，可除去微小生物。

（3）次氯酸钠消毒法：在每立方米的海水中加入含有效氯 20×10^{-6}的次氯酸钠，充气 10 min，停气，经 6~8 h 的消毒后，每立方米水体加入硫代硫酸钠 25 g，强充气 4~6 h，然后用硫酸-碘化钾-淀粉试液测定海水中无余氯存在即可使用。

2. 配制培养液

可据培养藻类对营养的要求，选用合适的配方配制培养液。

三、接种

培养液配好后应立即进行接种培养。接种就是把选为藻种的藻液接入新配好的培养液中。

（1）藻种的质量：一般要求选取无敌害生物污染、生命力强、生长旺盛的藻种培养。藻液的外观应颜色正常、无大量沉淀和无明显附壁现象。

（2）藻种的数量：在三角烧瓶和细口玻璃瓶培养的藻种，接种的藻液容量和新配培养液量的比例为 1：2~1：3，一般一瓶藻种可接 3~4 瓶。中继培养和大量生产培养一般以 1：10~1：20 的比例培养较适宜。培养池容量大，可采取分次加培养液的方法，第一次培养水量为总水量的 60%左右，培养几天后，藻细胞已经繁殖到较大的密度，可再加培养液 40%继续培养。

（3）接种的时间：一般来说，接种的时间最好是在上午的 8：00~10：00，不宜在晚上接种。上午接种可以吸取上浮的运动力强的藻细胞作藻种，弃去底部沉淀的藻细胞，起到择优的作用。

四、培养

1. 一级培养

培养容器为 5 L 烧瓶或 10 L、20 L 玻璃瓶。选择生命力旺盛、无污染的藻液进行培养。将藻种上清液缓慢倒入消毒后的玻璃瓶中，根据所扩藻类的不同，在藻液或培养用水中加入相应的硝酸钠（$NaNO_3$）、磷酸二氢钾（KH_2PO_4）、柠檬酸铁（$FeC_6H_5O_7\cdot5H_2O$）、硅酸钠（Na_2SiO_3）、乙二胺四乙酸钠、维生素 B_1、维生素 B_{12} 等主要营养盐。加水量视藻种密度而定，1：1、1：2或 1：3。最后用酒精棉擦拭瓶口，用消毒的滤纸封口，摇匀后，置于光线充足处。室温 24~26℃，每小时摇动一次。扩种情况依藻类长势情况而定。藻液达 10~20 L 即可进行二级培养。

2. 二级培养

培养容器为国产藻类连续培养机、3 t 玻璃钢水槽、塑料薄膜袋封闭式充气一次性培养。培养用水为煮过的水或 50% 消毒水加 50% 煮沸过的水。扩种时，将藻液倒入容器中，用泵将水打入藻液中，加入相应营养盐。接种量 1∶10~1∶20。接种后，玻璃钢水槽用消毒的塑料布遮盖，24 h 连续充气，日光灯照射。每天视藻液的颜色、浓度、生长情况添加营养盐和培养用水。经 5~6 d 即可供三级生产性培养。

3. 三级培养

培养容器为 8 t 玻璃钢水槽、封闭式或开放式水泥池一次性充气培养。培养用水经次氯酸钠或漂白粉处理消毒。培养方法与二级培养相同。接种量根据具体情况掌握，但不宜低于 1∶50。充气量达到藻液翻腾。一般经 7 d 培养，藻细胞达到一定密度时，即可用于育苗生产。

4. 日常管理工作

（1）搅拌和充气。在单细胞藻的培养过程中，必须搅拌或充气。摇动和搅拌每天至少进行 3 次，定时进行，每次半分钟。培养过程中一般通入空气，可全天充气或间歇充气。

（2）调节光照。一般室内培养可尽量利用近窗口的漫射光，防止强光直射，光照过强时可用竹帘或布帘遮光调节。室外培养池一般应有棚式活动白帆布篷调节光照。阴雨天光照不足时，可短期利用人工光源补充。

（3）调节温度。在培养过程中夏天应注意通风降温，冬天要注意保暖，还应防止昼夜温差过大。

（4）注意酸碱度的变化。在培养过程中，测定藻液 pH 值的变化，掌握其变化规律，采取措施防止超出适应范围是非常值得重视的一项工作。如果 pH 值过高或过低，可用盐酸或氢氧化钠调节。

（5）防虫防雨。傍晚，室外开放式培养的容器须加纱窗或布盖，防止蚊子进入培养容器中产卵，早上应把布盖打开。大型培养池无法加盖，可在早晨把浮在水面的黑米粒状的蚊子卵块以及其他侵入的昆虫用小网捞掉。下雨时应防止雨水流入培养池；刮大风时应尽可能避免大量泥尘和杂物吹入培养池。

5. 对培养藻类生长情况的观察和检查

在日常培养工作中，每天上、下午必须定时作一次全面观察，必要时可进行显微镜检查，掌握藻类的生长情况。

第三节 轮虫的培养

轮虫在水产动物育苗中的应用由来已久，尤其是海水鱼类工厂化育苗不可或缺的开口饵料。尽管自然界中存在大量野生轮虫，且营养全面丰富，但受季节限制常不能保证工厂化育苗需要。轮虫室内集约化培养则不受此限制，能根据生产需要较稳定的生产轮虫。但轮虫集约化培养是一项细致严格而繁琐的工作，常因某一环节的细小失误导致整个工作的失败。笔者结合自己的生产实践将轮虫集约化培养技术总结如下。

一、准备工作

1. 购买轮虫卵

轮虫集约化培养多是从购买轮虫卵孵化开始。轮虫卵销售以克为单位，一般水产科研单位有销售。育苗场根据生产计划决定购买量，如要快速培养多购卵；如时间充足，0.5~1 g 卵经半个月培养也可满足生产需要。

2. 培养用水处理

轮虫集约化培养分为种级培养、扩大培养和大量培养 3 个阶段。种级培养阶段用水量不是很大，一般用煮沸法消毒处理海水；扩大培养阶段用水量较大，用漂白粉或紫外线消毒处理海水，但漂白粉消毒的海水使用前先用 $Na_2S_2O_3$ 进行中和；大量培养阶段用沙滤池和 200 目以上筛绢网过滤。

3. 培养容器与工具的洗涤消毒

室内培养轮虫对容器没有严格的要求，因规模不同可选不同大小的容器。种级培养阶段可使用规格为 3 L 容量瓶和 20 L 细口瓶，扩大培养阶段使用体积为 0.5 m^3 玻璃桶，大量培养阶段用水泥池。此外，培养轮虫还需要充气、加温设施及筛绢网、虹吸管等工具。这些培养容器与工具使用前必须洗刷干净后再进行消毒，玻璃容器与工具等在 5×10^{-6}高锰酸钾溶液中浸泡 5 min 用清水冲洗干净；水泥池与池内加温管用高锰酸钾溶液淋洒几遍，10 min 后用清水冲洗干净。

4. 饵料准备

面包酵母和虾片是集约化培养轮虫的最适饵料，且价格便宜。面包酵母可从酵母厂或食品厂购买，鲜酵母或干酵母皆可，鲜酵母购回后在冰柜中保存；虾片各大水产药品商行都能买到。

二、培养

1. 种级培养

取一支 3 L 三角烧瓶加海水至刻度，投放 0.5 g 轮虫卵后充气开始孵化。水温控制在 25~28℃，盐度控制在 15~25，24 h 轮虫孵出后开始投喂。1~2 d 后当检查轮虫密度达到 100 个/mL 以上时，把三角烧瓶中的轮虫一瓶分为二瓶，并添加已调温调盐的海水到刻度继续培养；待 1~2 d 后轮虫密度又达到 100 个/mL 以上时，两瓶分为 4 瓶继续培养。

2. 扩种培养

当 4 个三角烧瓶轮虫密度达到 100 个/mL 以上时，停气静止 5 min。待粪便残饵沉于瓶底后，将 4 个三角烧瓶内的轮虫和水一并倒入 20 L 细口瓶中而剩下残饵粪便，然后添加已调温调盐的海水到刻度并充气控温继续培养。同种级培养阶段操作，待 1~2 d 后细口瓶内轮虫密度达到 100 个/mL 以上时，一分为二、二分为四、四分为八继续培养，分瓶时将瓶底粪便残饵清除。

3. 扩大培养

待细口瓶中轮虫密度都达到 100 个/mL 以上时，将 8 个细口瓶中的轮虫和水倒入一支 0.5 m^3 玻璃缸中而剩下残饵粪便，然后添加已调温调盐的海水至刻度并充气控温继续培养。同扩种培养阶段操作，待 1~2 d 后玻璃缸轮虫密度达到 100 个/mL 以上时，一分为二、二分为四、四分为八继续培养。

4. 大量培养

待 8 个玻璃缸中轮虫密度达到 100 个/mL 以上时，停气后除沉于缸底的粪便残饵外全部倒入体积 8~10 m^3 水泥池中，添加已调温调盐的海水至 7 m^3 左右继续培养。1~2 d 后轮虫密度达到 100 个/mL 以上时可采收或继续大量培养。

三、轮虫的营养强化

轮虫作为目前海水鱼类育苗中最重要的开口饵料，其所含的营养成分对鱼类的生长速度、抗病力及成活率等均有重要影响。在各种营养成分中，以不饱和脂肪酸特别是二十碳五烯酸（EPA）和二十二碳六烯酸（DHA）的缺乏造成的危害最为严重。因轮虫体内的 EPA/DHA 主要是从其摄食的饵料中获取的，而海洋微藻中 EPA/DHA 的含量通常都比较高，完全用海洋微藻培养的轮虫一般并不缺乏这些营养成分。然而，现在生产上进行大规模轮虫培养时，微藻供应量往往不能满足需要，轮虫的饵料主要是面包酵母。用面包酵母生产的轮虫严重缺乏 EPA/DHA，在使用前必须进行营养强化。

强化轮虫 EPA/DHA 的方式主要有两种。

1. 用富含 EPA/DHA 的海洋微藻强化轮虫

将酵母轮虫用海洋微藻进行再次培养，但应选用不饱和脂肪酸（特别 EPA 和 DHA）含量丰富的藻种，如三角褐指藻、新月菱形藻、纤细角毛藻、球等鞭金藻、小球藻、微绿球藻等。综合考虑季节、培养的难易程度等因素，以小球藻和微绿球藻较好。

（1）强化培养一般在玻璃钢桶内进行，也可在小型的水泥池内进行。用高锰酸钾或有效氯对强化容器消毒后，加入高含量的藻液（小球藻、微绿球藻的密度应在 700 万个/mL）。

（2）用筛绢将要强化的酵母轮虫收集起来，用干净海水冲洗数遍，除去其中可能混有的原生动物，以免与轮虫争夺微藻饵料。

（3）将要强化培养的轮虫转移到强化容器进行强化培养。轮虫的密度以 400~500 个/mL 效果较好，强化过程中需不间断充气，控温在 25~28℃。强化时间为24~48 h，时间太短效果较差。在强化过程中，如发现微藻被轮虫食尽，应把轮虫滤出，并换藻液继续进行强化培养。

2. 用强化剂强化轮虫

以强化轮虫 EPA/DHA 为目的的强化剂种类很多，一般是从鱼油、乌贼油等海洋动物中提取。这类强化剂含有多种不饱和脂肪酸和维生素，是经乳化制成的乳浊液，使用时比较容易与水混合。强化剂的品牌很多，不同型号的强化剂所含的成分不完全相同，使用时应根据其使用说明操作。

四、管理

1. 投喂

酵母投喂量一般控制在每 100 万轮虫 1 g/d，但具体投喂时灵活掌握，以少量多餐为主，一般分 2~4 次投喂。

2. 充气量调控

充气能补充氧气与防止饵料下沉，但轮虫是一种不喜欢剧烈震荡的生物，培养过程中要尽量把气量调小，只要轮虫不因缺氧而漂浮水面即可。此外，充气量过大会将池底污物吹起而引起水质迅速恶化。

3. 水质管理

用酵母集约化高密度培养轮虫时，每日必须换水一次，尤其是在大量培养阶段，换水量一般为 50%左右。用 200 目网箱将水滤出后补充预先调温调盐的过滤海水。

如果残饵粪便很多，应先清底再换水。

4. 镜检

培养过程要经常用解剖镜检查，观察个体是否生长良好、胃肠是否饱满、游动是否活泼等。轮虫成体带夏卵的比例和数目是判断生长好坏的重要标准，如果多数成体带夏卵（一般 3~4 个，少的 1~2 个，多的 10~15 个），则说明生长良好，反之是生长不良的表现。

五、注意事项

1. 保证轮虫种群优势

每次扩种时轮虫密度必须达到 100 个/mL 以上，且大部分轮虫生长良好带夏卵两个以上，这样在每次几乎添加等体积海水扩种的情况下，轮虫能快速恢复密度而保持种群优势。因为在轮虫为优势种群的情况下，其能抑制原生动物等敌害生物的生长和提高饵料利用率，反之原生动物会大量繁殖而导致培养失败。

2. 保持水环境稳定

在一定环境条件如温度、盐度、日照时间、食物、种群密度等的刺激下，轮虫二倍体的非混交卵便进行孤雌发育成混交雌体，混交雌体通过减数分裂形成单倍体的混交卵。无论混交没受精而形成单倍体雄体，还是与精子结合后形成厚壁的二倍体冬卵（休眠卵），都会导致整个培养工作的失败，所以扩种、换水、采收、投喂时努力保持前后水环境的稳定。

3. 维持较好的水质条件

轮虫在环保上有净化污水的作用，所以很多人误以为水质的好坏对轮虫影响不大，但实际情况并不是水质条件越恶化轮虫生长繁殖越易。轮虫净化污水是通过摄食水中的藻类与有机碎屑，当水体氨氮、亚硝酸盐、硫化氢、pH 值等各种理化指标严重超标时，轮虫常突然大量死亡。所以集约化培养轮虫时要经常吸污换水保持水质，这样轮虫生长繁殖才正常。

六、总结

集约化培养轮虫是一项繁琐而细致的工作，以上是我们多年培养轮虫的一些经验体会，且在生产中反复验证具有很好的效果。对于各级使用的培养容器可根据实际情况而定，每级的扩种规模也是由生产需要情况决定，其他方面管理与注意事项等则必须要求严格，否则会因一时疏忽而功亏一篑。

第四节　桡足类的培养

桡足类是一类小型的低等甲壳动物，体长一般不超过 3 mm。桡足类体形一般呈圆筒形，细长。身体分节明显，体分头、胸、腹三部分。

一、繁殖

桡足类的繁殖很快，1 只宽叉猛水蚤雌体经过 20 d 的培养，可增加到 90 只左右。第Ⅴ期桡足类幼体脱壳发育为成体后不久，即可交配（也有报道某些种类雌性个体在桡足幼体第Ⅴ期就能进行交配）。雌体在发育到成体后第二天即产卵。排卵时，常把卵组成卵囊。卵囊一个或两个。每个卵囊中一般有几个到二十几个卵。卵在卵囊内经过 1~2 d 发育成为第Ⅰ期无节幼体。无节幼体离开卵囊在水中自由游泳，营浮游生活。空的卵囊随即脱落。经过几分钟至十几分钟，在亲体生殖节上又出现新的卵囊，也有隔 1 d 或几天才重新形成卵囊的。

二、发育

桡足类的幼体自卵孵出后，经无节幼体期和桡足幼体期，发育为成体。无节幼体期一般分 6 个时期，桡足幼体期一般分 5 个时期。幼体需经蜕皮才能完成变态，因此幼体发育到下一期之前，必须蜕皮 1 次。

1. 无节幼体

体卵圆形，随着长大，逐渐向后延长。体长通常为 0.2~0.5 mm，无色透明或稍带红至黄色。不分节，体前端腹面有口，腹面两侧有 3 对附肢，因此又称为六肢幼虫。第一对为第一触角，单肢型；第二对为第二触角；第三对为大颚，双肢型。无节幼体可分 6 个时期，前 3 个时期吸收卵黄营养，到了第Ⅱ期肛门开口，开始摄食，此时应该投喂饵料。从第Ⅲ期无节幼体到第Ⅵ期无节幼体，身体长度逐渐增加，附肢的刚毛数也逐渐增多，附肢胚芽也慢慢出现。

2. 桡足幼体

第 VI 期无节幼体蜕壳后，变态成桡足幼体。桡足幼体已经具备了成体的特征，所不同者是身体较小，体节（包括胸节或腹节）和胸足的数目较少。桡足幼体分为 5 个时期。这 5 个时期桡足幼体可用身体大小、第一触角节数、颚足刚毛数以及胸足、胸节的数目等特征来加以区别。桡足幼体发育到第 V 期，性成熟，称为成体，有雌雄区别。桡足幼体的生长、发育所需时间，受外界环境因素，尤其是温度的影响很大。总的看来，完成无节幼体期的全部发育需 10~20 d。完成桡足幼体期的全部发育需 15~25 d。

三、食性与饵料

1. 食性

桡足类的食性分滤食性、捕食性和混食性 3 种。滤食性的桡足类种类很多，人工培养的桡足类多属滤食性的，如纺锤水蚤、许水蚤、长腹剑水蚤等属的大多数种均属此类。其主要饵料为微型和小型浮游生物。捕食性的桡足类有刺水蚤、宽水蚤等。它们摄取小型的桡足类、甲壳动物的无节幼体和仔鱼等。混食性的桡足类有刺水蚤等，主要以滤食方法摄取微小浮游生物，有时也捕食小型桡足类，兼有滤食和捕食两种方式。

2. 饵料

大部分浮游植物是桡足类适宜的饵料。底栖种类（如虎斑猛水蚤）与浮游种类比较，对营养要求的可塑性较大，食谱广。除各种单胞藻外，酵母、细菌、腐败物（如海草、莴、胡萝卜）、鱼肉、干贻贝肉、酒精发酵母液等均可被摄取。浮游种类的桡足类主要利用浮游植物作为饵料。在人工培养的情况下，多数是培养单胞藻投喂。在桡足类培养中应用的单胞藻饵料有 30 余种，主要为硅藻类（近 20 种）、绿藻类（10 余种）和金藻类（3 种）。其中用得较多的有盐藻、球等鞭金藻、三角褐指藻、中肋骨条藻、红胞藻、扁藻等。当单种单胞藻饵料能提供良好生长时，几种合适的单胞藻饵料混合投喂通常会得到更好的结果。其中硅藻是比较容易消化的种类，而其他几种相对来说比较难消化。

四、桡足类大面积培养

1. 清池

在培养之前应进行清池，清池的目的是杀死桡足类的敌害生物。桡足类的敌害生物主要是鱼类和甲壳类。

清池的方法有两种：① 把池水排干后曝晒 3~5 d。一方面可以杀死桡足类的敌害生物；另一方面通过曝晒加速池底有机质的分解，增加肥度，对培养浮游藻类有利。曝晒时结合进行整池，把池底平整、清理，加固围堤。② 把池水排去大部分，留下少量用药物清池。清池药物可用浓度为 40~80 mg/L 漂白粉，或浓度为 2 mg/L 鱼藤精，或浓度为 10 mg/L 敌百虫（含量为 90%）。用漂白粉清池药效消失快，3~5 d即成。用鱼藤精清池药效消失慢，约需 1 个月。用敌百虫对鱼、虾及其他大型有害动物杀伤力强，但对桡足类的卵无致死作用，可以保存池中的桡足类种源。

2. 灌水引种

清池后（如用药物清池，要等药效消失，才算清池结束），即可灌进海水，灌水时水管进水的一端，需用 80 目的筛绢包扎，或用 80 目筛绢做成一方形过滤箱，海水通过筛绢过滤再进入池内。海水中的浮游藻类和桡足类幼体可通过筛绢随水进入，成为培养种的来源。而鱼苗、虾苗等体型较大的敌害生物则不能通过筛绢进入池中。

3. 施肥

加水达到要求深度后，施肥培养浮游藻类。肥料种类有绿肥、人尿、鸡牛羊粪及无机化肥等。灌水后第一次施肥，施肥量应多一些，每 667 m^2 可施绿肥 600～750 kg，鸡牛羊粪 300～400 kg，人尿 150～200 kg，硫酸铵 1.5～2.0 kg。施肥后 4～5 d，浮游藻大量生长，水色变浓，桡足类即开始大量繁殖。为了保持桡足类稳定的生长繁殖，必须持续施肥。第一次施肥一般能维持 10～15 d，以后大约每 10 天需要追肥 1 次，每次可施绿肥 300 kg，鸡牛羊粪 150～200 kg，人尿 100～125 kg 或硫酸铵 0.50～0.75 kg，追肥量和追肥时间可根据池水浮游藻类繁殖数量而定。

4. 培养管理

（1）维持池水浮游藻类适宜的范围。池中浮游藻类的数量主要受施肥量的影响。施肥量大，藻类繁殖过盛，容易使水质恶化，严重时可能引起桡足类的大量死亡。相反，施肥量不足，浮游藻类数量少，不能满足桡足类的需要，桡足类数量下降。要保持桡足类数量稳定，必须通过控制施肥量和掌握施肥时间。简单的方法是测定池水的透明度，以透明度值为指标来指导施肥。因为水的透明度受悬浮于水中的有机质及无机颗粒性物质影响。在静水池中施肥培养浮游藻类，影响池水透明度的主要是藻类细胞。池水中藻类细胞的数量愈多，透明度就愈小；反之，则大。池水透明度值在 33～50 cm 时表示池中浮游藻类的数量在适宜范围之内。如果透明度大于 50 cm，表示浮游藻类数量不足，所以透明度在 50 cm 左右时应进行施肥；相反，透明度值小于 35 cm，表示浮游藻类量过多，应停止施肥或采取措施灌入新鲜海水来调节。

（2）控制水位及维持正常比重。在培养过程中，注意维持水位。保持水深在 80～100 cm，不能过浅。尤其在海南，太阳曝晒，水分蒸发量大，造成水位下降，池水比重增大等，对桡足类生长和繁殖极为不利。因此，在培养过程中要适时控制水位及维持正常比重，最理想的方法就是把淡水引入培养池，如果不能引入，则可以灌入新鲜海水来维持。

（3）注意水质变化的情况。水质的好坏与桡足类生长、繁殖关系很大。在培养过程中，应经常注意水质变化情况，特别是在天气闷热、湿度高的情况下，常易引起缺氧，严重时会造成桡足类大量死亡。保持良好的水质，除控制施肥量外，在水质有恶化的可能时，应及时加入较大量的新海水抢救。要经常检查桡足类的生长和繁殖情况，发现问题及时处理。

5. 捕捞

经过一段时间的繁殖，桡足类数量达到一定密度后，即可进行连续捕捞。可把收虫网挂在打氧机后方借助水流进行捕捞，经数分钟后把网中捕捞到的桡足类倒进盛有大半桶清洁海水的水桶内，捕捞到一定数量后，即运回马上投喂。水桶内的桡足类密度不要过大，停留的时间也不能过长，否则会引起大量死亡而影响饵料饲喂效果。

第五节　卤虫的培养

卤虫主要分布于沿海及内陆的咸水湖泊，西北地区特别丰富，有待开发利用。卤虫分布甚广，在海边的盐场，内陆咸水湖泊均有生活。常见到的多是雌性个体，通常以孤雌生殖的方式来繁殖后代；只有在环境不良时才出现雄性个体，行有性繁殖，产生休眠卵，度过恶劣的环境；有些种群只行孤雌生殖，终年见不到有雄性个体的出现；然而，在另一些种群，则一遇不良的环境条件，即见大量的雄虫。卤虫的适应力很强，生长迅速，加上卵易保存，并可在人工控制条件下培养作活饵料，被广为利用，深受养殖工作者的欢迎。

卤虫无节幼体是水产动物培育初期的优良饵料。它在水产养殖业的应用日趋广泛，地位也日趋重要。目前，我国的卤虫应用主要是利用其无节幼体作为甲壳类、鱼类育苗的饵料，投喂无节幼体时，应先用自来水或海水洗净后再使用，目的是去除在卤虫孵化过程中产生的大量甘油和孵化水中常有的细菌和有害物质等，避免污染育苗池。此外，为了尽量使用具有较高能量的无节幼体，应使用刚刚孵化的无节幼虫。卤虫成体亦可作为水产养殖动物的饵料，在天然卤虫比较丰富的地区（如河北、山东等盐田较多的沿海地区）已大量用于海水动物的人工育苗。

一、卤虫冬卵的生物学特征

卤虫冬卵的外层为一厚的卵壳，卵壳内为处于原肠期的胚胎。卵壳分为 3 层。外层是卵外壳，呈土黄至咖啡等不同深度的颜色，这一层具有物理和机械的保护功能；中间一层称为外皮层，有筛分作用，可阻止大于二氧化碳分子的分子通过；最内一层是胚表皮，为一透明而有弹性的膜。卵壳内为胚胎，一般处于滞育期。这种状态的卤虫卵处于暂时的发育停止状态，对环境的忍耐力很强，耐干燥和低温，对较高的温度也不敏感。当含水量低于10%时可一直保持这种滞育状态，当含水量高于10%且又处于有氧的环境中时，胚胎便开始代谢活动。干燥的卤虫卵受温度的影响不大，置于-273～60℃并不影响其孵化率，短时间放置在60～90℃对孵化率也无影响。虫卵完全吸水后对温度较敏感，当温度低于18℃或高于40℃时就可使胚胎致死；在-18～4℃及32～40℃时不使胚胎致死，但可停止胚胎的活动，这种停止是可逆的，但长时间放置会降低虫卵的孵化率。

二、卤虫卵的孵化

1. 孵化条件

卤虫卵的孵化一般在孵化桶、罐、槽中充气进行。孵化率是衡量虫卵的孵化效果和虫卵质量的尺度。孵化率是指孵化卵数占虫卵总数的百分数。要得到好的孵化效果，这些因子需要保持在合适的水平。除虫卵质量外，影响孵化率的因子主要有下列几个。

（1）温度：孵化水温要维持在25～30℃，最好为28℃。25℃以下孵化时间延长，33℃以上时，过高的温度会使胚胎发育停止。孵化过程最好保持恒温，以保持孵化的同步进行。

（2）盐度：卤虫卵在天然海水甚至在盐度为100的卤水中都能孵化，但一般在较淡的海水中孵化率较高，常用盐度为20～30的海水。

（3）pH值：以7.5～8.5为佳，过低可用$NaHCO_3$调节。有报道称最有效的孵化用水是在盐度为5的半咸水中加2.0%的$NaHCO_3$。孵化水中加入$NaHCO_3$是为了保持pH值不低于8。

（4）充气和溶解氧：在孵化缸的底部放置足够的气石，孵化过程中需连续充气，使水体翻滚，避免在缸底形成死角。据报道将溶解氧维持在2 mg/L的水平可得到最佳的孵化效果。因而对充气量应作适当控制，不宜过大，使虫卵能均匀分布而又能避免机械性损伤。

（5）虫卵密度：优质虫卵（孵化率85%以上）的密度一般不超过5 g/L干重。密度过大，为维持溶解氧（DO）要增大充气，充气过大会使幼虫受伤，产生的泡沫能使虫卵黏附，对孵化不利。一般采用的虫卵密度为1～3 g/L。

（6）光照：虫卵用淡水浸泡充分吸水后的1 h内的光照对提高孵化率是重要的。一般2 000 lx的光照即能取得最佳效果。孵化时常采用人工光照，用日光灯或白炽灯从孵化缸的上方照明。

2. 孵化方法

准备孵化缸，最好使用具锥形底的玻璃钢槽。孵化缸用前需要进行消毒，卤虫卵在孵化前常用淡水浸泡 1 h 至数小时，使虫卵充分吸水，以加快孵化速度，减少孵化过程中的能量消耗。为了杀灭虫卵表面黏附的细菌，孵化前要对虫卵消毒，一般用2%~3%的福尔马林浸泡 10~15 min，或用 200×10^{-6}的有效氯浸泡 20 min。在前述的孵化条件下，需要 24~36 h 来完成孵化。

三、无节幼体的收集与分离

孵化结束后，要将卤虫无节幼体从孵化容器内收集起来。首先把充气管和气石从孵化器中取出，在孵化器顶上覆盖一块黑布，使缸内呈黑暗状态，10~15 min 后自容器底虹吸无节幼体和未孵化卵的混合物于筛绢网内，此过程应尽量避免混入空壳。无节幼体收集起来后，还需要将混入的空壳和未孵化的虫卵分离开来，否则空壳被鱼苗吞食能引起大批死亡。分离方法有多种，主要有趋光分离和比重分离。

1. 利用趋光性分离卤虫无节幼体

此种分离方法可在各种玻璃容器中进行，一般长方形的玻璃水族箱比较经济实用。

操作如下：① 将水族箱放置在高度为 60 cm 左右的桌上或水泥台上，加过滤海水至水深 40 cm 左右；② 将从孵化器内收集起来的无节幼体、卵壳和未孵化卵的混合物移到该水族箱内，充气 5 min；③ 用黑布罩住水族箱，在水族箱的一角开一小孔，并在距该孔 10 cm 处放一只 100 W 灯泡，静置可见无节幼体趋光不断向此处集中；④ 5~10 min 后空壳上浮到水面，未孵化卵下沉到箱底。

此时开始虹吸集中到光亮处的无节幼体于一充气的桶内。虹吸时每次只能吸出少量的水，片刻后无节幼体又集中过来再吸一次，不断重复这一过程直到分离结束。在分离过程如发现卤虫有缺氧现象，应立即停止分离，待充气增氧后再继续分离。

2. 淡水比重分离法

此法是利用无节幼体、卵壳和未孵化卵的比重差异来将它们分离开来。

操作如下：① 将三者的混合物倒入盛有淡水的盆内，将盆倾斜静置 3 min。未孵化卵因比重大而沉降到盆底，无节幼虫因淡水麻醉出现暂时休克也下沉，并靠近底部，空卵壳比重最轻浮在水面；② 用虹吸法将无节幼体吸入网袋内，滤去淡水。

不论哪种方法都不能一次分离出很纯的无节幼体，往往需要进行两次分离。用去壳卵孵化的无节幼虫不必进行分离便可投喂鱼苗。

四、卤虫卵的去壳处理

由于卤虫无节幼体与未孵化的卵以及卵壳难以分离，投喂时就不可避免地将大量卵壳和未孵化的卵一起加到育苗池中，这些卵壳和未孵化的卵一方面会因腐烂或带有细菌而引起水体污染或导致病害；另一方面某些养殖动物会因吞食卵壳和未孵化的卵而引起肠梗塞，甚至死亡。这个问题可用虫卵去壳来解决，具体方法如下。

1. 吸水

虫卵吸水膨胀后呈圆球形，有利于去壳。一般是在温度25℃的淡水或海水中浸泡1~2 h。

2. 配制去壳溶液和去壳

卤虫卵壳的主要成分是脂蛋白和正铁血红素，去壳的原理就是利用次氯酸钠或次氯酸钙溶液氧化去除这些物质。常用的去壳溶液是次氯酸盐（NaClO 或 $Ca(ClO)_2$），pH 值稳定剂和海水按一定比例配制而成的，以期达到最佳效果。由于不同品系卤虫卵壳的厚度不同，因而去壳溶液中要求的有效氯浓度也不同，一般而言，每克干虫卵需使用 0.5 g 的有效氯，而去壳溶液的总体积按每克干卵 14 mL 的比例配制。配制去壳溶液需用 NaOH（用 NaClO 时使用，用量为每克干卵 0.15 g），或 Na_2CO_3 来调节 pH 值在 10 以下。去壳溶液用海水配成，加上冰块使水温降至 15~20℃。在配制 $Ca(ClO)_2$ 去壳液时，应先将 $Ca(ClO)_2$ 溶解后再加 Na_2CO_3 静置后使用上清液。当把吸水后的卵放入去壳液中去壳时，要不停地搅拌或充气，此时是一个氧化过程，并产生气泡，要不停地测定其温度，可用冰块防止升温到 40℃以上。去壳时间一般为 5~15 min，时间过长会影响孵化率。

3. 清洗和停止去壳液的氧化作用

当在解剖镜下看不见咖啡色的卵壳时，即表示去壳完毕，此时去壳溶液的温度不再上升。有一定的操作经验后，用肉眼目测即可比较好的掌握去壳的进程。用孔径为 120 目的筛绢收集上述已除去壳的卤虫卵，用清水及海水冲洗，直到闻不到有氯气味为止。为了进一步除去残留的 NaClO，可放于 0.1 mol/L HCl，0.1 mol/L CH_3COOH 或 0.05 mol/L Na_2SO_3 溶液中 1 min 中和残氯，然后用淡水或海水冲洗。去壳卵可直接使用，也可脱水后贮存备用，但最好是孵化后使用。

4. 脱水和贮存

清洗后的去壳卵如需保存 1 周以上，需要脱水。具体做法是先用 120 目筛绢收集去壳卵，然后滤去水分，用饱和卤水浸泡，饱和卤水用量为每克干卵 10 mL，浸泡 2 h 后更换卤水或加盐一次。脱水后的去壳虫卵可保存于冰箱中。上述保存于卤水中的去壳卵的含水量为 16%~20%。只能在数周内保持其原有孵化率，更长时期的保存要求含水量在 10%以下，可用饱和氯化镁溶液进行脱水。去壳卵在紫外线照射下不能孵化，因而去壳过程和去壳卵保存时都应避免阳光直射。

去壳卵解决了幼虫与卵壳分离困难的问题，此外去壳卵还有以下优点：① 去壳时使用次氯酸溶液同时有对虫卵消毒的作用；② 鱼、虾幼体可直接摄食去壳卵而在消化上没有问题，可减少孵化工作的麻烦；③ 去壳卵在孵化时消耗的能量较少，使每个幼虫的体重显著提高。

五、卤虫无节幼虫的营养强化

卤虫无节幼体的强化与轮虫的强化方法相似，但由于卤虫的初孵无节幼体摄食能力很差，一般不用微藻强化。

（1）准备锥形底强化缸、充气管和气石，用高锰酸钾或有效氯消毒，添加25~30℃的过滤海水。

（2）分离收集初孵的卤虫无节幼体，按300个/mL转移到强化缸中。

（3）按300 mg/L强化水体的量称取强化剂，加少量水混匀后转移到强化缸中。强化过程中充气量要大，强化时间为12~24 h。如果强化时间比较长（24 h），中间需再加一次强化剂。

（4）强化结束后，将卤虫无节幼体收集起来，充分冲洗，除去多余的强化剂和附着在无节幼体身上的细菌等有害物质，然后才能投喂鱼类等养殖动物。

六、卤虫的集约化养殖

由于卤虫具有以下几个特点，因而是适合于集约化养殖的水产动物。① 卤虫从无节幼体到成体只需两个星期，在此期间体长增加了20倍，体重增加了500倍；② 卤虫发育过程中，幼体与成体的环境要求没有区别，因而不必改变养殖的环境及设施；③ 卤虫的生殖率高，每4~5天可产100~300个后代，生命期长，平均成活期在6个月以上，这是有利于养殖的优点。

1. 养殖用水

通常用海水，盐度35~50，pH值7.8，如pH值小于8，用1 g/L的NaHCO调节。卤虫养殖用的海水须经沙滤池过滤。

2. 温度

控制在25~30℃。

3. 密度

用另外的容器孵化出卤虫将无节幼体用新鲜海水冲洗后放入培育槽。无节幼体的投放密度在1 000个/L以上。

4. 投饵

所用饵料为米糠和玉米面等农产品，也可用微藻和酵母等投喂。投喂农产品时须磨细并用细筛绢过滤，因卤虫只能摄食直径在50目以下的颗粒，投喂时遵循少量多次的原则。并根据肠胃饱满情况保证饵料供应。由于卤虫孵化后12 h内不摄食，故第一天可不投饵。

5. 清除污物

一般每3～4天对沉淀的残饵等污物清理一次。

6. 换水

集约化养殖常采用流水，如采用充气养殖则需每天至少换水一次。

7. 充气

卤虫的耐低氧能力很强，不需要很大的充气，保证DO在2～3 mg/L以上即可。最好不用气石，因气石产生的大量气泡对卤虫不利。

8. 日常观察

经常检查pH值、DO、卤虫的游泳和健康状况等。pH值低于7.5时，加0.3 g/L的$NaHCO_3$提高pH值；DO降到2 mg/L时，需要增加氧气。集约化养殖一般在小水泥池和各种槽、缸中进行。

七、卤虫的开放池养殖

卤虫在天然条件下都生活在高盐水域，在普通海水中由于敌害较多，会因不适应环境而被淘汰。开放池养殖不能严格控制敌害生物的传播，因而都是在高盐水域中进行放养，常见的是盐田养殖。

1. 养殖场地的选择与建造

因为卤虫的敌害生物在波美度10度以下不能完全消除，所以选择养殖场地的首要条件是能持续提供波美度10度以上的卤水。另外养殖场地的土壤必须能够防渗漏，建池时必须保证水深30 cm以上，最好是50～100 cm。池塘的大小在300～10 000 m^2不等。最大不宜超过10 000 m^2。此外，池塘必须具有进排水装置。

2. 卤虫放养的准备工作

（1）卤虫品种的选择。根据当地的气候条件（主要是水温），选择适当的品种进行养殖。此外还应考虑生产上的要求，是为了得到卤虫卵还是鲜活卤虫，而不同品系卤虫的卵生和卵胎生比例不同。

（2）灌水。开放池养殖采用卤虫敌害忍耐盐度上限的卤水，一般是在波美度10度的卤水中进行养殖。使用海水时最好加以过滤，水深要求30 cm以上。

（3）施肥和饵料生物培养。为保证卤虫下池时有足够的饵料，放水后应施肥培养微藻。常用的肥料是鸡粪，用量是50～100 g/m^2。也可使用化肥，施肥量一般要求氮含量达到15×10^{-6}～30×10^{-6}，磷含量达到1×10^{-6}～4×10^{-6}。对酸性土境区，除了施肥外，还可施石灰，使pH值达到8以上。施肥后，卤水中的微藻（如杜氏藻）

生长繁殖加快，池水透明度逐渐下降。待微藻生长达到鼎盛时期（透明度在 20 cm 以下）要及时接种卤虫幼虫。施肥后，除微藻数量大量增加外，细菌及有机颗粒的数量亦大量增加，它们都可成为卤虫的饵料。

3. 接种

根据卤虫卵的孵化率和接种数量计算卤虫卵的用量，再按前面所述的方法在温度 25~30℃条件下孵化卤虫。无节幼体能立刻适应从海水到波美度 10 度的盐度变化，孵出后应立即接种。如准备人工投饵，接种密度可达 100 个/L 以上，不投饵的粗放养殖接种密度达 20~30 个/L 就可以了。刚接种后很难在池中看到虫体，这是因为它们失去了棕红色并沉到水底的缘故。

4. 管理

（1）投饵。为了补充水中饵料不足，提高养殖密度，需要进行人工投饵，常用的是玉米面和米糠等农副产品，加水磨浆后投喂，遵循少量多次的原则，避免剩饵沉淀浪费。卤虫是否吃饱可以有无粪便判断。

（2）施肥。经常向池中施肥（以有机肥较好），有补充饵料的作用，这种方式可使养殖密度达到 100~500 个/L，追肥量为鸡粪 10~20 g/m^2。

（3）换水。开放池养殖不换水一般也不致引起缺氧，但换水可以补充饵料，除去池内的有害物质，换水时用筛绢排水。

（4）日常观察。卤虫养殖过程中，应经常观察水质变化（如温度，盐度，DO，pH 值等）和卤虫的生长情况，养殖的盐度一般认为应维持在波美度 6~18 度，但实验表明在 6~10 度也能取得良好的效果。pH 值不能低于 7.5，如 pH 值过低，可通过换水或加石灰调节。溶解氧只要维持在 2 mg/L 就可以了，DO 太低可采用加注新水的办法来补充。对卤虫生长情况的观察主要包括虫体是否健康，是否吃饱（有无拖便），生殖方式是卵生还是卵胎生等内容。卤虫卵生可能是由于水温不适或饵料不足造成的，可根据需要（是为了得到成虫还是虫卵）而采取相应的措施，一般是先提供适应条件使卤虫卵胎生在短时间内达到高密度后，再使之饵料不足而产卵。

5. 收获

虫卵的收集是每天在池内下风处用小筛网捞取，取后晾干或贮存于饱和盐水中以备加工。成虫一般采用纱窗制成的工具进行拖捕，这样年幼的虫体可留在池中继续生长。如是为了得到鲜活卤虫，应隔两周收获一次。

第六节　生物饵料的池塘培育

传统的生物饵料培养是筑建饵料室，遵循保种—接种—扩种—生产性培养的程序，其优点是能保证纯种生产，避免原生动物等有害生物的干扰。但对鱼类育苗的仔、稚、幼鱼来说，采用池塘比较粗放地培养生物饵料更为经济实用。因为鱼类育苗不惧怕原生动物，也不需要纯而又纯的某种单胞藻。相反，由各种藻类和少量小型浮游动物组成的群落，在营养上更加优质全面，由于池塘底泥、水源和大气中到处蕴藏着大量的藻类孢子，所以不必引种，只要选择好培育池并采取若干人为措施，即可增殖成功。

一、选塘

用采泥器定点（包括不同水深处）采取池底表层沉积物进行轮虫休眠卵浮选，定性和定量，凡大型臂尾轮虫（萼花臂尾轮虫，壶状臂尾轮虫或褶皱臂尾轮虫）休眠卵量大于100万个/m^2者均可考虑作为轮虫培育池。但晶囊轮虫休眠卵过多者最好不用。符合以上条件者多是一些底质腐泥化程度极高或多年饲养底层鱼类的池塘，至于那些新筑池塘或经年饲养鳙的池塘或水体交换频繁（如虾池）的池塘中则很难找到太多的轮虫休眠卵。轮虫培育池的水深通常以1.5~2 m，面积3~5亩为宜。为便于饵料池的设置和水质调控，培育池最好毗邻大型水体（贮水池、水库等）切忌把单独水体选为轮虫培育池。

二、清塘晒底

用生石灰或大于50 g/t的漂白粉进行池塘的消毒，排水清塘后晾晒5~7 d，即可起到清除敌害和激活休眠卵萌发的作用。

三、注水搅底

初注水量以20~30 cm为宜，随着轮虫密度的增加，可逐步增加水体容积。最终平均水深以1.5~2.0 m为妥，紧接着便可借助机械或人力搅动底泥。此举可使沉积于底质中的休眠卵上浮或沉落于泥表以获得萌发所必需的溶氧和光照等。因为无论冻底还是清塘晒底，都只有注水后轮虫休眠卵才能萌发，因此，生产上可以用注水时间来控制池塘轮虫达到高峰期（1万个/L）的时间。此高峰期的早晚主要取决于轮虫休眠卵量和水温。

四、水肥度调控

轮虫培育池前期（轮虫达到高峰之前）水肥度（指浮游植物量，可用透明度做指标）调控的原则是“先瘦后肥”，即在轮虫大量发生（500~1 000个/L）前不用施肥，让浮游植物利用池塘固有肥力（富含休眠卵的池塘其沉积物丰厚，肥力较足）自然繁殖起来，通常池水透明度可保持30~40 cm，施肥（化肥+有机肥），使池水透明度降至20~30 cm，这时即使出现短暂的高pH值和高溶氧现象，但整个水质也会因轮虫与浮游植物间的互相制约而得以平衡。

五、投饵

培养池轮虫开始大量繁殖，进入指数增长期后，便要考虑补充饵料的问题。其总的原则是浮游植物，有机碎屑和菌类（包括细菌和酵母）食物混合投喂。当池水中浮游植物量极大（透明度30 cm）时应首先考虑补注富含浮游植物的肥水，同时补充上述食物。此时补充碎屑和酵母还可减小滤食者——轮虫，对被滤食者——浮游植物的压力，以长期保持池水的肥度和良好的水质。能否保证足量的单胞藻是轮虫培育成败的关键。初步估算，当轮虫密度大于1万个/L时，由本池繁殖起来的浮游植物量，只能提供其饵料的1/2左右，其余全靠外源。即设置专门浮游植物培养池，通常按1：1比例可大体满足轮虫池对单胞藻的需求。

六、增氧

调节好水体肥度，使其始终存留一定数量的浮游植物，利用生物增氧是保障轮虫池溶氧的最重要的手段。但在轮虫生物量极大（>2万/L）时池水溶氧很难保持或因浮游植物被滤尽而造成全天候缺氧；或是虽存留一定数量的浮游植物（主要是大型个体）可在晴朗白昼保证溶氧，但在阴雨天和凌晨照样缺氧。因此，轮虫池补充溶氧是使轮虫持续高产的重要措施，方法是安装增氧机，此举在增氧的同时还可起搅水均匀食物，避免轮虫群游等多种作用。增氧机启动时间主要在深夜和阴雨天，最好以实测溶氧指标严格过滤，则可得到有效控制。

七、抽滤与换水

轮虫密度达2万~3万个/L时，架4 in①泵用150目筛绢网抽滤，通常一亩水体（水深1 m）架设1台4 in泵每天抽滤2~3 h，其抽出量与繁殖量大体平衡；如果用于土池育（蟹、虾）苗，则可将富含轮虫的培育池水直接注入育苗池，同时向轮虫池补注大至等量的富含浮游植物的肥水，此举可起到更换轮虫池水改善其水质的作用。为此，必须另备浮游植物培养池，专供补换水用。由于池塘中轮虫分布不均匀，所以必须选择轮虫密度较大的位置（通常上风处多于下风处）和水层（有风浪时中下层多于表层）架设水泵，否则抽滤效果不好。

① 注：1 in=2.54 cm。

第五章 豹纹鳃棘鲈养殖技术

第一节 豹纹鳃棘鲈鱼种中间培育技术

豹纹鳃棘鲈鱼种中间培育是指将全长 2. 0~2. 8 cm 的鱼苗培育成全长 8~10 cm 的鱼种，适合网箱养殖或工厂化水泥池养殖规格鱼种的全过程。在我国南方沿海地区习惯将这一培育过程称作“标粗”。一般情况下，人工育苗起捕后捕获豹纹鳃棘鲈的鱼种规格偏小，全长仅在 2. 0~2. 8 cm。此时，鱼种的发育尚处于稚鱼晚期或刚进入幼鱼阶段，对环境的适应能力较弱，直接放入海上鱼排或工厂化水泥池进行养殖，往往成活率很低。所以，需要经过大约 3 个月的中间培育阶段，待豹纹鳃棘鲈鱼种的全长达 8~10 cm 时再移到网箱或工厂化水泥池进行商品鱼养殖，可大大提高养殖成活率。

目前，豹纹鳃棘鲈鱼种的中间培育方式主要有水泥池流水培育、水泥池挂筐培育、高位池池塘培育等，豹纹鳃棘鲈中间培育在整个产业链中是最难的，培育成活率也是最低的，主要是因为豹纹鳃棘鲈的幼鱼不喜欢摄食“死”饵料，给人工驯饵带来很大难度，也严重限制了豹纹鳃棘鲈养殖产业化的发展。

一、豹纹鳃棘鲈中间培育设施

1. 中间培育设施

利用室外闲置的方斑东风螺养殖池进行实验，形状为 8. 0 m×1. 5 m 的长方形水泥池，池深 1. 0~1. 2 m；采取底充气方式，每平方米设置一个散气石；设排污口，定位下排上溢方式的排水口，在上方悬挂遮阳网避免阳光直射，把光照强度控制在 3 000 lx 以下，刚起捕的鱼苗直接放在水泥池内培育，待鱼苗的颜色开始变棕色后，为了投喂的方便一般放入挂在池内的大小为 1. 0 m×1. 2 m×0. 5 m 的尼龙网箱中进行培育（图 5. 1）。

2. 用水处理

水泥池培育鱼种用水采用海南椰林湾优质海水，用潜水泵抽取海边沙滤井中的海水，经 4 级不同滤料沙滤池过滤后使用（图 5. 2）。培育期间养殖用水的水质要

图 5.1　室外水泥池挂筐培育

图 5.2　过滤池

求：盐度20~32，pH值7.9~8.3，溶解氧含量达5 mg/L以上，氨氮控制在0.10~0.12 mg/L以下。

二、豹纹鳃棘鲈中间培育技术

1. 驯食方法

刚起捕的幼鱼全身通红，放在1.2 m×10 m×1.2 m的长方形水泥池中进行培育，密度为15 000~20 000尾/池，主要投喂大型桡足类和活体丰年虫（图5.3）；待幼鱼体色大部分变成褐色时即可开始驯食鱼糜等人工饲料，刚开始驯饵时可以将鱼糜和活体丰年虫混合在一起进行少量多次的投喂，投喂时要制造一定的水流，可引起豹纹鳃棘鲈幼鱼抢食鱼糜等人工饲料，因豹纹鳃棘鲈幼鱼不喜欢主动摄食“死”饵料，所以该鱼的驯饵过程比较长，更要求饲养人员有耐心，才能完成该幼鱼食性的转变；待大部分幼鱼开始摄食鱼糜等人工饲料时，可放在1.2 m×1.0 m×0.6 m小网箱中进行培育，放养密度为5 000~6 000尾/网箱，此时驯饵时可先投喂鱼糜等人工饲料，采用少量多次的方法让幼鱼集群起来进行抢食，可大大提高幼鱼摄食鱼糜的量，最后再投喂一些活体丰年虫，直到幼鱼吃饱为止；采取上述网箱培育幼鱼的方法，直到幼鱼完全摄食鱼糜为止，即可停止投喂丰年虫，此时驯饵完成。

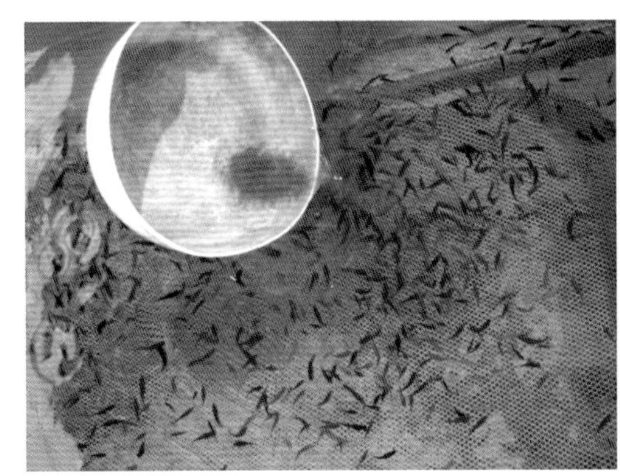
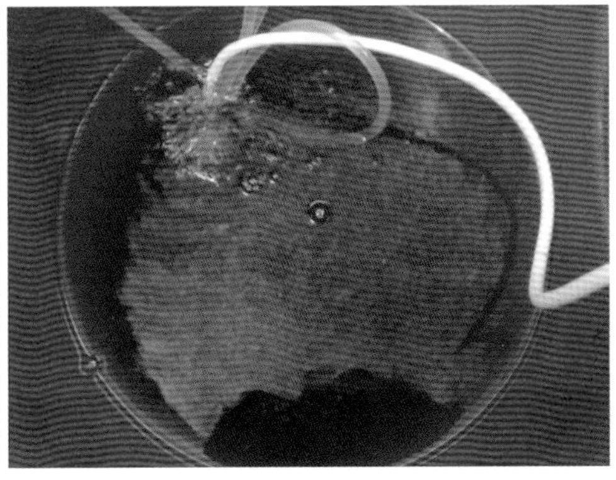

图5.3　投喂活体丰年虫

2. 培育后期的管理

待鱼种全部开始摄食人工饲料后，即停止投喂丰年虫等活体饵料；随着鱼种的长大，开始投喂新鲜的碎虾肉或鱼肉，虾肉要先去壳然后再剁碎后投喂，鱼肉要扒皮并去除内脏再剁碎后投喂；因豹纹鳃棘鲈一次摄食量较小，开始时采用少量多次的投喂原则进行投喂，随着鱼种的长大逐渐增加每次投喂量和减少投喂次数，投喂以鱼种不主动抢食时为止（图5.4）。另外，在后期投喂的饵料中，应逐步加大人工配合饲料的比例。

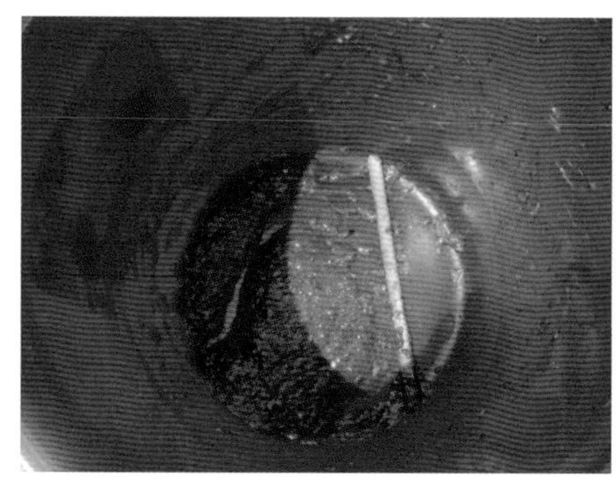

图 5.4　鱼糜及冰冻丰年虫投喂

豹纹鳃棘鲈的鱼种在小网箱中培养时的放养密度，一般在全长小于 5 cm 的鱼种，每个网箱放养 1 500~3 000 尾为宜，全长 5~8 cm 鱼种养殖密度在 1 000~1 500 尾为宜。很多石斑鱼在鱼种培育时出现个体间的互相残杀情况，但豹纹鳃棘鲈的鱼种只要个体大小相差不是太大，很少出现个体间的互相残杀，因此可以利用小网箱进行高密度培育，但在培育过程中要保持水流通畅，防止缺氧事故的发生。

3. 日常管理

每天早上第一次投喂完后采用虹吸法吸出水泥池底部的粪便和残饵，以保证水质的清澈；下午投喂完后进行大换水，把粪便和残饵从池底排干净后，再加入新鲜海水，每天的换水量保持在养殖水体的 100%~200%。根据养殖水质的优劣适时进行换池，换池时把鱼苗放入淡水浸泡数分钟以防止寄生虫病的发生。每天投饵时认真观察鱼种的活动行为，并做到定期消毒，发现鱼病要及时隔离并对鱼种进行预防和治疗。

坚持每天记录天气、水温、鱼种活力、投饵种类和数量、发病损耗情况等，做好生产记录。

三、豹纹鳃棘鲈中间培育成果

1. 豹纹鳃棘鲈中间培育阶段的生长特点

在豹纹鳃棘鲈鱼种培育过程中，鱼体的生长及形体特征变化较大。形体外观上表现为刚起捕的幼鱼为全身通红，随着鱼种生长体色逐渐变成红褐色。鱼体重在鱼种培育的初期阶段即前 40 d 都呈缓慢增长的趋势，之后进入快速生长时期。鱼种的体长在培育过程中，前 40 d 是平稳增长，40~60 d 开始快速增长，之后又进入平稳增长的阶段。在豹纹鳃棘鲈鱼种的培育过程中体重、体长和体色的变化见图 5.5 至图 5.8。

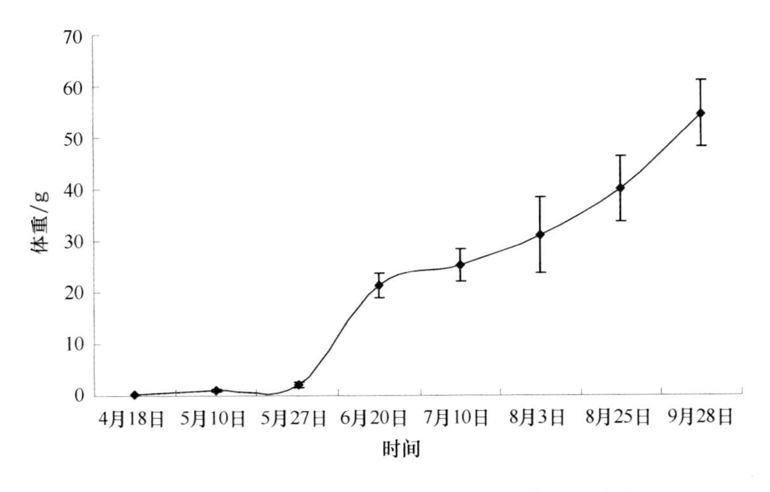

图 5.5　豹纹鳃棘鲈鱼种的培育过程中体重的变化

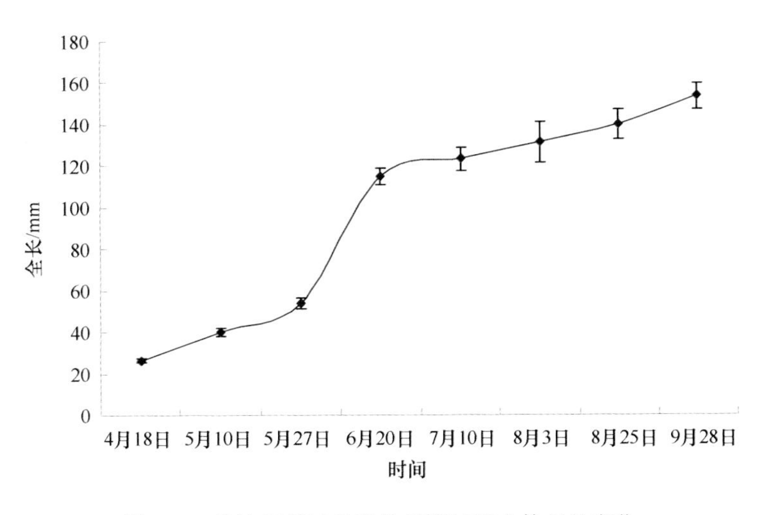

图 5.6　豹纹鳃棘鲈鱼种的培育过程中体长的变化

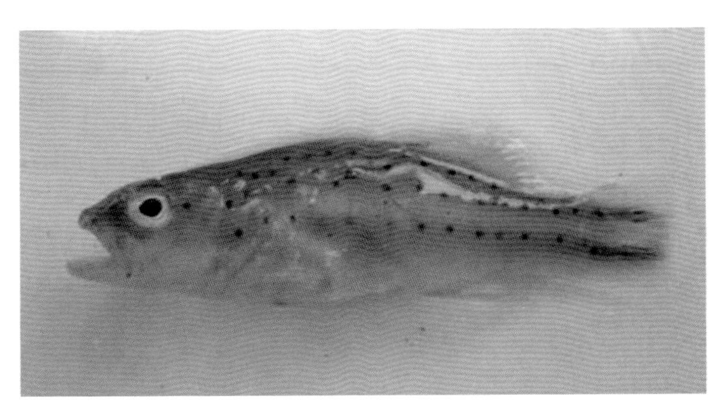

图 5.7　全长 3~4 cm 幼鱼

图 5.8　全长 6~8 cm 幼鱼

2. 豹纹鳃棘鲈鱼种的活动节律

豹纹鳃棘鲈喜光，一般白天活动和摄食，夜晚休息。通过实验观察，豹纹鳃棘鲈鱼种培育过程中的活动规律如下：天亮后（早上 7：00 前后），鱼种才开始活动，开始时大部分鱼种在水体中下层角落聚集，呈索饵状，随着光照的增强，上午9：00 前后进入活动高峰期，一直持续到 11：00 前后，这个阶段鱼种大多喜欢集群追逐在水中呈运动状态的饵料。到了中午之后大多数鱼活动减弱，呈分散休息的状态。到了下午 3：00 前后，随着光照相比中午有所降低，鱼体的活动又进入当天的第 2 个高峰期，到下午 5：00 前后，鱼的活动又开始减弱，直到太阳落下。到了晚上豹纹鳃棘鲈全部排列于池底或网箱底部休息。

3. 豹纹鳃棘鲈鱼种中间培育成活率

本实验是作者在海南省海洋与渔业科学院科研基地开展豹纹鳃棘鲈水泥池大水体人工育苗实验的同时进行的，共进行了 3 批次的豹纹鳃棘鲈鱼种培育实验，3 批鱼种开始培育体长范围 2.0~2.8 cm，平均体长 2.3 cm，培育结果见表 5.1。

表 5.1　豹纹鳃棘鲈鱼种培育结果

鱼种入池时间	培育水温 /℃	培育数量 /尾	培育时间 /d	出苗数量 /尾	培育成活率 /%	平均体长 /cm
2010-04-28	28	13 000	60	3 643	28	9.8
2010-06-02	29	12 000	55	3 725	31	10.1
2010-06-18	31	13 000	50	3 280	25	10.3

四、豹纹鳃棘鲈鱼种中间培育技术分析

鱼种的体重和体长在培育过程中前 40 d 增长缓慢的原因跟鱼种培育初期鱼体的

驯食即食性转换有关，这期间鱼种的饵料由活饵逐渐驯化转换为鱼糜或人工配合饲料，鱼种的摄食率得不到保证，鱼的体重就呈缓慢增长的趋势。之后经过驯食，鱼的食性完全转化后，鱼体生长所需要的营养物质摄入增多，鱼的生长就呈现出快速增长的趋势。

根据豹纹鳃棘鲈的活动节律，投喂饵料的时间可选择在上午的 8:30—11:30 和下午的 3:30—5:30 两个时间段，这样会大大增加豹纹鳃棘鲈鱼种的摄食量。

在鱼种培育实验中，第一批鱼苗由于活饵较少，从起捕开始驯食鱼糜，鱼苗较弱小，耐饥饿能力较差，且食性未能迅速转化，驯食的摄食率低，生长所需营养物质得不到保证，所以影响了培育的成活率。第二批在起捕后即足量供应大丰年虫直到平均体长 3 cm 以上才开始驯食鱼糜，鱼苗耐饥饿能力有所提高，可能随着体长的增加，食性也有所转化，驯食的摄食率较好，因此成活率有所提高。第三批鱼苗成活率下降的原因可能是这期间随着水温的升高，较容易出现病害而影响了培育的成活率。

第二节 豹纹鳃棘鲈工厂化养殖技术

豹纹鳃棘鲈作为一种珊瑚礁鱼类，对养殖水体的要求较高，传统的池塘养殖模式相对不适于该鱼的养殖，工厂化养殖具有节地、环保、高产、养殖条件可控等特点，是未来水产养殖可持续发展的主要养殖模式。目前国内工厂化养殖在北方主要以循环水模式为主，养殖品种有大菱鲆、半滑舌鳎，在南方的养殖品种主要有鞍带石斑鱼、棕点石斑鱼等石斑鱼类，且均已取得显著的养殖成效。但是循环水工厂化养殖的投入和维护费用相对较高，因此我们借鉴已有的循环水工厂化养殖模式，结合海南当地的一些有利的气候环境和地理优势，利用废弃的鲍鱼养殖场构建了一种适合豹纹鳃棘鲈养殖的开放式流水工厂化养殖技术模式。

一、养殖设施

本实验在海南省海洋与渔业科学院琼海科研基地实施。养殖设施使用经改造后的废弃鲍鱼养殖池，养殖池大小长、宽、深为 9 m×3 m×2 m，养殖水体的有效水深控制在 1.7 m 左右，每池设 3 个进水口，采用下排上溢的排水方式，增氧设施使用原有鲍鱼养殖池增氧设施，即在距池底 20 cm 高处建有 3 排 6 个进气管，管上打孔增氧。在池中放置一长、宽、深为 6.0 m×3.0 m×1.5 m 的方形网箱，将豹纹鳃棘鲈放在网箱中养殖，网箱的有效水体深 1.2 m。

整个养殖工艺示意图如图 5.9 所示。

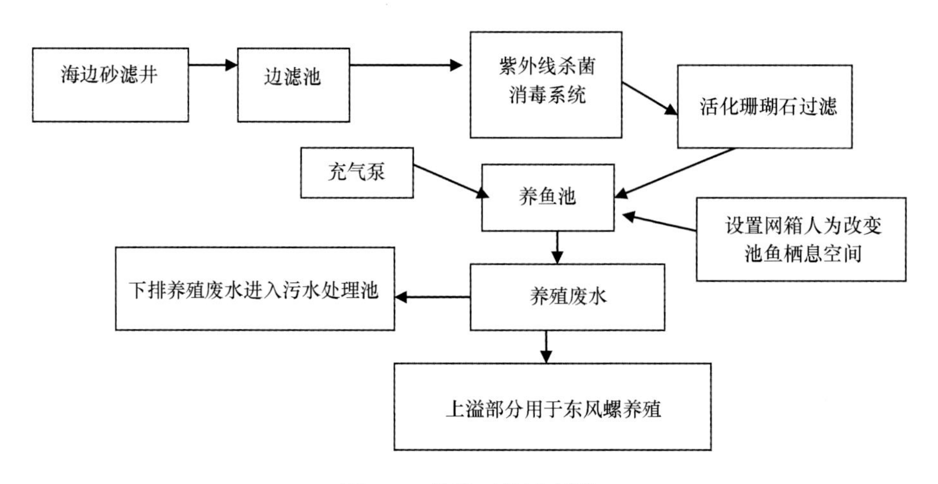

图 5.9　养殖工艺示意图

二、豹纹鳃棘鲈工厂化养殖用水水质综合调控技术

本实验所构建的豹纹鳃棘鲈工厂化养殖模式下的养殖用水处理流程如下：水源选用海南椰林湾优质海水（海边沙滩沙滤井抽取）→沉淀池→鹅卵石过滤→粗砂池过滤→细砂池过滤→紫外线消毒池处理→活化珊瑚石过滤→养殖池（下排上溢）→上溢养殖废水用于东风螺或双壳贝类养殖，下排养殖废水进入污水沉淀处理池。

该养殖模式下的水质调控如下。

（1）沉淀池：在沉淀池中放入部分海水植物（如大型海藻）等，用于吸收海水中的营养盐，同时增加溶氧量。

（2）细砂过滤池：在细砂过滤池中放入少量方格星虫，一方面可以摄食细砂过滤层中的有机质；另一方面可以疏松细砂过滤层，延长清洗沙滤池的时间。

（3）紫外线消毒池：在养殖过程中随机检测养殖用水紫外线杀菌效果均达到80%以上，利用2216E细菌培养基进行养殖用水中的细菌数量测定（表5.2）。

表 5.2　紫外线杀菌效果

随机检测时间	消毒前细菌数 /（$CFU \cdot L^{-1}$）	消毒后细菌数 /（$CFU \cdot L^{-1}$）	杀菌率 /%
2011-10-02	870	160	81.6
2012-01-05	1 060	180	83.0
2012-05-13	960	170	82.3
2012-12-10	1 020	170	83.3

（4）活化珊瑚石过滤：在进水渠底部放置厚 10 cm 的活性珊瑚石进行生物过滤。珊瑚石经过长时间吸附和光照作用，其表面会长出很多附着生物，加上珊瑚石布满细微小孔形成的好氧和厌氧有益菌区域，两者结合可大量吸收养殖用水中的有机颗粒和溶解性有机物，同时吞噬水中的病原生物等，使得活化珊瑚石形成一个天然的生物过滤带，可以增加养殖用水中的溶氧量、稳定水体 pH 值及矿物元素的含量，使养殖用水水质更适合岛礁性鱼类豹纹鳃棘鲈的生长。

（5）养殖池水质调控：本项目采用的养殖池为原有的鲍鱼工厂化养殖水泥池，面积为 27 m^2，池深 1.8 m，顶棚遮盖锡瓦，池底（距离池底 20 cm 处）装有 8 根直径 6.6 cm（2 寸）聚乙烯充气管。水泥池较浅一侧设置一大两小 3 根进水管，直径分别为 26.4 cm（8 寸）和 6.6 cm（2 寸）；另一侧设置一大一小两个底部排水口，直径分别为 19.8 cm（6 寸）和 13.2 cm（4 寸），采用下排上溢的排水方式，在养殖池中放置长、宽、深为 5.5 m×2.6 m×1.5 m 的网箱，池鱼放在网箱中进行养殖。

在该养殖模式下，因池底增氧管口据池底约 20 cm 深，且增氧口朝上，导致养殖池底部的水循环变慢，在养殖过程中投喂的残饵和池鱼的粪便会沉淀在池底，故采用挂网的方式，人为改变池鱼在养殖池中的栖息环境，使池鱼生活在水质更加清澈的养殖池中上层，保证池鱼健康快速生长。实际生产中换池周期为 25～35 d，平均每天的换水量为 100%～120%。

2011 年 9—10 月，采用 2216E 海水培养基和 TCBS 弧菌选择性培养基测定了 3 个养殖池中一个换池周期过程中的细菌总量变化情况，细菌总量变化见图 5.10。

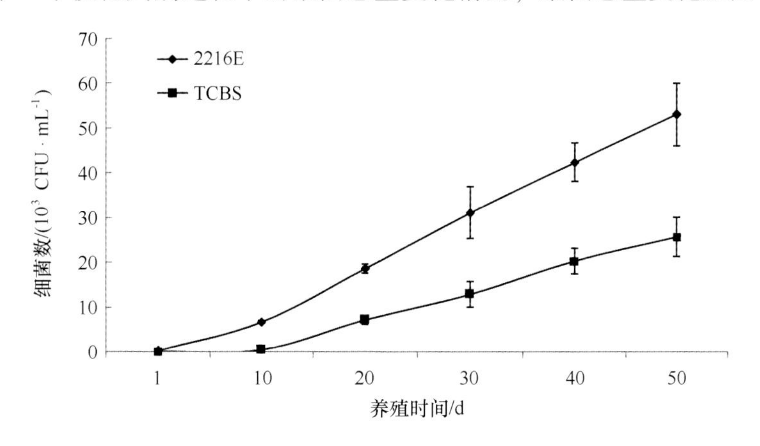

图 5.10 一个换池养殖周期细菌总量变化

2011 年 7—8 月，4 个养殖池中一个换池周期过程中的纤毛类原生动物的总数量变化情况见图 5.11。

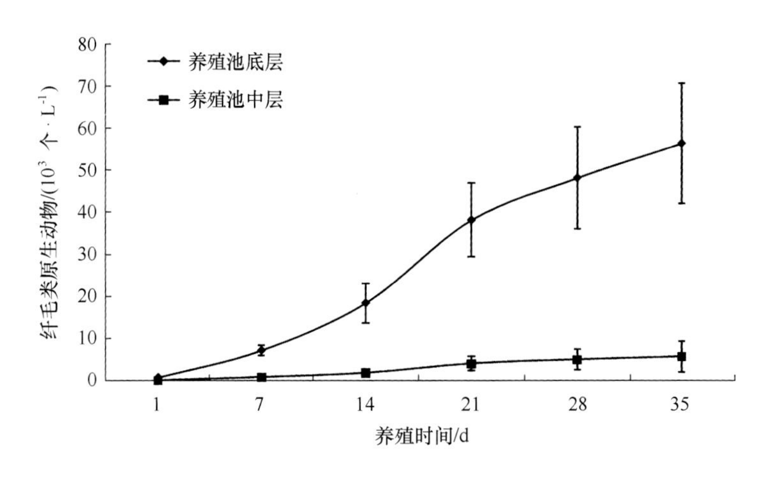

图 5.11　一个换池养殖周期纤毛类原生动物总量变化

三、豹纹鳃棘鲈工厂化养殖的密度和生长

2011 年 7 月，选择规格大小一致，斑点清晰，体表无擦伤，无畸形，全长约 10 cm的豹纹鳃棘鲈苗种 9 000 尾，进行工厂化养殖实验，在养殖过程中每月月初测量池鱼的体重和全长（图 5.12 和图 5.13）。由图 5.12 和图 5.13 可知，豹纹鳃棘鲈的体重和全长在 12 月至翌年 2 月生长缓慢，当水温高于 20℃时，生长较快。

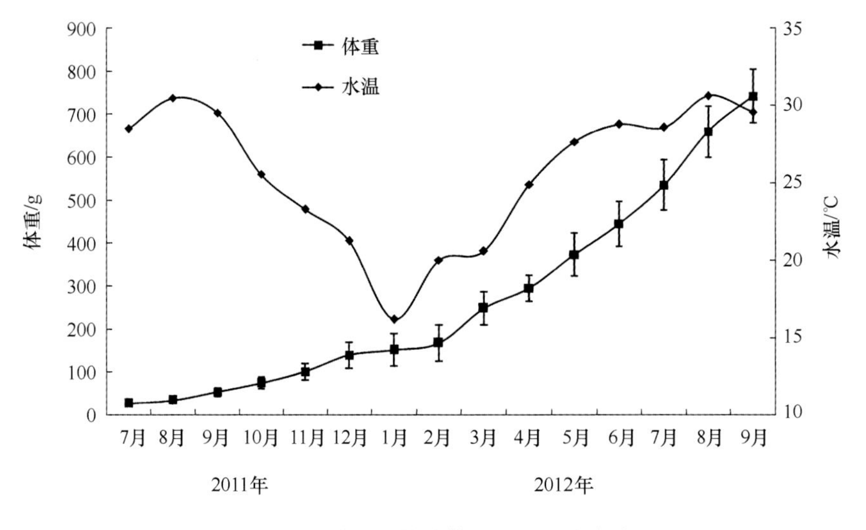

图 5.12　豹纹鳃棘鲈体重生长变化曲线

豹纹鳃棘鲈的放养密度，与养殖池的形状、大小、水温、溶氧、换水量、鱼的大小等有关，不能一概而论。当养殖水温适宜、溶氧充足、盐度适宜、水质清澈、换水率为 50%～200%时，放养密度可按 10～20 kg/m³ 计算。但在鱼个体很小时，不

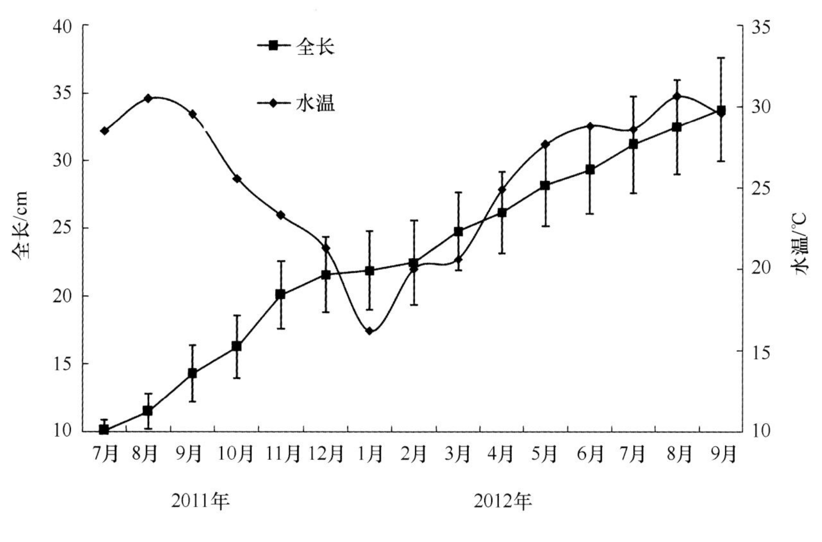

图 5.13　豹纹鳃棘鲈全长生长变化曲线

能单靠单位水体的鱼体重来计算，还要考虑鱼的尾数，具体放养密度参考表 5.3。

表 5.3　豹纹鳃棘鲈放养密度参考

全长/cm	平均体重/g	放养密度	
		尾数/（尾·m^{-3}）	重量/（kg·m^{-3}）
10	7.0	150~250	1~3
15	45.0	100~200	5~12
20	85.0	80~160	8~15
25	150.0	60~100	9~15
30	280.0	40~70	10~20
35	450.0	30~60	10~20
40	650.0	20~30	10~23

四、日常管理

1. 饲料投喂

豹纹鳃棘鲈工厂化养殖全程投喂人工配合饲料，因豹纹鳃棘鲈喜欢摄食移动的食物，在投喂过程中坚持多出手少给料的原则，一般一餐的投喂时间控制在 20 min 左右，投喂时间较其他石斑鱼类要长。日投喂量根据换水率、池鱼的食欲大小来确定，一般等豹纹鳃棘鲈不主动摄食时即可停止投喂，每天上午和下午各投喂一餐，冬季水温较低时，可根据池鱼食欲适当少量投饵。

2. 水质保持

每天养殖池的换水量保证大于100%。投喂时根据池鱼摄食情况调节流水量，在水温稳定的情况下，如果池鱼摄食量下降，则应调大流水量。在喂料3 h后池鱼一般开始排泄，粪便呈黑灰色雾状，随之散开溶解于水体中使池水变浑浊。浑浊的水体会滋生病原体，附着在池鱼的鳃丝、体表，影响其生长，此时应进行大量流水，使浑浊物质随水流排出养殖池，从而保持水质的干净、清爽，以保持豹纹鳃棘鲈良好的养殖环境。

3. 定期筛分

虽然豹纹鳃棘鲈在养殖过程中相互残杀现象极少出现，但也要尽量保持同一养殖池内鱼体规格一致。不同规格的鱼一起饲养，因在摄食时大鱼比小鱼抢食凶猛，会出现鱼体规格愈加大小不齐的现象。为使摄食均匀，养殖规格大小一致，能同时上市，应定期进行筛分。在筛分和换池过程中，因豹纹鳃棘鲈习性暴躁，极易造成皮肤擦伤，要求捞鱼操作一定要轻柔，并选择质地柔软的捞网，必要时用丁香酚对鱼麻醉后再操作。在筛分过程中使用甲醛+淡水浸洗3~5 min，可消除鱼体表上携带的寄生虫和细菌，预防疾病的发生。

4. 注意事项

遇到连续暴雨天气时，注意养殖水体盐度的变化，做到提前停水停料；遇到连续阴雨天气时，注意及时对养殖水体消毒。

五、豹纹鳃棘鲈工厂化养殖效果及分析

1. 豹纹鳃棘鲈养殖效果

在2011年7月，相继利用10个养殖池，放养9 000尾全长10 cm的优质种苗用于开展实验，到2012年9月经过15个多月的养殖，共养成平均体重约742 g的商品鱼5 710 kg，测得养殖成活率达85.5%，单产达12.4 kg/m^3，投喂人工配合饵料的饵料系数约1.3。

2. 豹纹鳃棘鲈养殖效果分析

豹纹鳃棘鲈作为一种高档的经济鱼类，其味道鲜美、营养丰富，深受消费者的好评，同时还具有抗病力强等特点，是一个优良的养殖品种。但是豹纹鳃棘鲈作为一种珊瑚礁鱼类，对养殖水体的水质要求较高，因此不太适合池塘养殖。随着社会生产力的发展，由传统的粗放池塘养殖模式到工厂化车间养殖模式的转变是我国未

来水产业发展的一个必然趋势。从20世纪70年代，工厂化流水养殖在我国开始兴起，到90年代后期在山东半岛以大菱鲆流水式工厂化养殖车间为主要特征的养殖模式得到了大力推广。因此，研究利用海南的有利地理位置，结合封闭式循环水工厂化养殖模式，构建的豹纹鳃棘鲈的流水式车间养殖模式很有意义。通过近两年的生产实验，在养殖过程中水质清澈，养殖结果显示养殖成活率高达85%，适宜于豹纹鳃棘鲈的养成。该模式与封闭循环水模式相比，封闭循环水模式的水质处理常采用如蛋白质分离器、弧形筛、生物滤池等，这些设备的维护和使用费用相对较高，而我们的养殖模式即大大节省了生产成本。除此之外养殖池水的pH值和氨氮等可通过换水率来调控，溶解氧可通过充气泵调控，使豹纹鳃棘鲈处于适宜的生长环境，因此是一种值得参考的养殖模式。

第三节 豹纹鳃棘鲈投喂不同饵料的生长实验

豹纹鳃棘鲈作为一种名贵的海水鱼类，具有广阔的养殖前景，在传统的养殖模式下，其养殖效率不高，且饵料选择没有任何标准，主要投喂新鲜的小杂鱼。在工厂化养殖条件下，设计开展配合饲料、软颗粒饲料、小杂鱼等不同饲料对豹纹鳃棘鲈的养殖效率的影响实验，详细跟踪豹纹鳃棘鲈的生长状况、饵料系数、预防病害等，通过数据分析，发现和确定在工厂化循环水养殖条件下豹纹鳃棘鲈的适宜饵料。

一、养殖设施与条件

1. 养殖设施

实验场地为琼海市椰林湾海南省海洋与渔业科学院热带海水鱼类良种场。实验养殖池设有3个进水口，采用下排上溢的流水养殖方式。养殖池规格为9 m×3 m×2 m，养殖有效水深1.8 m；在池中挂置一个网目为2 cm，规格为6.0 m×3.0 m×1.5 m的方形网箱，网箱的有效水体深1.4 m，网箱顶部距离水面20 cm，顶部四边用镀锌管呈“井”字形拉直悬挂于池边上，网箱底部用PVC塑料管做一个9 m×3 m的方形框架将网底撑开，并在网底四角分别绑上沉子使网箱在水中充分展开，达到空间最大化。使用底部增氧设施，在距池底20 cm高处建有3排6根进气管，管上打小孔增氧。

2. 实验方法

选择海南省海洋与渔业科学院热带海水鱼类良种场提供的实验豹纹鳃棘鲈苗种。实验苗种要求活力好，体表光泽无伤，规格整齐。放入池中网箱前对鱼体进行高锰酸钾浸泡3~5 min，高锰酸钾浓度为5 mg/L。

选择规格 5~7 cm 的健康豹纹鳃棘鲈苗种 2 400 尾，分 3 组，每组两个重复实验，每个养殖池 400 尾。饵料选择及投喂见表 5.4。

表 5.4　饲喂不同饵料的豹纹鳃棘鲈分组方式

组号	池号	平均体重/g	数量/尾	饵料选择	饵料来源
1	1#—1	25	400	配合饲料	购买
	1#—2		400		
2	2#—1	25	400	软颗粒饲料	自制
	2#—2		400		
3	3#—1	25	400	冰鲜小杂鱼	购买
	3#—2		400		

3. 饵料选择与配置

3 种实验饲料分别为软颗粒饲料、石斑鱼配合饲料和鲜杂鱼。

软颗粒饲料：由新鲜鱼糜和鳗鱼粉以 1 ∶ 2 的比例制得，颗粒规格为 2.5~4.5 mm，成本为 10~12 元/kg。

石斑鱼配合饲料：由升索饲料公司购得，主要成分为豆粕、鱼粉、添加剂等。饲料入水后缓慢下沉有助于豹纹鳃棘鲈摄食。饲料直径 3.0~6.6 mm。饲料成本 15 元/kg。

新鲜小杂鱼：从水产市场购买打捞的新鲜小杂鱼，而自然条件下豹纹鳃棘鲈的食物选择即为小杂鱼，能够满足其营养需求。价格为 4 元/kg。

二、养殖实验管理

1. 投喂策略

实验鱼刚入池中网箱时，鱼种放至网箱后次日开始投喂。根据各种饲料消化的难易程度，实验采取每日下午 3:00 投喂 1 次新鲜小杂鱼，投喂量以 80%的鱼不再摄食为止；自制软颗粒饲料时，要求鱼糜新鲜，即用即配，每天上午 9:00 和下午 3:00各投喂一次，配合饲料每天同样时间投喂两次，每次投喂量均以 80%的鱼不再摄食为准。所有实验组的摄食情况以及实验鱼的状态、水质情况都详细记录。

2. 管理工作

豹纹鳃棘鲈为肉食性鱼类，摄食的饵料中动物性蛋白质、脂肪等含量较高，养殖过程中残饵及粪便均会影响水体水质从而影响实验鱼的生长。根据实验鱼的状态和水质情况要及时换池，换池时要同组同时进行。换池时操作要规范，避免鱼体刮伤，入新池之前用 15×10^{-6} 的甲醛对鱼体浸泡消毒。日常实验中，定时观察养殖鱼的活动及摄食情况，如发现问题及时处理。

3. 防治病害

秋季是豹纹鳃棘鲈养殖中病害多发的季节，主要发生纤毛类原生动物寄生虫病，发病率=（发病池数×发病天数）/（总池数×30 d）×100%。发病池数是指养殖池中有超过 70%的鱼种不进行摄食的池数。发病天数是病害发生且影响到实验组鱼的正常活动及摄食，进行药物治疗的天数，少量的寄生虫没有影响到鱼类生长的可不算。

养殖过程中坚持“预防为主，防治结合”，对鱼种进行严格挑选和消毒，对投喂的饵料保证优质的质量，对养殖水体进行水质调节和消毒。

4. 数据记录

记录鱼种的生长情况，每个养殖池定期随机抽取 30 尾进行体重和全长测量，同时测量养殖池溶氧、水温、酸碱度和氨氮等指标。

三、养殖效果

本实验历时 5 个月，从 8 月持续到 12 月末。实验结果见图 5. 14 和图 5. 15。分析得到：养殖前期，新鲜小杂鱼组和软颗粒组实验鱼的生长较快，后期则配合饲料组的实验鱼生长速度较快，且饵料系数和发病率也较低（表 5. 5）。造成这种情况发生的原因是，前期养殖水体水质适宜实验鱼的生长，且病害少，软颗粒料和新鲜小杂鱼的营养能更好地为实验鱼利用。养殖后期，软颗粒和小杂鱼的残饵使水体细菌滋生，水质氨氮升高且受寄生虫的影响导致实验鱼体质较弱，摄食量减少，而投喂配合饲料的实验鱼后期生长速度较快是因为配合饲料入水后下沉慢，残留少，能充分被实验鱼利用，对养殖水体污染小，所以工厂化养殖豹纹鳃棘鲈选择配合饲料最佳。

表 5. 5　投喂 3 种不同饵料 5 个月的养殖成本和饵料系数

项目	养殖成本/元	饵料系数
配合饲料	20	1. 25
软颗粒饲料	25. 2	2. 10
鲜杂鱼	21	4. 20

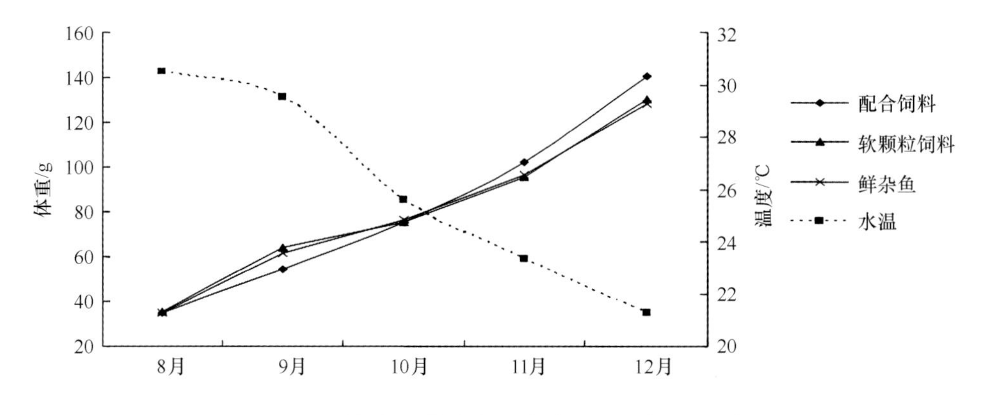

图 5.14　不同饵料饲养豹纹鳃棘鲈工厂化养殖生长情况

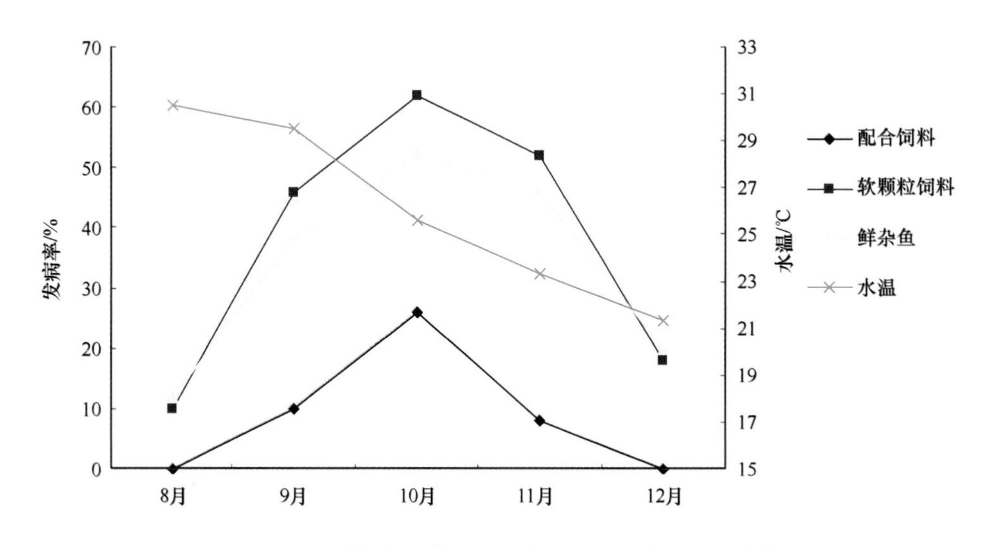

图 5.15　不同饵料饲养下纤毛类原生动物寄生虫发病率

四、豹纹鳃棘鲈工厂化养殖效果分析

石斑鱼作为南方重要的经济养殖品种，虽然其工厂化养殖逐渐产业化，但规模难以进一步加大，究其原因是饵料的供应制约了其发展。①目前有关石斑鱼的配合饲料研究较少，营养配方没有统一的标准，饲料不适口、下沉速度快等导致石斑鱼无法充分利用。②以新鲜小杂鱼作饵料，容易污染水质，使养殖水体滋生细菌，引起病害发生，影响鱼的生长。③南方 80%的石斑鱼养殖过程中都采用直接投喂捕捞的鲹科鱼类的方法，而这些鲹科鱼类作为海洋生态系统中食物链的最重要的一环是许多肉食性鱼类的直接饵料，大量的捕捞严重破坏了食物链的组成，破坏了生态平衡。

本实验结果也显示，直接投喂鲜鱼会导致豹纹鳃棘鲈养殖过程中病害和生长缓慢的问题。从对豹纹鳃棘鲈的生长影响以及饵料适口性等方面来看软颗粒饲料更有利于豹纹鳃棘鲈的生长，亟待解决的问题是养殖后期软颗粒饲料会造成养殖水体的污染，导致寄生虫病的发生。如果提高饲料的加工工艺，软颗粒饲料更适宜作为石斑鱼饲料。

第四节　循环饥饿再投喂对豹纹鳃棘鲈生长及生化指标的影响

自然条件下，因为季节演替、疾病危害、环境突变和种间种内竞争等原因，鱼类可能会面临食物短缺的情况。在人工养殖过程中也会因饵料供应和投喂不足或抢食不均而出现个体生长不同步。饵料供应不充足导致鱼体消瘦或不生长，再给以足够饵料供应后，这些鱼往往生长迅速，称为补偿性生长。近年来，国内外学者对鱼类的补偿生长与其生理生态反应之间的关系进行了重点研究，这些研究有助于科研工作者了解鱼类在饥饿胁迫下的一系列生理生态反应过程与特点，对于利用鱼类补偿生长现象进行科学养鱼有重要的指导意义。本书作者以豹纹鳃棘鲈为实验品种，于 2011 年 9—11 月在海南省水产研究所琼海科研基地，开展饥饿和补偿生长对其摄食和生长影响的实验，主要研究循环饥饿再投喂模式对豹纹鳃棘鲈补偿生长的影响，研究成果可为豹纹鳃棘鲈养殖过程中饵料的科学投喂提供科学依据，并由此推动豹纹鳃棘鲈工厂化养殖模式的建立。

一、养殖设施与条件

1. 实验鱼选择

实验用鱼取自海南海研热带海水鱼类良种场繁育的豹纹鳃棘鲈，规格为全长（15.5±0.5）cm、体重（45.7±5.0）g。实验前先将鱼放置于水泥池中暂养 2 周，选择规格整齐、健康活泼的个体进行实验。

2. 养殖池选择

实验养殖池规格为 9 m×3 m×1.8 m，养殖池采用水循环的养殖模式，进水口两个，顺时针进水方向。养殖水深 1.5 m；在池底铺 3 排 6 根设带孔的进气管，用于增氧。养殖池中设立规格为 1.3 m^3 的网箱，用 1 m×1 m 的塑料方形框架系上沉子撑开网箱底部。

3. 养殖水体调控

实验用水采自良种场近海的海水，经沙滤井抽取海水进入沙滤池中，再经 3 级不同滤料沉淀过滤，沙滤池底部装有臭氧消毒机进行杀菌消毒，并在流水槽放置珊瑚石进行过滤。

4. 实验饲料选择

饲料为石斑鱼缓沉性颗粒饲料，颗粒饲料投入水中后会自行吸收水分，缓缓下沉，饲料主要成分为：水分 11.0%，粗脂肪 5.0%，粗蛋白 42.0%，粗灰分 16%，总磷 1.0%~2.0%，食盐 4.0%。

二、实验方法

1. 实验分组

本实验采用循环饥饿再投喂模式，即选用 240 尾鱼种随机分为 4 组，每组设有 3 个重复，共 12 个实验组，往每个实验组的网袋中投放鱼种 20 尾。其中，D0 组为对照组，每天投喂；D1 组为饥饿 1 d 恢复投喂 6 d；D2 组为饥饿 2 d 恢复投喂 5 d；D3 组为饥饿 3 d 恢复投喂 4 d。7 d 为一个循环，实验全程设 5 个循环共 35 d。

2. 日常管理

实验期平均水温为（28±2）℃，盐度为 27±2，溶解氧大于 5 mg/L，pH 值 8.1±0.1；每天 9:00 和 15:00 各投喂一次，日投饵量视具体情况而定；每天仔细观察豹纹鳃棘鲈的摄食和活动等情况。

3. 数据收集

每次饱食投喂 1 h 后通过虹吸方法收集残饵，进行烘干并记录残饵量，由投饵量和残饵量之差求得每日摄食量。在实验开始前和实验结束后，分别从每个实验组随机选取 10 尾鱼，测量其体重、全长。实验结束后从各组中随机选取 3 条鱼作生化组成分析。

三、样品测定

1. 形态性状指标的测定

体重：将鱼用丁香酚（微剂量）麻醉后，用干毛巾吸干鱼体表面的水分，测定其标准体重（精确到 0.1 g）。

体长：用直尺测量鱼体自吻端至尾鳍末端的直线长度（精确到 1 mm）。

2. 测定肌肉成分含量的方法

灰分含量：550℃温度条件下灼烧法测定。

蛋白质含量：采用微量凯氏定氮法测定。

脂肪含量：使用酸性乙醚抽提法测定。

鱼体水分含量：采用105℃下烘干失重法，计算前后的质量差测定。

3. 计算公式

实验过程中鱼体的摄食率（Feeding Rate，*FR*）、增重率（Weight Gain Rate，*WGR*）、特定生长率（Specific Growth Rate，*SGR*）、食物转化效率（Food Conversion Efficiency，*FCE*）、鱼体肥满度（*CF*）分别用以下公式计算：

$$FR = 100\% \times C/[T \times (W_2 + W_1)/2]$$

$$WGR = 100\% \times (W_2 - W_1)/W_1$$

$$SGR = 100\% \times (\ln W_2 - \ln W_1)/T$$

$$FCE = 100\% \times (W_2 - W_1)/C$$

$$CF = 100\% \times W_2/L^3$$

式中：W_1——实验初鱼体平均湿重（g）；

W_2——实验末鱼体平均湿重（g）；

C——总摄食量（g）；

T——实验时间（d）；

L——鱼体体长（cm）。

4. 数据处理

实验数据用SPSS13.0进行统计分析。用Excel计算各实验组各项测量指标所测数据的平均值和标准差；用SPSS13.0中One-Way ANOVA分析比较各实验组所测数据的差异，用S-N-K（Student-Newman-Keuls）法对存在差异的数据进行多重比较。

四、豹纹鳃棘鲈饥饿再投喂实验结果

1. 循环饥饿对豹纹鳃棘鲈生长性能的影响

从表5.6中可以看出，豹纹鳃棘鲈的增重率随着每周饥饿时间（1 d、2 d、3 d）的增加呈先升高后降低（$P<0.05$），各饥饿组存在显著影响（$P<0.05$），其中D2组的增重率最高，达到192.78%，比D0组高出42.44%（$P<0.05$）；D1组的增重率为161.53%，与D0组没有显著差异（$P>0.05$）；D3组的增重率随着饥饿时间增加而降低，为110.45%，与D0组存在显著差异（$P<0.05$）；随着每周饥饿时间的增加，豹纹鳃棘鲈的肥满度有下降的趋势，D3组最低，为2.66%，与D0组、D1组和D2组存在显著差异（$P<0.05$），D1、D2与D0组3组之间无显著差异（$P>0.05$）。

表 5.6　循环饥饿对豹纹鳃棘鲈体重变化的影响

组别	增重率/%	肥满度/%
D0	150.34±2.73[a]	2.83±0.04[a]
D1	161.53±3.41[a]	2.89±0.05[a]
D2	192.78±2.31[b]	2.96±0.17[a]
D3	110.45±3.15[c]	2.66±0.03[b]

注：D0 组为连续投喂，D1 组为饥饿 1 d 连续投喂 6 d，D2 组为饥饿 2 d 连续投喂 5 d，D3 组为饥饿 3 d 连续投喂 4 d。

2. 循环饥饿对豹纹鳃棘鲈饲料利用率的影响

从表 5.7 中可以看出，在整个实验过程中，随着每周饥饿时间（1 d、2 d、3 d）的增加豹纹鳃棘鲈各饥饿组间的特定生长率先升高后降低，D2 组的特定生长率均显著高于 D0 组、D1 组和 D3 组（$P<0.05$），但 D1 组与 D3 组的特定生长率没有显著差异（$P>0.05$），D1 组与 D3 组的特定生长率低于 D0 组，存在显著差异（$P<0.05$）；在恢复投喂后豹纹鳃棘鲈的摄食率也随着每周饥饿时间（1 d、2 d、3 d）的增加明显升高，D0 与 D1 组无显著差异，但 D0 与 D2 与 D3 组间存在显著差异（$P<0.05$）；循环饥饿对豹纹鳃棘鲈的饲料转化率有显著影响（$P<0.05$），D2 组的饲料转化率最高，为 43.24%，显著高于 D0 组及其他饥饿组（$P<0.05$），D1 组的饲料转化率与 D0 组无显著差异（$P>0.05$），D3 组的饲料转化率最低，为 24.31%，显著低于 D0 组及其他饥饿组（$P<0.05$）。

表 5.7　循环饥饿对豹纹鳃棘鲈特定生长率、摄食率和饲料转化率的影响

组别	特定生长率/%	摄食率/%	饲料转化率/%
D0	2.75±0.04[a]	2.35±0.15[a]	33.46±0.75[a]
D1	2.61±0.05[c]	2.57±0.21[a]	35.18±1.51[a]
D2	3.15±0.01[b]	2.93±0.19[b]	43.24±1.84[b]
D3	2.59±0.07[c]	3.18±0.12[c]	24.31±2.17[c]

注：D0 组为连续投喂，D1 组为饥饿 1 d 连续投喂 6 d，D2 组为饥饿 2 d 连续投喂 5 d，D3 组为饥饿 3 d 连续投喂 4 d。

3. 循环饥饿对豹纹鳃棘鲈生化成分的影响

从表 5.8 可以看出，在整个实验过程中，随着每周饥饿天数的增加豹纹鳃棘鲈

水分含量逐渐升高，其中 D3 组的水分含量最高，为 69.28%，显著高于 D0 组及其他各饥饿组（$P<0.05$），D0 组、D1 组与 D2 组间没有显著差异（$P>0.05$）；豹纹鳃棘鲈蛋白质含量最高为 D1 组，显著高于除 D2 组之外的 D0 组及 D3 组（$P<0.05$）；豹纹鳃棘鲈脂肪含量和灰分含量则随着每周饥饿时间的增加逐渐下降，脂肪含量最高的为 D1 组，显著高于对照组及其他各饥饿组（$P<0.05$），D0 组、D2 组与 D3 组间没有显著差异（$P>0.05$）；灰分含量最高的为 D1 组，与对照组无显著差异（$P>0.05$），但高于其他各饥饿组（$P<0.05$），D2 组与 D3 组间没有显著差异（$P>0.05$）。

表 5.8　循环饥饿对豹纹鳃棘鲈水分、蛋白质、脂肪及灰分的影响

组别	水分/%	蛋白质/%	脂肪/%	灰分/%
D0	$60.30±0.48^{a}$	$18.15±0.21^{a}$	$3.16±0.13^{a}$	$1.69±0.12^{a}$
D1	$61.25±0.36^{a}$	$21.45±0.17^{b}$	$3.47±0.25^{b}$	$1.78±0.18^{a}$
D2	$62.38±0.71^{b}$	$20.78±0.37^{b}$	$3.24±0.21^{a}$	$1.51±0.31^{b}$
D3	$69.28±0.93^{a}$	$19.16±0.51^{a}$	$3.09±0.36^{a}$	$1.49±0.25^{b}$

注：D0 组为连续投喂，D1 组为饥饿 1 d 连续投喂 6 d，D2 组为饥饿 2 d 连续投喂 5 d，D3 组为饥饿 3 d 连续投喂 4 d。

五、豹纹鳃棘鲈饥饿再投喂实验分析

1. 豹纹鳃棘鲈补偿生长类型

在实验过程中通过采用不同的投喂方式，结合实验鱼体重和增重率的变化，将 4 类补偿生长分为不能补偿生长、部分补偿生长、完全补偿生长和超补偿生长。不能补偿生长指在正常投喂后实验鱼生长速度不及对照组的鱼，增重率也不及正常水平；部分补偿生长指饥饿鱼在再次投喂后体重低于对照鱼，但生长速度高于对照鱼；完全补偿生长指停食鱼经过恢复投喂后体重与对照鱼体重相同；超补偿生长指经过一段时间饥饿再恢复喂食一段时间的鱼，体重增加量超过了相同时间内连续喂食鱼的体重增加量。

在本次循环饥饿再投喂模式中发现，豹纹鳃棘鲈 D2 组在恢复投喂后体重增重率超过 D0 组，且特定生长率与摄食率都明显高于 D0 组，因此认为该组具有超补偿生长效应，这与张波等对饥饿真鲷进行补偿性实验的研究结果及与彭志兰等对点带石斑鱼进行饥饿 2 d 后恢复投喂增重率及特定生长率高于对照组研究结果一致。D0 组与 D1 组比较发现摄食与增长率无显著差异，为完全补偿生长效应，这与王岩等对罗非鱼饥饿1周恢复投喂4周出现完全补偿生长、张升利等重复饥饿再投喂处理对星斑川鲽的体重、全长的影响不显著及冯健等关于补偿性生长效应的结果相似。D3组的摄食率高于D0组，但是特定生长率低于D0组，因此认定D3组具有部分补偿生长，与之类似，刘澧津研究表明饥饿后重新投饵的虹鳟在一段时间里能产生补偿生长，但这种补偿生长是有限的，以及曾庆民等的研究结果表明，在花鲈的周期性饥饿1 d实验中，投喂组的生长率和增重率高于实验组。本实验发现，补偿性生长效应建立在适当的饥饿时间上，一定时间的饥饿再饲喂对豹纹鳃棘鲈的生长有帮助，时间过长则有负影响。实验证明每周不超过2 d的饥饿有助于鱼体生长。

2. 循环饥饿对豹纹鳃棘鲈肥满度及生化成分的影响

在循环饥饿过程，随着每周饥饿天数的增加，豹纹鳃棘鲈的肥满度呈函数曲线变化，出现一个峰值。脂肪合成对于鱼体增重有很大的正相关作用，表现在D2组的增重率上，这与同类实验的研究结果类似。豹纹鳃棘鲈的蛋白质含量和脂肪含量先上升后下降，且蛋白质的含量比脂肪的含量降幅小，说明当饥饿时豹纹鳃棘鲈动用脂肪早于动用蛋白质。通过测定豹纹鳃棘鲈肌肉中的灰分和水分的含量发现，其变化规律同样呈函数曲线变化，有一个最低值。各实验组中D1最低，在一定程度上说明，饥饿时，鱼体会利用自身储存的物质。

第六章 鱼类体色调控研究现状

第一节 鱼类体色形成及调控研究进展

鱼类在自然条件下，经过漫长的自然选择，大部分都有其特定的体色。鱼类绚丽的体色主要是由于类胡萝卜素等物质在鱼类皮肤、肌肉等部位沉积产生。研究表明，鱼类不能靠自身合成类胡萝卜素，在自然环境中，它们可以从鱼、虾、浮游生物等饵料生物中摄取类胡萝卜素并在体内沉积，从而满足其着色的需要。然而，在养殖生产中，鱼类很难从饲料中获取足够的符合其着色需求的类胡萝卜素，因此，在很多重要养殖品种中出现了较为显著的体色退化现象。对于人类来说，基于经验、传统和习俗等因素的影响，食物的色泽与消费者生理和心理的期望值有关，代表着食物的预期品质。因此食物的色泽往往是判定其可接受程度的重要指标。随着人们生活水平的提高，对食品的品质要求也越来越高，对养殖鱼类的色泽也越来越关注。

一、鱼类体色形成的生物学研究

1. 鱼类体色的形成

位于真皮层下的色素细胞的存在使鱼类皮肤呈现各种不同的颜色。关于色素细胞的种类众说纷纭。目前，大部分研究表明，鱼类皮肤中的色素细胞主要包括黑色素细胞、红色素细胞、黄色素细胞、虹彩细胞。另外，Goda 等还发现了蓝色素细胞的存在。也有一些学者认为鱼类含有白色素细胞，但更为普遍的说法是白色素细胞和虹彩细胞具有相同的着色物质，属于同一种细胞。

黑色素细胞、红色素细胞、黄色素细胞的显色细胞器可以吸收特定颜色的光而使其呈现出不同的颜色，被称为吸光色素细胞。黑色素细胞是一种在各种动物体内普遍存在的色素细胞，在真皮和表皮中均有分布。成熟的黑色素细胞有很多分支，胞体较大，有 100~300 μm，其主要显色物质为黑色素颗粒，细胞内含黑色素颗粒，黑色素能溶于细胞质中，色调介于褐色至黑色区间内。黑色素胞体通常为平面状，有许多树突，并延伸呈放射状，比其他色素细胞要大。颗粒扩散时，动物体肤为暗黑色，颗粒凝结时，动物体肤为灰色、白色。黄色素细胞和红色素细胞的显色物质都是类胡萝卜素和蝶啶。黄色素细胞中带黄色的蝶啶比重较大，红色素细胞中呈现红色或橙色的类胡萝卜素比重较大。黄色素细胞和红色素细胞较黑色素细胞小，细胞形态与黑色素细胞大同小异，但是黄色素细胞具二核，色素颗粒小，在光线透射时呈橙黄色或深橙色，由叶黄素组成，而红色素细胞只具一个细胞核，内含红色素。以上 3 种细胞都存在很多树突状分支结构，可以在神经和激素的双重调节下使色素颗粒向细胞核聚拢或分散到树突状结构中，从而控制着色的深浅。

虹彩色素细胞因动物种类及部位不同，可呈纺锤、椭圆、圆板状等，并相互排列形成有效的光反射层。虹彩细胞没有分支状结构，细胞中不存在色素颗粒，在细胞质中存在一种透明的薄膜状鸟嘌呤晶体叠层，它们被称为反射小板，反射小板有很强的反光能力，反光色素细胞可以通过调节反射小板间的间距来改变反射光的波长，从而使皮肤呈现出闪亮的白色、银色、蓝色等光泽。这两种细胞都含有鸟嘌呤、5-羟基嘌呤和尿酸，胞体大小与黄、红色素细胞近似，但白色素细胞的树突较黄、红色素细胞粗大。

2. 色素细胞的起源与发育

与其他脊椎动物一样，鱼类色素细胞的增殖不是通过细胞分裂完成的，而是由神经嵴细胞迁移到皮肤、肌肉等部位，分化为色素干细胞，进而特化成色素细胞。神经嵴细胞是一种仅存在于脊椎动物胚胎发育早期的特殊细胞，它能够经过迁移、特化而形成多种细胞类型。早在 1954 年，有研究者发现，在成体鱼类皮肤中当黄色素细胞局部受损后，会有黑色素细胞出现在该区域。因此他们猜想可能在鱼体特定区域有黑色素干细胞的存在。半个世纪后，Johnson 的实验证实了在斑马鱼（*Brachydanio rerio*）的鳍条中，大多数再生的黑色素细胞来源于非色素化的前体细胞，这一结果验证了之前的猜想。目前，人们已经从人类和小鼠等哺乳动物的皮肤中分离出黑色素干细胞并进行体外培养。但是，对于含有多种色素细胞的鱼类，是否每种色素细胞都有其相对应的干细胞呢？Curran 等对斑马鱼成鱼的研究表明，黑色素细胞和虹彩细胞来源于共同的前体细胞，而他们的特化是由转录因子 Mitf 以及 Foxd3 相互作用决定的，而黄色素细胞可能来源于另一种前体细胞。然而，Johnson 等通过对斑马鱼早期胚胎进行分析发现，斑马鱼尾鳍处的黑色素细胞和黄色素细胞发育的各个阶段都来自于相同的前体干细胞，而虹彩细胞却由另外的前体细胞产生。这两种截然不同的研究结果代表了斑马鱼色素细胞分化的两种不同途径，究竟是两者皆有还是其中一种呢？这个问题值得我们进一步研究。

色素细胞源于神经嵴，那么它们是通过什么途径到达指定部位从而使不同部位显示出不同的颜色呢？在对小鼠的研究中表明，黑色素细胞谱系是通过背部（表皮和生皮肌节间）迁移到指定部位，而在对斑马鱼的研究中发现黄色素细胞谱系和黑色素细胞谱系都可以通过与小鼠黑色素细胞相同的途径迁移，另外黑色素细胞谱系也可以和虹彩细胞谱系一起通过神经管和肌节之间的通路迁移到指定部位。目前关于红色素细胞谱系迁移过程的研究较少，可能与其他色素细胞谱系迁移途径类似。

关于决定移动中的色素细胞谱系在靶部位停下来的机制的研究很少，但是这对于我们研究鱼类体色形成机制是至关重要的。一种模型认为，色素细胞的分布可能与该部位组织内环境有关。对哺乳动物毛发的研究表明，黑色素细胞在毛囊内聚集可能是由于受到了毛囊附近环境的某种黏附吸引力作用，这种黏附作用可能由钙黏素介导。E-钙黏素是细胞黏附分子的一种，作为钙依赖性跨膜糖蛋白，它可以介导细胞间同质黏附。在鼠的黑色素细胞表面检测到有 P-钙黏素和 E-钙黏素的表达，而且在黑色素细胞（黑色素母细胞）迁移的过程中，经过不同的部位钙黏素的两种异构体的比例也是变化的，E-钙黏素的表达量与黑色素细胞（黑色素母细胞）的定位有显著的相关性。该研究证明了钙黏素在黑色素细胞定位中的作用。对于含有多种色素细胞的鱼类来说，在皮肤特定部位或色素细胞表面或许也存在某种类似于 E-钙黏素的物质，决定着迁移中的色素细胞（色素母细胞）的定位。这种定位模式对鱼类体色的形成的作用需要更深入的研究。

3. 体色相关基因研究进展

鱼类的体色不仅仅受到色素细胞排列位置的影响，还受到多种环境因子的影响（光照强度、光色、盐度和 pH 值等）以及遗传因素的影响。然而，遗传因素是制约鱼类体色形成的关键因素，并且是由多基因调控所决定的。候选性状基因分析法作为分子辅助育种的重要分析手段已经广泛应用于各类性状的选择优化中。在哺乳类和硬骨鱼中关于色素细胞形成和分化的相关基因已经相继被挖掘出来，如 *mitf*、*kit*、*sox*10、*ednrb* 和酪氨酸酶基因家族（*tyr*、*tyrp*1 和 *tyrp*2）等基因。黑色是动物中分布最广泛的颜色，在光吸收、光保护和体色构成上具有重要作用。*mitf* 基因是黑色素细胞发育过程中重要的调节因子，同时又是黑色素合成过程中的中枢因子，直接影响下游酪氨酸酶基因家族（*try*、*tryp*1 和 *tyrp*2）的表达，从而决定黑色素的生成。研究发现，基因调节区重要位点的改变在鱼类体色基因中也有发现。如淡水刺鱼的鳃部和腹部的浅体色是由 *Kit*1 基因的顺式调节区的突变改变影响其表达而引起的。*Mclr* 5′ 调控区的改变是导致穴居鱼类体色退化的主要原因。目前，许多与体色相关的基因是从模式生物——斑马鱼和青鳉（*Oryzias latipes*）的不同体色突变体中确定的。例如，鱼类的体色基因 *tyr* 基因，黑色素合成相关的酪氨酸编码基因是从青鳉中克隆得到的。Inagaki 研究青鳉鱼的 *tyr* 突变体，发现其属于黑色体细胞 b 突变，突变体表现为皮肤橘色伴有黑色素细胞异常。斑马鱼的 *mitf* 基因纯合缺失突变会导致黑色素体数量减少而虹彩色素体数量增加。Ceol 综述了色素细胞形成过程中相关基因的参与，发现 *Sox*10 基因是色素细胞家系的一个特殊的神经嵴细胞期早期信号，随后出现的是与黑色素体细胞有关的 *tyrp*2 和 *tyr*。在上述诸多的关于鱼类体色基因中，主要是研究黑色素细胞分化、发育以及形成相关基因。在黑色素生成的信号网络中，*mitf* 基因居于最中枢的位置，负责将上游所有通路信息汇合，而后介导下游酪氨酸酶基因家族做出相应的反应。酪氨酸酶基因家族基因编码的酪氨酸酶以及酪氨酸酶相关蛋白是催化酪氨酸酶生成黑色素的关键酶，其序列具有高度的一致性，*mitf* 基因通过与该位点结合活化其表达，从而指导其在黑色素细胞特异性的表达，调节黑色素生成的种类和数量。

二、水产动物的色素体

1. 鱼类色素体的组成

存在于水产动物体表和肌肉的色素，从化学结构分类，大致可分为类胡萝卜素群、胆汁色素群、萘醌系色素群、黑色素、喋啶系色素群和其他色素。

在水产动物中，常见的类胡萝卜素有 β-胡萝卜素、黄体素、叶黄素、玉米黄质、金枪鱼黄质和虾青素等。鱼虾类体色之红色系色素主要是虾青素。天然真鲷（*Pagrus major*）表皮的类胡萝卜素分布为：虾青素约占 60%，金枪鱼黄质约占 20%，黄体素约占 15%，玉米黄质约占 4%，胡萝卜素和角红素分别占 2%～4%，还有其他微量的类胡萝卜素；在铏齿鲷（*Evynnis tumifrons*）的表皮中，虾青素约占 80%，金枪鱼黄质约占 15%，腓尼黄质约占 2%，角红素、玉米黄质、α-玉米黄质各约占 1%，黄体素也有少量分布；在金鲷（*Sparus aurata*）的表皮中，虾青素约占 75%，金枪鱼黄质约占 20%，角红素约占 3%，黄体素约占 2%，还有其他微量的类胡萝卜素；金鱼和锦鲤等因虾青素、玉米黄质（在体内合成为虾青素）等色素源的存在而体表呈红色，因黄体素在体内的合成作用而体表呈橙色。天然鲑鱼类的肉色色素以虾青素为主，还含有角红素、黄体素等。蟹的背甲除了含有甲壳素、无机盐和蛋白质外，还含有端基为红酮类的胡萝卜色烯类色素，如虾青素和 β-胡萝卜素等。真鲷、鲑鱼、锦鲤、金鱼及蟹、对虾等甲壳类的体色和肉色的红色系色素以及鲕鱼的表皮色，都主要来自于类胡萝卜素群的色素。喋啶系色素在鱼类各种组织中的浓度极为微小，但具有某些重要的生理作用，辛蒙司用 30～50 μg 黄喋啶给幼年的鲑鱼注射，可以使其从营养性贫血中恢复过来。

2. 水产动物色素体的合成与吸收

类胡萝卜素的吸收。鱼类自身并不能合成类胡萝卜素，只能从食物中吸收、沉淀，并将其转化成自身的色素。食物中的类胡萝卜素在消化道中被水解，消化的类胡萝卜素在小肠中以游离形式被吸收，通过与脂蛋白复合在血液中运转，由脂蛋白携带被运送到靶细胞；运输类胡萝卜素的载体可达到饱和，因此，增加载体数量或提高类胡萝卜素与载体的亲和力将有助于类胡萝卜素的运转；由于磷脂和胆固醇是脂蛋白的重要组成部分，因此，提高饲料中磷脂或胆固醇的含量对于脂蛋白的合成将会起到促进作用。

胆红素的生成。红细胞被单核-巨噬细胞（网状内皮细胞）吞食后，数分钟内即被溶解。血红蛋白的珠蛋白分子释放进入蛋白代谢池，血红素在微粒体血红素氧合酶、还原型辅酶Ⅱ（NADPH）、细胞色素 c 还原酶及 NADPH 的作用下，将吡咯环的甲烯桥打开，形成线状的四吡咯化合物-胆绿素，再由胆绿素还原酶作用形成胆红素。铁元素分子则被再利用。催化胆红素形成的以上 3 种酶可能以三元复合体的形式存在于胞质液-内质网的界面，从而使胆红素能在内质网膜进行葡萄糖醛酸的酯化，整个过程在 1～ 2 min 内即可完成。

黑色素的合成。动物体内的酪氨酸（Tyr）首先在 TYR 的催化下生成 3，4-二羟基苯丙氨酸（Dopa，多巴），Dopa 进一步在 TYR 的催化下氧化为多巴醌（DQ），DQ 经过多聚化反应，即经过与无机离子、还原剂、硫酸、氨基化合物、生物大分子的一系列反应过程生成无色多巴色素。无色多巴色素极不稳定，可被另一分子 DQ 迅速氧化成多巴色素（DC）。在多巴色素异构酶（也称多巴色素互变酶，DT）的作用下，决定是羟化为 5，6-二羟基吲哚羧酸（DHICA）还是脱羧为 5，6-二羟基吲哚（DHI）中间产物。DHI 再由 TYR 催化被氧化为 5，6-吲哚醌（IQ），IQ 是真黑素的前体，但其他中间产物都可以自行或与醌醇结合产生真黑素。

3. 水产动物色素体的代谢

肝是类胡萝卜素代谢的主要器官，而肌肉是储藏类胡萝卜素的主要组织，其次是皮肤、肝和生殖腺网，但在性成熟过程中，鱼类可以将肌肉中的类胡萝卜素转移到皮肤和生殖腺中。

鱼类对类胡萝卜素的代谢方式可分为红鲤型和鲷鱼型两大类。属红鲤型（red carp type）的包括大多数淡水鱼类，如金鱼、红鲤和锦鲤，它们可将黄体素、玉米黄质转变形成虾青素，也可将食物中的虾青素直接储藏于体内，虽然这些鱼类具有将 β-胡萝卜素转化为虾青素的能力，但这种能力极弱，因为 β-胡萝卜素不是形成虾青素的主要前体物质。该类动物可将 β-紫罗酮环的 4，4-C 氧化，但难以将 3，3-C 氧化，故很难形成虾青素。属鲷鱼型（sea bream type）的包括大部分具有经济价值的海水鱼类，如鲷、大麻哈鱼和鲑鳟鱼类等。将用 C 标记的 β-胡萝卜素、黄体素、玉米黄质直接导入虹鳟胃中，24 h 后，可在皮肤、肝、肌肉等处相对应的色素中找到^{14}C 的分布，在虾青素中则检测不到^{14}C 的活性。以虹鳟为代表的该类鱼不能将 β-胡萝卜素、黄体素、玉米黄质转变形成虾青素，但可将上述色素直接吸收而贮存于体内。Hate 等曾提出由玉米黄素合成虾青素的代谢途径假说：玉米黄素→β-胡萝卜素三醇→4-氧代玉米黄素→虾青素。Matsuno 等曾进一步认为类胡萝卜素在日本对虾体内有两种代谢途径，即 β-胡萝卜素→异黄素→海胆酮→角黄素→红黄素→虾青素；玉米黄质→4-酮玉米黄质→虾青素。黑色素是不含硫的色素，经过氧化剂的氧化，打开黑色素的酚环而使之脱色。

三、鱼类体色变化原因

1. 鱼类体色变化

鱼类的体色和斑纹是由鱼体色素细胞的多少、分布的区域、色素细胞内色素颗粒的状态以及虹彩细胞中反光体的反光能力强弱等决定的。色素细胞运动是色素颗粒在细胞内沿树突延伸、扩散，扩散时动物体肤为暗色或黑色。反之，顺树突集聚于细胞体中心部即凝结，体肤呈白色。鱼类的体色经常会随生长发育及环境的改变发生变化，鱼类体色的变化包括形态学体色变化和生理学体色变化。据 Ellis 等报道，鲆鲽类的体色变化分为色素在色素细胞内移动而形成的快速应激变化和细胞间色素物质量引起的缓慢变化两类。

体色变化的形态学主要涉及表皮层的色素细胞，包括色素细胞和色素颗粒量的变化及色素细胞在表皮层中的迁移。这种变化过程相当缓慢，常需数月或更长时间，其变化的结果通常也是永久性的。

体色变化的生理学主要涉及真皮层的色素细胞，是色素颗粒的聚集或扩散以及受神经调节和激素调节的机理。生理学体色变化是指某些动物因适应环境色彩，体内色素细胞迅速地产生运动而改变自身肤色的过程。沼虾的生理变色是其个体体色对环境适应性的颜色反应，这是由色素细胞中色素颗粒的分散与集中决定的。目前在神经调节方面研究较多的是肾上腺素和乙酰胆碱对色素细胞的作用。肾上腺素能够引起色素颗粒的聚集，而乙酰胆碱的作用正好相反。据报道，雌性两点虾虎鱼婚姻色的产生是在去甲肾上腺素的作用下，腹部皮肤色素细胞中色素颗粒聚集使腹部皮肤褪色，而使性腺的色彩透过皮肤表现出来。

2. 色素移动

鱼类的鳞片上具有色素细胞，它们在神经和激素的调控下，可迅速转运其中的色素颗粒，使色素颗粒分散和集结。当这些色素颗粒分散时，鱼的体表颜色变黑；当色素颗粒集结时，鱼的体表颜色变浅；运输色素颗粒的“马达”分子，是细胞内的一种蛋白质，它能够水解细胞内的能量分子——三磷酸腺苷（ATP），它在水解 ATP 分子时发生构型的改变，而这种构型的改变即可驱动色素颗粒沿着微管运动。微管作为细胞内运输的“轨道”，呈中空的圆筒状，圆筒的壁是由微管蛋白分子组成的，这种蛋白质分子包括α和β两个亚基，是二聚体分子，它们能够按照2β→2β→2β……的规律组成一条条的原纤维。驱动蛋白在运输色素颗粒时，两个球形的头部与微管结合，另一端在受体蛋白的介导下，可与被运输的颗粒相结合。当驱动蛋白水解ATP时，两个头部构型改变，可交替地改变在微管上的结合位置，沿微管向前“行走”，这样，另一端结合的色素颗粒便被驱动蛋白分子从一处运到了另一处。

3. 遗传因子

鱼类的体色从根本上是受遗传因素控制的。张建森等在对鲤鱼体色遗传的研究中认为，荷包红鲤的橘红色为隐性，元江鲤的青灰色为显性，鲤鱼的体色性状是由两对基因控制的，与性别无关，为非伴性遗传。徐伟等通过彩鲫与红鲫杂交、回交以及不同体色彩鲫（杂交种）的自交、杂交，对其子代的体色性状进行了统计学分析，认为彩色受显性基因控制，红色受隐性基因控制。Ueshima等研究发现，孔雀鱼中黑色素的形成由B，b等位基因控制，携带B基因的个体黑色素细胞发育好，内含丰富的黑色素；隐性基因b的纯合体黑色素细胞小，黑色素少；常染色体等位基因R与r控制着黄色素细胞中黄色类胡萝卜素的沉积，携带R基因的个体黄色素细胞发育好，携带r的纯合体检测不到黄色素细胞；等位基因E与e控制着红色素细胞中红色类胡萝卜素的沉积；携带E基因的个体红色素细胞发育好，携带e基因的纯合体检测不到红色素细胞。

四、神经和内分泌的调控

硬骨鱼类的色素形成受神经和内分泌的调控，软骨鱼类的调节主要由激素负责进行。硬骨鱼类黑色素细胞扩散和集中调节是受两种完全相反的神经纤维调节，黄色素细胞和红色素细胞的调节与黑色素细胞相反，它们的调节与神经无关，仅仅是由激素调节。调控应激时的鲮、鲆体色变化的主要激素有肾上腺素、去肾上腺素和多巴胺等儿茶酚胺。释放儿茶酚胺的神经元控制脑垂体分泌促黑素细胞生成激素，进而影响体色。Fujii和Oshima研究发现，释放儿茶酚胺的神经元控制脑垂体分泌促黑素细胞生成激素，进而影响体色。肾上腺素、去甲肾上腺素和多巴胺等儿茶酚胺是应激时调控菱鲆体色变化的主要激素。儿茶酚胺-O-甲基转移酶与体色的缓慢变化有关，而酪氨酸酶则是黑色素生成的关键酶，黑色素在黑色素细胞内的合成分为3步：酪氨酸先氧化成二羟苯丙氨酸（DOPA）；后者生成多巴奎宁；多巴奎宁在酪氨酸酶的作用下聚合成黑色素。通常鱼体表面酪氨酸酶的含量和活性背部较腹部高，体色也较深。有些体色淡的鱼类，其酪氨酸酶的活性也很高，但黑素细胞中没有黑色素，原因可能是存在多种形式的酪氨酸酶，其中有的处于抑制状态。

松果腺分泌褪黑激素，能使黑色素细胞中的黑色素聚集。生理学研究的结果表明，黑色素细胞受控于交感神经和内分泌系统，而虹彩细胞主要受控于神经。

儿茶酚胺不能引起鲇鱼色素体的聚合，乙酰胆碱、乙酰甲胆碱和氨甲酰胆碱有很强的黑色素体凝结作用。褪黑激素对鲇鱼表皮和真皮黑色素细胞的黑色素体凝结作用非常明显；而褪黑激素的前体物质，5-羟色胺和 N-乙酰-5 羟色胺却没有作用，它们可能的代谢物 5-甲氧基色胺和 6-羟基褪黑素表现出适当的色素体凝结作用；抗胆碱能物质有完全凝结作用，但对褪黑激素没有影响，α 和 β 抗肾上腺能物质对褪黑激素的作用均未表现；这说明两者具有不同的受体调节机制，5-甲氧基色胺是褪黑激素激活的必需物质。

肾上腺素能 β-2 受体激动剂和 β-1 受体拮抗剂，对去除神经的青鳉黑色素细胞和白色素细胞的作用作了测定，结果显示，β-2 受体激动剂抑制了黑色素的凝结，β-1 受体拮抗剂抑制了白色素细胞的扩散，但对黑色素细胞没有影响；阿托品对黑色素细胞膜上的受体的作用位点是在黑色素细胞本身，除了黑色素体扩散作用外，阿托品也引起反射光的波峰向更短光波偏移，引起虹彩色素细胞在蓝雀鲷淡色体的扩散和白色素细胞在青鳉淡色体的扩散。对红纹隆头鱼所做的研究表明，红色素细胞和黑色素细胞均受 α-2 受体的调控，但红色素细胞上的受体对激动剂比黑色素细胞更敏感；红色素细胞的 α-2 受体对哌唑嗪敏感；在两类色素细胞中腺苷酸环化酶激活剂完全阻止了色素的凝结。Na^+/H^- 阻滞剂阿米洛利在两类色素细胞中能抑制由 α-2 选择性受体激动剂引起的色素迁移。

以虹鳉（*Lebister reticulatus*）和鲇鱼（*Parasilurus asotus*）为对象研究了嘌呤和嘧啶衍生物对黑色素细胞运动的影响，所有测定的物质都没有凝结作用；尽管腺嘌呤本身没有黑色素体扩散作用，但腺苷和腺嘌呤核苷酸的作用却非常强；相比腺嘌呤和嘧啶，其他嘌呤衍生物没有这种作用；腺嘌呤引起的色素体扩散作用特意性地被甲基黄嘌呤阻断；腺嘌呤的作用受体在黑色素细胞膜上，发生在鱼类的暗光反应时。

外界的压力、刺激会影响 MSH 的分泌，从而影响鱼类的体色。激素调节主要涉及黑色素聚集激素（melanin concentrating hormone，MCH）和黑素细胞刺激素（melanophore-stimulating hormone，MSH），它们由垂体分泌，前者引起黑色素聚集，后者则引起黑色素扩散。Noriko 等研究了不同剂量 MCH 对鲇鱼、尼罗罗非鱼及青鳉色素细胞的影响，结果显示，低剂量的 MCH（<1 μmol/L）会引起鲇鱼和尼罗罗非鱼的色素颗粒聚集，且当 MCH 存在时色素颗粒会一直保持聚集状态。而当 MCH 浓度较高（11 μmol/L，10 μmol/L）时也能引起色素聚集，但即使 MCH 持续存在，这种聚集状态仍无法保持，一些色素颗粒很快扩散。

Solbakken 等实验证实，在饲料中添加 100 mg/kg 四碘甲状腺素（T4）能促进庸鲽的变态，防止体色异常。根据鱼体色素形成的机理在投喂全价饲料和加强饲养管理的同时，在饲料中适量添加色素形成的限制性酶类——酪氨酸酶和T4，可能是一种生理和生态相结合预防鲆鲽类体色白化的途径之一。此外，部分激素对鱼类的体色也能产生影响。

饲料中添加激素物质也能对鱼类的体色产生影响，如添加的17α-甲基睾酮，虽然它本身不能合成β-胡萝卜素，也不能促使其他物质合成β-胡萝卜素，但它能使处于一定发育阶段的雌鱼出现性逆转，由雌鱼变成雄鱼，雄鱼随着性腺发育成熟，形成“婚姻色”。李云等用添加10 μg/mg 17α-甲基睾酮的饲料投喂3月龄的红剑尾鱼，50 d后全雄化，且群体的体色加深。

另外，5-羟色氨、去甲肾上腺素、多巴胺3种神经递质均在甲壳动物体内被发现，它们通过色素扩散激素和色素集中激素间接影响色素细胞。甲壳类目前已发现的促色素细胞素主要有红色素集中激素（RPCH）和色素扩散激素（PDH）。RPCH不仅可使红色素细胞聚集，对白色素细胞和黑色素细胞也有同样的作用。PDH不仅可诱导甲壳动物复眼光适应时的色素运动，而且还可在上皮载色体中引起色素的扩散。

张宽等以日本沼虾为模式动物，研究了无脊椎动物的神经细胞对色素细胞的调节机制，结果表明，眼柄神经激素在黑暗或红色背景下使色素细胞呈展开状态。在明亮或蓝色背景下使色素细胞呈收缩状态，在黄色光下使色素细胞呈半展开状态，并且调节机制与脊椎动物的大致一样。

五、环境的影响及调控

环境变化能引起动物的变色，如温度及光线的变化都能引起动物的变色反应。研究表明，温度升高或降低，沼虾等甲壳类动物颜色都变深，而藻类则都变浅。光线对动物变色是最有效的刺激，头足类动物复眼的色素细胞对光的刺激能直接反应，在光的照射下，黑色素向感光的区域运动。长臂虾能在几天内适应红、白、黑、绿的背景颜色。比目鱼能适应红、绿、蓝光的背景颜色。

1. 水温

水温是影响鱼类生存的重要因子，同时也影响着鱼类的体色。No等研究发现，水温对虹鳟总虾青素的保留无显著影响，但皮肤中类胡萝卜素的积累在5℃时高于15℃时。给金鱼投喂虾青素、小球藻的实验表明，水温在26~30℃时的着色效果优于22℃或24℃。

2. 光照

黄瑞等认为光照强度是牙鲆白化的重要诱因之一。斑鳜的体色变化主要根据光线照射而调节，光照越强，黑色显现越多越深；黄色与较弱的光线照射相关，光照弱时，黑色消退，黄色显现；若完全无光线照射，黑色、黄色即会消失。黑龙睛金鱼苗在自然光照下生长最快，体色转变明显；在黑暗中生活时则生长最慢，体色转变最不明显；日照在 5~10 h 的介于两者之间。牙鲆白化的形成是一个连续的过程，随着变态开始，有眼侧全部或部分皮肤的黑色素细胞不能按正常规律逐渐增加，而是同无眼侧一样，体表的幼体黑色素收缩为一点并逐渐溶解，成体黑色素细胞出现受阻，最终体色全部消失，形成白斑。在饲料中添加鱼油和加强光照可以显著恢复牙鲆的体色。动物对光的变色反应有的通过视觉，称为继发性变色反应；有的则不通过视觉，称为原发性变色反应。

3. 水的深度

Sugimoto 发现，在养殖过程中，处于高水位养殖池中的黄盖鲽和牙鲆鱼苗发生白化的概率比处于低水位的要低，这说明不仅饵料的化学成分会影响鱼苗发生白化的概率，水深也会影响鱼苗的色素沉着。根据资料，自然界出现体色异常的鲆鲽类个体多见于沿岸浅水处。

4. 重金属污染

Rutherford 发现，暴露在重金属环境中的斑点叉尾鮰成鱼和鱼卵都会产生白化的鱼苗，但把鱼卵直接暴露在重金属环境中产生白化鱼苗的概率最高。Westerman 经过 5 年的实验也证明，重金属污染会增加白化现象的发生率，且对成鱼和鱼卵都有影响。因此建议在养殖过程中要谨慎使用金属复合物，以防止发生污染的潜在可能性。

5. 背景色

ALvander Salm 等研究发现，罗非鱼在黑色背景下体色暗淡，在灰色和白色的环境下体色发亮。栖息环境的背景色对鱼体的着色也产生影响。Hansen 报道，鲆鲽类在完全黑暗的环境中孵化，可能导致在以后的生长中倾向于色素异常。Yanar 用玉米黄质含量为 75 mg/kg 的饵料在绿、蓝、红、自、黄色 5 种不同的背景中分别饲养金鱼，研究结果表明，绿、蓝池的着色效果较其他池好（$P<0.05$），并且绿池中的鱼比其他池的鱼长得快（$P<0.05$）。生活在黑色池塘中的鱼类的体色低于透明池塘中的。在适应环境过程中眼睛起着非常重要的作用，眼睛是光感受器官。光信息介于视网膜刺激神经而传入色素细胞运动中枢。直接射入视网膜的光（D）与反射光（S）的比例（D/S）是产生体色变化的重要条件，光照周期、光照强度（水体透明度、网箱设置等）、影响视觉发育的营养物质（部分维生素、油脂组成和品质、光敏物质等）影响了视网膜的发育，导致动物对光线强弱产生错觉，从而产生错误的激素和神经递质分泌信号。

6. 地域的影响

地域不同对鱼体的色彩也有一定的影响，在海洋中或很深的湖泊中生存的七彩鲑鱼，其体色呈银白色，而小溪中的七彩鲑鱼，其色彩非常鲜艳。

7. 养殖密度

适宜的放养密度、良好的水质环境和科学的管理也是防止鲆鲽类体色异常的重要措施。Seikai 和 Takahashi 的实验证实，适当的高密度（25 000~30 000 尾/m^3）和连续的光照能减少泥鲽和牙鲆有眼面的白化率，却增加了无眼面的黑化率。

六、营养因素的影响及调控

1. 脂肪

对于养殖对象的体色变化，更直接的是饲料物质的影响。营养因子中不饱和脂肪酸对色素的发育有很大影响，黄瑞等认为，饵料中缺乏 n-3 HUFA 和维生素 A 是牙鲆苗白化的主要原因，在饲料中添加富含 n-3 HUFA 的鱼肝油和 10 000 IU/L 的维生素 A，降低白化率的效果好。玉米蛋白粉、棉粕、菜粕等饲料原料中均含有较多的类胡萝卜素类色素物质，但是若脂类含量不足，会影响到鱼体消化道对饲料原料中类胡萝卜素的吸收。Barbosa 等的研究发现，当饲料中脂肪含量升高时，虹鳟血浆中类胡萝卜素的含量升高。袁立强等的研究表明，适量的脂肪水平可以提高叶黄素的利用率，从而影响瓦氏黄颡鱼的体色。叶元土的研究表明，饲料中的氧化油脂对鱼类体色的影响包括两个方面：一方面是氧化油脂进入鱼体内后，可能继续氧化并产生较多的氧自由基或其他自由基，这些自由基可以导致类胡萝卜素分子中的不饱和键发生氧化、断裂，使类胡萝卜素色素物质失去色素功能，并导致鱼类体色退化；另一方面，是饲料中的氧化油脂对养殖鱼体生理机能的影响，它可以严重影响色素细胞，主要是黑色素细胞不能正常地分化、生长和成熟。在鱼体皮肤、鳞片中导致成熟的色素细胞，主要是黑色素细胞的数量显著减少、成熟的黑色素细胞的密度显著降低，结果导致养殖鱼类体色白化或出现黄色体色。

2. 蛋白质

唐精等的研究表明，全植物性蛋白饲料可以引起 85% 的胡子鲇体色异常，鱼背、腹部等均呈金黄色，并布满黑色细点，触须略带微红。另外，在饲料原料中掺入三聚氰胺等非蛋白氮饲料物质，会使鱼类的体色发生变化，目前多数无鳞鱼如斑点叉尾鮰、黄颡鱼、胡子鲇，有鳞鱼如武昌鱼、青鱼等，体色出现显著的“白化”现象，严重的肌肉色泽也会发生变化。在饲料配方中去除含有三聚氰胺类非蛋白氮饲料原料，并使用胆汁酸类产品、维生素 C 磷酸酯等产品快速解毒后，通过鱼体自身健康的恢复，1 个月左右即可以恢复体色。

3. 维生素

饲料中较高含量的脂肪、维生素 A、维生素 E 等有利于鱼类的着色，这主要是因为鱼体中的类胡萝卜素是脂溶性的，它必须与脂蛋白复合才能被转运。适量的高脂肪含量有利于饲料中色素的吸收利用；类胡萝卜素可作为鱼类的维生素 A 源，当饲料中维生素 A 供应不足时，鱼类可将某些类胡萝卜素转化为维生素 A，从而使体色下降。然而，当维生素 A 过量时，分子结构相似的化合物又会产生竞争性吸收，不利于鱼体着色；维生素 E 的强抗氧化性有助于保护饲料中的类胡萝卜素，增加食物中维生素 E 的含量，可使虹鳟体内虾青素的沉淀增加。目前有较多的资料表明，维生素 A 对鱼类体色的维持有着重要的作用。Nakamura 认为，白化是因为皮肤及肌肉中缺少光敏物质维生素 B_2、胡萝卜素、维生素 A、维生素 D 而导致黑色素含量不足，其中影响最大的是维生素 B_2。维生素 B_2 对黑色素的生成极为重要，有可能促使黑色素增加。Kanazawa 等详细研究了鲽类鱼体中白化病的机理，发现维生素 A 对白化病的发生率也有影响。Soutar 认为维生素 B_1 与色素的产生有关。

在黄颡鱼养殖过程中，用相同配方配制膨化料和颗粒料，投喂膨化料可引起鱼体全部变黄，出现“香蕉鱼”，使用颗粒料则体色正常。原因是维生素不足，使得黑色素细胞不能正常生长、发育，导致鱼体黑色素细胞褪去而成为通体变黄的“香蕉鱼”。解决方法有两种：① 加大维生素的添加量，通过额外补充弥补加工损失。采用这种方式增加了饲料成本，并且对部分维生素的破坏很大，很难弥补。利用后喷技术现阶段也只能解决脂溶性维生素的破坏问题，大量 B 族维生素仍然显得不足。② 在黄颡鱼养殖后期，起捕前 20 d 左右换用颗粒饲料，或以膨化料搭配颗粒料投喂，以减少维生素的损失，保持鱼类体色。这种方式在理论上是可行的，但在引导市场，引导养殖户方面有一定的难度。

4. 矿物质

矿物质元素通过作为酶的辅酶参与鱼体代谢调节，同时也作为控制色素生物合成酶的辅酶参与色素细胞、色素物质的正常生理机能维持和正常的代谢作用，进而对养殖鱼类的体色产生影响。维生素主要以辅酶形式广泛参与体内代谢的多种化学反应，从而保证机体组织器官的细胞结构和功能正常，以维持动物的健康和各种生理活动。Toshiki Nakano 的研究认为，微量元素 Zn 和 Cu 与牙鲆幼体黑色素的形成关系较为密切。唐精等的研究表明，胡子鲇背部皮肤类胡萝卜色素的含量随 Cu、Fe 补充量的增加而升高，随 Zn、Mn 补充量的增加而降低；胡子鲇背部皮肤叶黄素的含量随 Cu、Fe、Mn 补充量的增加而升高，随 Zn 补充量的增加而下降；胡子鲇腹部皮肤类胡萝卜色素的含量随 Cu、Fe、Mn、Zn 补充量的增加而下降；胡子鲇腹部叶黄素的含量随 Cu 补充量的增加而显著升高。Fe、Mn、Zn 的补充量对其影响不大。

5. 色素

饲料中添加富含虾青素的法夫酵母，用来喂养金鱼可有效地加深其体色。袁万安等在饲料中添加类胡萝卜素，随着胡萝卜素添加量的上升，大口鲇的体色越来越鲜艳。黄辩非等在饲料中添加含有红色类胡萝卜素的红辣椒粉，结果表明，红辣椒粉具有增强红草金鱼色素沉积和促进生长的作用。用添加类胡萝卜素的饲料饲喂花玛丽两个月，其体色明显加深。在日本对虾饲料中添加 0.01%的虾青素，对改善对虾体色的效果最佳，而且成活率与色素浓度呈正相关。张晓斌曾报道，用添加了天然胡萝卜素的饵料喂养金鱼，可使其体色更加艳丽。关于类胡萝卜素对水产鱼类和虾类的增色体制，郭福呈认为，鱼类的红色色素主要是虾青素；李志琼等认为，类胡萝卜素中的玉米黄质在对虾着色中的作用更为重要。含有类胡萝卜素的植物，如胡萝卜、苜蓿、黄玉米、南瓜、松针粉、金盏草（万寿菊）等，还有黄色和红色水果及其他深色植物，均能使水产动物增色。

6. 饵料

蓝藻和绿藻对鱼虾具有良好的增色效果，对虾体内虾青素的增加最为有效。袁飞宇等的研究表明，螺旋藻可以改善锦鲤的体色。何培明用螺旋藻的干粉和活藻饲喂锦鲤，研究结果表明，随着螺旋藻干粉投喂量的增加，锦鲤体色更加鲜艳，其中鲜活螺旋藻对其体色的影响最大。在香鱼饲料中添加 3%~6%的螺旋藻，饲喂 10 周后，香鱼的体色改变十分明显。在饲料中添加 5%或 10%的螺旋藻粉用来饲喂黄带鲹，对照组用沙丁鱼饲喂，83 d 后，投喂螺旋藻粉的实验组鱼，其皮肤中的色素含量显著高于对照组，且外观明亮带绿，黄带鲜明，体色有明显加深。用含 3%螺旋藻的饲料饲喂斑节对虾，结果发现，对虾头胸甲中的类胡萝卜素含量显著增加。张饮江等以螺旋藻饵料喂养中华绒螯蟹的结果表明，螺旋藻能促进幼蟹的生长并加深成蟹的体色。王吉桥等的研究表明，白化牙鲆幼鱼与角叉菜和孔石莼混养能改善水质，促进牙鲆体色恢复。Estevez 和 Miki 等在饵料（轮虫和卤虫）中添加适量的 n-3 系列高度不饱和脂肪酸（HUFA），尤其是二十碳六烯酸（DHA）、二十碳五烯酸（EPA）和维生素 E，使 DHA/EPA 比值在 1.36，可有效预防大菱鲆和牙鲆的白化病。

第二节 鱼类着色剂和着色技术研究进展

鱼类的体色主要由类胡萝卜素决定（黑色素、嘌呤、光彩细胞等也参与形成），但鱼类自身不能合成类胡萝卜素，只能从食物中吸收、沉淀和转化成自身色素。虽然通过激光照射和药物浸泡也可以使鱼体色鲜艳，但其持续时间比较短，而且对鱼伤害较大。人们发现投喂添加虾青素、螺旋藻等的着色饲料，可使鱼的体色慢慢加深，且该法不会对鱼体造成伤害。用添加富含虾青素的法夫酵母饲料喂养金鱼可有效增加其体色，添加叶黄素类产品可有效改善养殖胡子鲇的体色。在国外类胡萝卜素被广泛应用在虹鳟等名贵经济鱼类的养殖，通过在饲料中添加虾青素和角黄素等类胡萝卜素，可使鱼肌肉达到野生鱼肌肉的粉红色。

一、饲料用着色剂

1. 天然着色剂

天然着色剂是指一些富含胡萝卜素、叶黄素、虾青素等类胡萝卜素的动植物和微生物，如磷虾、红水蚤、万寿菊、玉米、胡萝卜、绿藻、蓝藻、酵母等。这些天然着色剂可直接投喂或添加到饲料中，对水产动物具有良好的着色效果。

2. 人工提取或合成着色剂

人工提取或合成的着色剂是指从天然色素源提取或利用化学合成法生产的着色剂，可直接添加到鱼饲料中，使用方便，不受自然资源和条件的限制，在水产动物着色方面发挥着重要的作用。在水产中一般以类胡萝卜素作为鱼虾等的着色剂。

类胡萝卜素是自然界中分布最广泛和最重要的色素，所有能进行光合作用的植物、藻类和微生物都能合成类胡萝卜素。在我国，已批准使用的类胡萝卜素着色剂共8种：β-阿朴-胡萝卜素醛，β-阿朴-8-胡萝卜酸乙酯，β-胡萝卜素-4，4′2二酮（斑蝥黄），辣椒红，虾青素，叶黄素（万寿菊花提取物），β-胡萝卜素，叶黄素。其中虾青素、斑蝥黄和叶黄素可用于水产动物着色。

纯的类胡萝卜素是无色、无味的，熔点很高，所以常温、常压下以固体（结晶）状态存在。类胡萝卜素是有机化合物，可溶于大部分有机溶剂中，在极性弱的溶剂中溶解度比较大。类胡萝卜素分子中具有共轭双键，在遇酸、光、氧及高温时不稳定。自然条件下，类胡萝卜素一般很稳定，在有氧尤其是脱水情况下，氧化及褪色非常快。

在许多无脊椎动物中，一些组织（如外表皮、血液、卵、卵巢与下皮）所具有的生动色彩（如蓝、绿、紫、红等）是类胡萝卜素与蛋白质相互作用的结果，经常发现的类胡萝卜素是酮基类胡萝卜素。类胡萝卜素-蛋白质复合体在水相缓冲液中是可溶的，由于有水层的保护不易被氧化。其在pH值5.0~8.5范围内是比较稳定的。在有机溶剂、酸、碱存在下或70℃以上时会发生变性，并且对冰冻干燥也不稳定。如虾壳中虾青素与蛋白质结合成绿色复合物，加热后蛋白质变性并与虾青素分离，虾壳颜色变为红色。

二、类胡萝卜素着色研究进展

1. 类胡萝卜素对鱼类体色的影响

已有很多研究表明类胡萝卜素可以显著改善水产养殖动物的体色。类胡萝卜素是一种在生物界中普遍存在的呈黄色、橙红色或红色的天然色素。对鱼类来说，类胡萝卜素是黄色素细胞、红色素细胞中的主要显色物质，由于鱼类不能通过自身合成类胡萝卜素，所以食物中类胡萝卜素的含量以及来源对鱼类体色起着至关重要的作用。类胡萝卜素种类很多，目前已经有约 8 种类胡萝卜素被允许应用于水产养殖，它们包括叶黄素、万寿菊提取物（天然叶黄素）、辣椒红、虾青素、β-胡萝卜素、β-阿朴-胡萝卜素醛、β-阿朴-胡萝卜素酸乙酯、β-胡萝卜素-4，4-二酮（斑蝥黄）等。

Yi 等通过在饲料中添加不同种类和含量的类胡萝卜素，初步探讨了其对养殖大黄鱼体色的影响。这一系列研究表明，虾青素、叶黄素、角黄素等类胡萝卜素在饲料中的使用，可以对大黄鱼体色起到一定的改善作用。但是不同种类的类胡萝卜素对大黄鱼体色的改善效果不同。黄色系类胡萝卜素（如叶黄素、玉米黄质等）对大黄鱼的黄色值的改善效果更显著，而红色系类胡萝卜素（如虾青素、角黄素等）对大黄鱼红色值的改善效果更显著。Chatzifotis 研究表明，在饲料中添加红色系类胡萝卜素源（主要含虾青素酯）对提高真鲷背部皮肤的红色值有显著的作用，而黄色系类胡萝卜素源（主要含黄体素、玉米黄质）对提高黄色值效果明显。对其他鱼类，如黄颡鱼、大西洋鲑、牙鲆、小丑鱼和澳大利亚鲷等的研究都证明了类胡萝卜素对体色改善有重要作用。

2. 类胡萝卜素的消化、吸收、转运和沉积

目前大部分关于类胡萝卜素的吸收和利用的研究都是基于人体作为研究对象的。类胡萝卜素在人体内的消化吸收过程如图 6.1 所示：① 类胡萝卜素首先在肠道消化酶的作用下从食物纤维中释放出来；② 释放出的类胡萝卜素在消化道中一部分转化成视黄醇；另一部分与脂质结合成混合微团；③ 微团通过被动扩散的方式再由小肠黏膜吸收并形成富含甘油三酯的乳糜微粒；④ 乳糜微粒通过淋巴系统进入血液循环，在血液中乳糜微粒被脂蛋白酶迅速分解，含有类胡萝卜素的乳糜微粒残留物迅速被肝等部位吸收。其中，在血液循环过程中，类胡萝卜素主要与高密度脂蛋白和低密度脂蛋白结合。肝、脂肪组织等部位含有较多的低密度脂蛋白受体，所以有较多的类胡萝卜素沉积。

在人体中，类胡萝卜素的主要功能是作为维生素 A 的前体，以及作为抗氧化剂与自由基结合。而在鱼体内，类胡萝卜素还有一个很重要的功能就是参与组织和体

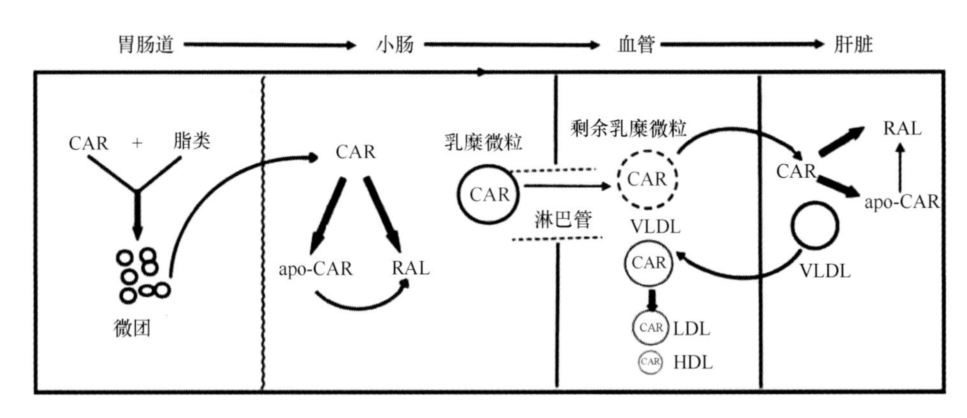

图 6.1 类胡萝卜素在人体内的消化吸收过程

CAR 代表类胡萝卜素；RAL 代表视黄醇；apo-CAR 代表含氧类胡萝卜素（即非视黄醇前体类胡萝卜素）；VLDL 代表极低密度脂蛋白；LDL 代表低密度脂蛋白，HDL 代表高密度脂蛋白。

表的着色。因此，在类胡萝卜素随血液运输的过程中还会在肌肉、皮肤等组织中大量沉积。研究者对大西洋鲑投喂含有^{14}C 标记的虾青素的饲料，检测血液、胆汁、肝、肠道及其内容物、肌肉、皮肤、粪便的放射性。结果表明，肠道内容物以及粪便中放射性^{14}C 含量高达 71.36%，胆汁 7.13%，肝、皮肤、肌肉样品中总含量为 10.68%。该研究表明，大西洋鲑在摄入虾青素后，大部分虾青素会随粪便排出，仅有小部分会在肝、肌肉以及皮肤等部位沉积下来。在对锦鲤的研究中发现，类胡萝卜素主要沉积在体表，肌肉、肝等组织器官沉积量很小。Yi 等对大黄鱼体色的相关研究表明，类胡萝卜素在腹部皮肤的沉积量远远高于背部皮肤，而在肌肉中基本没有类胡萝卜素的沉积。这些研究表明类胡萝卜素在鱼体内沉积时对靶组织具有一定选择性，对于不同种类的鱼，以及同种鱼的不同组织甚至是同种鱼同一组织的不同部位，类胡萝卜素的沉积量可能有很大差别。那么，在这些不同的组织中，类胡萝卜素的存在形式是否一样呢？是什么作用使类胡萝卜素停留在特定的部位呢？

Henmi 等认为，虾青素是通过其结构中的 β-紫罗兰酮环与纤维蛋白间的非特异性弱疏水作用结合在一起。Matthews 等通过凝胶电泳从大西洋鲑肌肉中分离出各种蛋白组分，然后通过体外虾青素绑定实验证明 α 辅肌动蛋白是唯一一种与虾青素绑定显著相关的肌纤维蛋白。我们已经知道，类胡萝卜素在鱼类皮肤中的沉积是存在于色素细胞中的，这点与肌肉中类胡萝卜素的沉积有本质上的差别。那么，在皮肤中，血液循环中的色素颗粒与色素细胞是通过什么途径相互识别并进入细胞沉积下来呢？目前鲜有这方面的研究，而这个问题也值得我们更深入的探索。

3. 鱼体自身因素对着色效果的影响

影响鱼体着色的鱼自身因素有许多，包括鱼类的种类、大小、生理状况和遗传特异性等，不同因素对其影响的程度不同。

不同鱼类吸收和沉积类胡萝卜素的能力不同，同种鱼类不同年龄、不同发育阶段时吸收、沉积和利用类胡萝卜素的能力也不同。北极嘉鱼必须长到一定的大小才能达到最适色素利用率。在性成熟过程中的鱼类，可将肌肉中的类胡萝卜素转移到皮肤和生殖腺中，所以肌肉中色素含量会偏低。

遗传特性也是影响色素吸收、沉积的重要原因，即使在同一群体中不同个体间沉积色素的能力也有差异，因而有必要在育种工作中选择那些体质健壮、生长迅速、沉积色素能力强的个体。同时，鱼体健康状况、饲养密度和强烈的刺激，也可能影响鱼类的体色，在生产中应加以注意。

4. 饲料因素对着色效果的影响

饲料的营养性和适口性会影响鱼类对食物和色素的利用，影响鱼体的着色；饲料中脂肪、维生素 A、维生素 E 的含量以及某些药物和霉菌毒素等也会对着色效果有影响。用虾青素对虹鳟做消化率实验，饲料的含油量从 4.1%至 23.0%时，虾青素的消化率随含油量的增加而升高。Barbosa 等也发现，当饲料中脂肪含量升高时，虹鳟血浆中类胡萝卜素的含量升高。维生素 A 与类胡萝卜素结构是相互关联的，当饲料中维生素 A 供应不足时，鱼类可将某些类胡萝卜素转化为维生素 A，从而使着色下降。然而当维生素 A 过量时，分子结构相似的化合物又会产生竞争性吸收，同样降低着色效果。饲料中较高水平的维生素 E 有助于增强着色效果，这主要是因为维生素 E 的强抗氧化性有助于保护饲料中的类胡萝卜素，增加食物中维生素 E 的含量，可使虹鳟的虾青素沉淀增加。植物蛋白源如豆饼（粕）、菜籽饼（粕）等含有诸多抗营养因子，可影响鱼虾对营养物质的消化利用；脂肪氧化酶也会破坏饲料中的类胡萝卜素，从而影响着色效果。

不同种类、不同来源的色素其着色效果可能不同。用合成的角黄素和虾青素（从虾壳中提取的）对真鲷做实验，发现只有虾青素（40 mg/kg）对真鲷有全面微红的着色作用。Choubert G. 和 Storebakken T. 对虹鳟做实验，发现虾青素对虹鳟的着色快于角黄素。Pervaiz Akhtar 等对虹鳟做实验，发现虾青素在肠道中的吸收率好于角黄素。当含油量在 24% 时，天然和合成的类胡萝卜素对虹鳟的血浆中类胡萝卜素含量影响差异不显著；但当含油量在 9%时，喂绿藻的虹鳟的血浆中类胡萝卜素含量显著增高。由于类胡萝卜素化学性质不稳定，易被氧化，因此饲料中一定量的抗氧化剂如维生素 E、BHT 等可保护类胡萝卜素，提高其利用率。

一般地，着色效果会随饵料中类胡萝卜素含量的上升而增强，但着色效果不会无限增强，当类胡萝卜素含量达到一定浓度后，鱼体中的色素含量将不会再增加。这是因为类胡萝卜素在肠道中的吸收处于动态平衡之中，类胡萝卜素进入血液后与高密度脂蛋白内的 AP-1（可看做类胡萝卜素载体）结合，可被饱和。在相同水温、光照和投喂量的条件下，随着螺旋藻干粉投喂量的增加，锦鲤体色越鲜艳，体重、体长也相应增加。分别用类胡萝卜素含量为 100 mg/kg、200 mg/kg、300 mg/kg、400 mg/kg 和 500 mg/kg 的饲料喂花玛丽鱼，实验两个月后，发现 400 mg/kg 含量时对观赏鱼体色影响最显著，鱼体着色并不随类胡萝卜素含量的增加而无限升高。

鱼类对着色剂的吸收和沉淀需要时间的积累，短时间内往往很难达到理想的效果，虽然增加着色剂的添加浓度可缩短色素达到饱和时所需的时间，但着色剂的利用率往往降低。实验发现虾青素（40 mg/kg）对真鲷有全面微红的着色作用，并发现 75 d 和 105 d 时无显著差异，105 d 时色素含量有所下降。向初始平均体重为 135 g的虹鳟投喂虾青素和角黄素含量分别为 0 mg/kg、12.5 mg/kg、25.0 mg/kg、50.0 mg/kg、100.0 mg/kg 和 200.0 mg/kg 的饲料 6 周，肌肉中色素的含量随添加的色素浓度的升高而升高，但是随添加浓度的升高保持系数会降低。当对虹鳟投喂角黄素含量分别为 15 mg/kg、30 mg/kg、60 mg/kg、120 mg/kg 和 240 mg/kg 的饲料时，随角黄素含量的升高其表观消化率降低。

5. 环境因子对着色效果的影响

外界环境主要包括水温、盐度、光照等，它们时时刻刻都在影响着鱼类，影响着它们的生存、健康和体色。鱼体对色素的利用，也可能因为环境条件的改变而发生变化。

水温是影响鱼类摄食、生长和代谢的重要因素，也影响类胡萝卜素的利用。对金鱼投喂虾青素、小球藻的实验表明，水温 26～30℃ 时的着色效果优于 22℃ 或 24℃。No 和 Storebakken 等发现水温对虹鳟总虾青素的保留无显著影响，但皮肤中类胡萝卜素的积累在 5℃ 时高于 15℃。

栖息环境的背景色对鱼体着色也产生影响。研究表明，用含玉米黄质 75 mg/kg 的饵料在绿、蓝、红、白、黄 5 种不同的背景中分别饲养金鱼 60 d 后，用分光光度法测定鱼皮中沉积的总类胡萝卜素分别为（34.41±0.56）mg/kg，（32.90±0.42）mg/kg，（28.60±0.74）mg/kg，（28.58±0.52）mg/kg 和（26.96±0.70）mg/kg。绿、蓝池较其他池着色效果好（$P<0.05$），并且绿池中的鱼比其他池的鱼生长快（$P<0.05$）。

类胡萝卜素的累积与鱼类生活水体盐度间的关系比较复杂，其随色素来源种类、个体的组织器官、养殖周期的不同而有所差异。对不同盐度中生活的虹鳟（0 和 30）分别以 50 mg/kg 虾青素和 100 mg/kg 角黄素做对比实验 6 周，发现投喂虾青素的组，在淡水中生活的虹鳟其肌肉中类胡萝卜素的含量高于咸水中的，而喂角黄素的组，在肝中的类胡萝卜素含量则与之相反；12 周后，两种水体中投喂两种饲料的虹鳟其肌肉中类胡萝卜素的含量无显著差异，对于投喂虾青素的组，咸水中的虹鳟其皮肤和内脏中类胡萝卜素的含量高于淡水中的。

三、南极磷虾在鱼类饲料中的应用

南极磷虾通常是指南极大磷虾，它隶属于节肢动物门甲壳纲磷虾目磷虾科磷虾属，形体较小，体长一般为 4~6 cm，生物储藏量巨大。南极磷虾本身还蕴含着丰富的蛋白质、矿质元素及多种不饱和脂肪酸如 EPA、DHA 等，对人体有良好的医疗及保健功能。此外，南极磷虾还含有多种活性成分，如酶类、甲壳素和虾青素等，这些物质有利于南极磷虾高附加值产品的开发，极大地提高了对南极磷虾资源的综合利用率。目前，南极磷虾的主要产品形式有南极磷虾粉和南极磷虾油，此外还有虾干、虾酱和罐头等初级产品，而具有高附加值的成熟产品较少，可见加快对南极磷虾成熟产品的开发对南极磷虾产业发展具有重要意义。

1. 南极磷虾营养成分

南极磷虾的生长容易受时间和地域的影响，不同季节南极磷虾体内脂肪和蛋白含量往往不同，且两者呈显著负相关关系。孙雷等对南极磷虾的营养成分和品质进行分析表明，与中国明对虾相比，南极磷虾肌肉鲜样中粗蛋白含量略低，但必需氨基酸含量高，占氨基酸总量的 45% 左右，符合 FAO/WHO/UNU 联合专家委员会的推荐氨基酸摄入量，与 Chen 等的研究结果一致。Kim 等对 3—8 月期间捕捞的南极磷虾的营养成分进行了分析，表明南极磷虾体内总氨基酸在 3 月含量最高、6 月含量最低，其中牛磺酸和甘氨酸在 8 月含量最高，而精氨酸、鸟氨酸和赖氨酸则在 3 月最高，这为科学安排南极磷虾的捕捞季节提供了依据。

南极磷虾体内总不饱和脂肪酸占脂类总量的 34% 左右，且多为多不饱和脂肪酸，其中 EPA 和 DHA 含量分别为 19% 和 10%，高于一般鱼虾类。EPA 和 DHA 作为人体不能合成的必需不饱和脂肪酸，在预防心血管疾病上具有一定作用，南极磷虾丰富的理想脂肪酸特征和显著水平的 EPA 和 DHA 说明其可作为高营养价值的脂质，用于补充人类饮食中的必需脂肪酸。Maki 等对肥胖人群的研究表明，富含多种不饱和脂肪酸的南极磷虾油能增加肥胖人群血液中 EPA 和 DHA 的浓度，且耐受性良好，没有显示对安全参数的不利影响。

南极磷虾肌肉中含有丰富的矿质元素，特别是 Se、P、Mg、Zn 等，每 100 克磷虾肌肉干样中 Se 含量可达 340 μg，远高于中国明对虾和刀额新对虾，而 Se 在预防与氧化应激和炎症相关的慢性疾病中具有一定功效，因此南极磷虾可作为 Se 的良好食物来源。

2. 南极磷虾活性成分

南极磷虾体内具有高效的酶系统，目前已发现的蛋白酶有 8 种，包括 3 种丝氨酸类胰蛋白酶、1 种丝氨酸类胰凝乳蛋白酶、两种羧肽酶 A 和两种羧肽酶 B。Turkiewicz 等、Cieslińsk 等还发现南极磷虾体内含有糖酶，如葡聚糖水解酶、木聚糖酶和酯酶等。研究表明，利用南极磷虾酶制剂可以清除坏死组织和加速伤口愈合等，且其效果也高于木瓜蛋白酶、纤溶素/核酸酶等其他常用的生物制品。

甲壳素具有多种医药功能，如强化免疫功能、抑制癌细胞、降低胆固醇、降血压及降血糖等。南极磷虾壳中含有大量的甲壳素，且由于其个体小、虾壳薄，壳体内的甲壳素易获得。陈雪娇等以 H_2O_2为脱色剂，对南极磷虾的甲壳素进行脱色工艺研究，并获得了高白度甲壳素，提高了南极磷虾的商业开发价值。

虾青素是一种类胡萝卜素，具有超强的抗氧化活性，其自由基清除能力是维生素 E 的近百倍、β-胡萝卜素和玉米黄质等其他类胡萝卜素的 10 倍以上。此外，虾青素还具有抗癌、增强免疫、促进生长繁殖等作用以及显著的着色能力，在食品、医药、化妆品和饲料等行业具有重要作用。

南极磷虾作为虾青素的一种重要的天然来源，含有游离与酯化两种类型的虾青素。研究表明，虾青素在光照、高温、高浓度酸碱条件下极不稳定，Na^+、K^+、Mg^{2+}、Ca^{2+}、Zn^{2+}和 Al^{3+}对虾青素基本没有影响，而 Cu^{2+}、Fe^{2+}和 Fe^{3+}有明显的破坏作用，其中 Fe^{3+}对虾青素的影响最大。用南极磷虾提取虾青素的常见方法是有机溶剂提取法，有研究发现使用酶解法也能得到较高的提取率。超临界萃取技术作为一种高新技术也被逐渐用于活性成分的提取中，目前多采用超临界流体萃取与有机溶剂提取相结合的方式提取虾壳中的总类胡萝卜素。

3. 南极磷虾粉对水产动物生长性能的影响

在富含植物蛋白源的饲料中加入一定量的南极磷虾粉，可以对水产动物的生长和饲料利用起到一定的促进作用。可能的原因之一，由于南极磷虾粉是水产动物的良好诱食剂，可以有效提高水产动物的摄食量。可能原因之二，由于南极磷虾粉平衡的氨基酸比例，使其成为可以与鱼粉相媲美的优质蛋白源。南极磷虾粉中呈味氨基酸的总量占氨基酸总量的 37%，此外还含有 0. 61%~1. 56%的牛磺酸，对鱼类的诱食效果在大菱鲆、珍珠龙胆石斑、尼罗罗非鱼、黑鲈、大西洋鲑和海鲷中得到了证实。南极磷虾粉对鱼类的诱食刺激，可能是由于磷虾粉中的风味化合物溶解到水中后或者是直接作用到鱼类口腔前庭的味蕾上，刺激鱼类的味觉和嗅觉兴奋，进而引起鱼体的觅食行为。呈味氨基酸更多的存在于南极磷虾的外骨骼，而不是肌肉中。李姝婧等分别对南极磷虾的肌肉和下脚料（头、壳、尾）进行了氨基酸组成分析，肌肉中呈味氨基酸占总氨基酸的 37. 84%（占虾总重量的 1. 86%），而在下脚料中呈味氨基酸占总氨基酸的 45. 15%（占虾总重量的 2. 44%）。此外，在应用电生理研究饲料组分对海鲷味觉和嗅觉反应的实验中发现，海鲷对无肌肉磷虾粉的反应最强烈，是白鱼粉的 1.5 倍，而全虾磷虾粉是白鱼粉的 1.2 倍。对这 3 种原料进行氨基酸分析发现，在无肌肉磷虾粉中含有高含量的肌氨酸、脯氨酸、谷氨酸、精氨酸、谷氨酰胺，这几种氨基酸中主要起作用的是脯氨酸、谷氨酸和谷氨酰胺。

然而，这种促生长作用也因养殖鱼类的种类不同而存在差异，南极磷虾粉在不同种类水产动物实验中可以替代饲料鱼粉的比例。南极磷虾粉可以完全替代鱼粉作为大西洋鳕（*Gadus morhua*）的饲料蛋白源，并且对大西洋鳕的生长、血液生化指标都不产生显著影响。同样，南极磷虾粉也可以替代以植物蛋白为主要蛋白源的凡纳滨对虾饲料中的全部鱼粉，而不会对其生长和健康产生不良影响。然而对体长为 2 cm 的半滑舌鳎（*Cynoglossus semilaevis*）稚鱼的研究发现，南极磷虾粉 25%替代饲料组的特定生长率要高于全鱼粉组和 50%的替代组，当替代量超过 50%时，稚鱼的存活率显著降低，同时 28 d 时稚鱼体内各种消化酶活性以及肠道黏膜厚度降低。南极磷虾粉在星斑川鲽（*Platichthys stellatus*）幼鱼的饲料中鱼粉替代率仅为 15%，珍珠龙胆石斑鱼的推荐替代鱼粉比例为 30%。俄罗斯鲟获得最佳生长效果时的鱼粉替代比例为 10%，美洲龙虾（*Homarus americanus*）的最低鱼粉替代比例为 12.5%。在大菱鲆的替代实验中，用南极磷虾粉替代 20%、40%和 60%的鱼粉，均未对大菱鲆的成活率、特定生长率，体组成产生显著性差异，但与对照组相比，添加南极磷虾粉的大菱鲆的干物质和蛋白质的表观消化率显著提高。

同时，对于同一种类的鱼，不同研究者的实验条件和方法不同，结论也存在差异。由于实验对象的大小、实验评估方法不同、养殖周期长短等差异，导致对南极虾粉替代饲料鱼粉的比例也存在差异。① 实验鱼的大小。Rungruangsak-Torrissen 通过对比大西洋鲑的幽门盲囊粗酶提取物的体外消化率，发现用大西洋磷虾粉替代鱼粉（替代比例为 0、25%、50%）养殖 100 g 大西洋鲑的各实验组的体外消化率值均高于南极磷虾粉替代鱼粉（0、20%、40%、60%、80%和 100%）养殖的 1 kg 大西洋鲑的值，说明较大的鱼比较小的鱼更敏感于饲料质量的变化。② 养殖周期长短。Olsen 等用南极磷虾粉替代鱼粉对大西洋鲑进行 140 d 的养殖实验，前 71 d 里当南极磷虾粉替代鱼粉的替代量为 20%~60%时，大西洋鲑的末体重和特定生长率得到显著改善，然而后 69 d 的养殖中未观察到生长上的显著差异。另一组用脱壳南极磷虾粉与豌豆蛋白（3.5∶1）混合物替代鱼粉在养殖大西洋鲑的实验中，养殖周期是 100 d，在前 56 d 时饲料中脱壳南极磷虾粉与豌豆蛋白（3.6∶1）混合物替代的各组与鱼粉对照组相比，大西洋鲑 *SGR* 显著提高，而 100 d 的全程 SGR 与全鱼粉相比仅有上升的趋势，但没有统计学上的差异。同样，Suontama 等用南极磷虾粉替代 40%的鱼粉蛋白，对大西洋鲑进行 160 d 的养殖实验，前 100 d 南极磷虾粉的加入与全鱼粉对照组相比显著提高了大西洋鲑的体重、体长及特定生长率，但在 100~160 d 的实验过程中，南极磷虾粉组与全鱼粉对照组之间在生长表现上没有显著性差异，最终表现为全程的生长状况未受到南极磷虾粉替代的显著影响。分析其原因，可能是南极磷虾粉良好地诱食作用，促进了大西洋鲑养殖前期的摄食，而在养殖后期这种诱食的效果表现不明显。③ 实验评估方法。在对初始平均体重为 500 g 的大西洋鲑进行 140 d 的替代实验中，发现南极磷虾粉可以完全取代鱼粉作为饲料组分，对大西洋鲑的生长、饲料利用、鱼体健康未产生不良影响。另一组对大西洋鲑进行 168 d 的替代实验中，研究者以体外消化率（实验鱼幽门盲囊的粗酶提取液中胰蛋白酶活性 T、胰凝乳蛋白酶活性 C 和 T/C 值）作为评价指标，发现随着南极磷虾粉替代鱼粉比例增加，大西洋鲑的体外消化率逐渐降低，通过与商业饲料和全鱼粉两个对照组作对照，得出大西洋鲑饲料中南极磷虾粉替代鱼粉的比例为 50%～60%，当替代比例达到 80%和 100%时，鲑鱼的体外消化率值显著降低，并且鱼的体重和 *FCE* 均显著降低，说明南极磷虾粉替代 80%～100%的鱼粉并不适合应用于大西洋鲑饲料中。体外消化率与鱼类生长能力之间的相关性在虹鳟上已经得到证实，但在大西洋鲑的实验中，体外消化率与 *SGR* 没有相关性，但却与饲料转化率表现出负相关性。因此作者认为体外消化率仅能够说明大西洋鲑的消化效率，但不能作为预测鱼生长状态的评价指标。

4. 南极磷虾粉对水产养殖动物品质的影响

南极磷虾产品中富含虾青素，被用于增加大麻哈鱼、虹鳟、黄条鰤、虾和其他养殖种类的鲜艳体色。在黄鰤鱼饲料中加入从南极磷虾粉中提取的磷虾油可以提高背部、腹部和全部皮肤的类胡萝卜素含量，未添加磷虾油组黄鰤的体色变黑，侧线附近特有黄线消失，失去野生鱼的蓝绿色光泽，然而加入 2%的磷虾油就可以很好地改善这一现象。南极磷虾产品（南极磷虾粉、磷虾肉糜、磷虾膏）对鲟鱼卵的主要营养成分影响较小，但鱼卵的卵径、单颗卵重、硬度、色泽和感官评价值都有明显改善。不同比例的南极磷虾粉替代鱼粉进行大西洋鳕的养殖实验，9 周的实验结束时发现，添加磷虾粉的鱼皮肤侧线上方和下方比对照组红色强一些，而且有更多的黄色；与全鱼粉组和野生大西洋鳕相比，随着磷虾粉的增加实验鱼的肌肉颜色更白、黄色更强。淡水养殖的银鲑作为实验对象，发现 80 g 体重的小鱼饲喂添加磷虾油以后鱼肉着色很少，然而当鱼的初始体重为 180 g，饲料中虾青素含量为 7.2 mg/100 g 时，饲喂 4 周后，鱼肉着色非常明显，用这种饲料饲喂到 8 周后再以无类胡萝卜素添加的饲料投喂 24 周，仍可保留大部分类胡萝卜素沉积在鱼肉中。此外，Ibrahim 等发现未加工的南极磷虾比南极磷虾粉对真鲷体色的改善效果更明显，未加工的南极磷虾可以显著提高真鲷的类胡萝卜素的沉积率，并明显改善真鲷体色，而南极磷虾粉通过加入南极磷虾粉丙酮提取物，调节其类胡萝卜素含量为 0.82～4.92 mg/100 g（干重），各组间真鲷的皮肤中的类胡萝卜素含量存在差异，但与南极磷虾组相比着色模糊。

磷虾粉替代饲料鱼粉后，提高了大西洋鲑白肌中的蛋白质浓度，进而提高了生鱼片质量，并且南极磷虾粉的改善效果优于北方磷虾粉。南极磷虾粉可以通过改变养殖鱼类肌肉的氨基酸组成，尤其是呈味氨基酸的含量改善鱼肉品质。磷虾粉替代星斑川鲽饲料中的鱼粉能显著提高全鱼丙氨酸含量，酶解南极磷虾粉替代珍珠龙胆石斑鱼饲料中的鱼粉，降低了珍珠龙胆石斑鱼幼鱼全鱼酪氨酸和脯氨酸含量，提高了胱氨酸含量，而必需氨基酸和非必需氨基酸总含量不受影响。南极磷虾粉可以促进水产动物肝脂肪分解代谢，减少脂肪合成，并减少肝糖原的分解供能，调节水产动物肌肉中脂肪的种类和含量，从而影响水产品的品质。鱼类肌肉中的脂肪尤其是多不饱和脂肪酸能显著增加鱼肉加热时产生的香味，提高鱼肉的口感和风味。据报道，随着饲料中酶解南极磷虾粉替代鱼粉比例升高，珍珠龙胆石斑鱼幼鱼肌肉脂肪含量逐渐降低；淡水养殖的虹鳟饲料中南极磷虾粉替代鱼粉比例为15%和30%时，虹鳟肌肉中的脂肪含量显著低于全鱼粉组和7%替代组；点带石斑鱼肌肉中的多不饱和脂肪酸与饱和脂肪酸的比值（P/S值）随着南极磷虾粉的添加比例增加而升高；用60%的南极磷虾粉替代饲料中的豆粕和鱼粉，虹鳟体内EPA、DHA、二十二碳五烯酸和n-3PUFA总量显著升高。

第三节　豹纹鳃棘鲈营养与体色研究现状

豹纹鳃棘鲈营养丰富，肉味鲜美，同时艳丽的体色又赋予其很好的观赏价值，故经济价值极高，具有广阔的市场前景。水泥池工厂化养殖和海水近岸网箱养殖的豹纹鳃棘鲈受养殖环境影响跟自然海域中的野生个体体色差别较大，而豹纹鳃棘鲈的体色对其市场价格影响很大，亮泽肤色可在很大程度上提高其经济价值。

一、豹纹鳃棘鲈的营养研究概况

豹纹鳃棘鲈是一种肉食性海水鱼，Goeden发现豹纹鳃棘鲈在野生环境中白天一直进食，而晚上不活跃，96%的猎物是鱼类，幼鱼还吃些底栖甲壳类，而成鱼只吃鱼，主要是银汉鱼科和鹦哥鱼科；鱼苗（29日龄前）主要以轮虫、桡足类幼体等为食。目前针对人工养殖豹纹鳃棘鲈的配合饲料的研究为空白。人工繁育的豹纹鳃棘鲈仔鱼靠进食卤虫生存，幼鱼及成鱼的营养很大程度上依赖生鲜杂鱼，或非专一的海水鱼饲料。尤宏争等进行的幼鱼养殖实验采用饲料为日清牌海水鱼饲料，其营养成分为：粗蛋白质48%、粗脂肪12%、粗纤维2%、粗灰分16%、钙2.3%、磷1.7%；张欣还建议饲料中添加虾肉、螺旋藻、虾红素等补充营养。总之，豹纹鳃棘鲈营养丰富，肉味鲜美，同时艳丽的肤色又赋予其很好的观赏价值，故经济价值极高，具有广阔的市场前景。但豹纹鳃棘鲈的营养饲料研究为空白，目前也未见配合饲料中蛋白质、脂肪等营养素与蛋白营养源间互作对养殖鱼类影响效应的研究报道。因而，营养饲料研究滞后，已成为豹纹鳃棘鲈产业发展的主要问题或障碍之一。

二、石斑鱼蛋白质和脂肪营养需求的研究进展

目前关于人工养殖豹纹鳃棘鲈的营养和配合饲料研究为空白，但是同为石斑鱼亚科的赤点石斑鱼、点带石斑鱼、斜带石斑鱼等则研究已久，尤其是同样具有鲜亮鱼体的赤点石斑鱼，具有实际参考价值，本节对石斑鱼蛋白质、脂肪等营养需求研究进行综述。

1. 蛋白质营养需求研究进展

蛋白质水平对渔业养殖具有重要影响，相关研究十分丰富，从国内外石斑鱼对蛋白质需求的研究结果来看，石斑鱼对蛋白质需求量较高，日粮含量范围在45%～55%，在适宜的饲料蛋白质含量下，鱼体生长、免疫、消化吸收等生理状况也较佳。其中，陈学豪等研究得到饲料蛋白水平在48.4%～49.2%时赤点石斑鱼的肉质营养更加丰富，粗蛋白质为91.0%～91.8%时，接近野生环境下成长的鱼，而粗脂肪含量为5.0%～5.3%时高于野生鱼；林建斌等发现，饲料蛋白质水平分别为41%、47%和53%时，点带石斑鱼幼鱼胃肠道蛋白酶活性逐步增强，而综合来看，饲料蛋白质为47%、能量蛋白质在31.6～35.5 kJ/kg时，其胃肠道的蛋白酶、淀粉酶和脂肪酶等消化酶活性较强。

蛋白质需求实际是对氨基酸的需求，尤其是必需氨基酸，包括赖氨酸等10种氨基酸。恰当地调节日粮氨基酸比例可以提高蛋白质的利用效率。Luo等进行一系列斜带石斑鱼幼鱼研究，结果表明，为获得最大增重率，当限定日粮蛋白质水平为48%，胱氨酸为0.26%时，3种最适必需氨基酸：蛋氨酸为1.31%，精氨酸为2.7%，赖氨酸为2.83%；并发现白鱼粉提供的氨基酸比例较为理想。

不同鱼种、不同生长阶段以及不同养殖条件的需求又有所不同，当然各个研究实验因其特定的养殖环境，各数据之间不宜直接比较，但是对石斑鱼的养殖具有重要参考价值。

2. 脂肪营养需求研究进展

脂肪是另一大营养物质，在石斑鱼日粮中发挥着重要作用。从国内外关于石斑鱼对脂肪的需求研究结果来看，除了老鼠斑和褐石斑鱼的脂肪需求水平在15%外，其他几种都在10%左右。李松林等报道，随饲料脂肪水平的升高，斜带石斑鱼幼鱼增重、成活率以及脂肪酶活性先升后降，而蛋白酶活性相反；王际英等发现适当提

高饲料脂肪含量，有助于青石斑鱼在低温环境 16.1～21.3℃下的生存，其增重率、肝脂率和肌脂率都显著提高。日粮脂肪中的必须不饱和脂肪酸是鱼类生长所必需的，尤其是 n-3 系列不饱和脂肪酸，如二十二碳六烯酸（DHA）、二十碳五烯酸（EPA）和亚麻酸。日粮脂肪组成也影响着鱼体自身脂肪组成，从而影响养殖鱼类产品的肌肉品质。

关于不饱和脂肪日粮对石斑鱼影响的研究颇丰。Wu 等在研究点带石斑鱼最佳 DHA：EPA 比例的饲料时，设计 3：1、2：1、1：1、0.7：1 和 0.3：1 五组营养实验，发现鱼体生长速度随其比值增加而增加。Suwirya 等研究发现，日粮添加 1.0% 的 n-3 *HUFA*，老鼠斑增重率最大；而褐点石斑鱼在 n-3 *HUFA* 添加量为 2.5%时，增重最多，且其增重与添加量在一定范围内呈正相关。

3. 蛋白营养源对石斑鱼类影响研究进展

关于蛋白质营养的研究不仅仅限于日粮营养素水平，而且对蛋白质营养源即蛋白质原料的研究也颇为丰富。显然，鱼粉作为水产饲料原料具有其独特优势，但在海产养殖业迅速发展的今天，依赖捕捞渔业提供鱼粉得不到保障，鱼粉替代成为蛋白源研究的重点方向。但本实验研究目的并不在于替代饲料鱼粉，而旨在探讨含有色素的不同植物性、动物性蛋白质原料与饲粮蛋白质、脂肪水平组合效应对养殖豹纹鳃棘鲈的影响，特别是探明与其肤色艳丽程度相关密切的不同色素之效应，以得到健康生长且肤色鲜亮的产品，涉及鱼粉、血粉和玉米、棉籽蛋白粉的配比和组合。这方面的研究报道目前十分鲜见，而对于豹纹鳃棘鲈属于空白。

关于蛋白质原料对淡水鱼肤色的影响，唐精和朱磊分别进行了研究。前者发现全植物蛋白饲料与添加了鱼粉和肉粉的饲料相比，胡子鲇摄食和生长未出现差异，但是皮肤着色异常，胡萝卜素和叶黄素过高而影响正常色素细胞代谢，酪氨酸酶活性低，出现“沙皮”现象；后者研究得出随着饲料玉米蛋白粉的增加，黄颡鱼皮肤胡萝卜素和叶黄素含量增加，对维持鱼体健康肤色效果良好。另外，朱磊测定实验对照组（不含玉米蛋白粉，蛋白质原料为豆粕、血粉、鱼粉等表观显色的原料）饲料配方中的营养成分，发现其中也含有少量叶黄素，且总类胡萝卜素含量较高。

对其他动植物性蛋白粉与鱼粉饲料相比较的石斑鱼养殖实验，取得丰富成果：鸡肉粉、羽毛粉和血粉混合可降低点带石斑鱼日粮鱼粉至 20%，其摄食、生长、食物利用效率以及氮磷排泄都没有受到显著影响；优质禽类副产物可代替老鼠斑日粮鱼粉 50%以上，其生长性能、存活率、饲料系数以及鱼体蛋白质和脂肪含量等都没有显著影响；而从植物性蛋白源与鱼粉的比较来看，发酵豆粕替换 10%的鱼粉并不影响斜带石斑鱼的生长与肌肉品质。

三、环境光照影响养殖鱼类的研究进展

1. 鱼类对光的感应机制

光照条件对养殖鱼的生理调节有重要作用，近年来关于光照对养殖鱼类影响的研究也日益增加。光在水产养殖环境中的影响依赖于水质的浑浊度以及水深度，为了探究光对鱼生理和生长的影响，内耳淋巴和耳石可能是很有价值的着手点，鱼体对光吸收能力、其节律运动和对生长的刺激之间的关系将是未来研究非常有意义且有趣的方向。鱼对光很敏感，其眼睛是主要的光接受器官，但是在许多其他脊椎生物中，松果腺也是非常重要的光感应器。蝶形目仔鱼有单锥视网膜，且没有视网膜运动反应，其视觉域随年龄增长而变小，但敏感度增加。鲱鱼有孪生双锥视网膜，并排同向排列。美洲鳀有裂锥视网膜，锥体晶片平行于锥长，两者表现出不一样的光偏振敏性。这些生理生物学数据对了解光对鱼的影响非常重要，而对光质影响鱼类生长的信息较少，目前室内养殖都经验性地采用日光灯管，其光质也最接近自然光照。

2. 光照因子对养殖鱼类的影响

光照作为外在和生态因子，包括光色、光强和光周期。光色对鱼类的影响研究集中在仔鱼上。Stefansson 和 Hansen 研究了光色在淡水养殖大西洋鲑生长中可能起的作用，却发现没有产生影响。Villamizar 研究了光色与光周期（持续光照，持续黑暗，红、蓝和白光灯的昼夜循环）对欧洲鲈仔鱼摄食与活动行为的影响，结果显示蓝光组的趋光反应使得仔鱼在养殖水箱均匀分布，而白光和持续光照组，水箱的仔鱼密度达到最大。蓝光及白光组仔鱼游泳时间更长，摄食时间短；而红光组及黑暗组游泳时间短，摄食时间长，且仔鱼和卤虫都有明显的聚集趋势。白光组的仔鱼及卤虫趋光反应最强。Volpato 等研究表明，蓝光比白光更能促进尼罗罗非鱼的繁殖。

作为生物多样性如此之大的鱼类，对光强也存在不同的光反应。一般来说，仔鱼鱼类正常的生长和发育存在最低光强阈值，比如大西洋鲑在 200~600 lx，比目鱼（flounder）则为 1~10 lx，并且光照不足会引起严重的发育畸形。也有一些鱼类（深海、底栖和生长水环境十分浑浊者）可以在光强低于 1 lx，或无光照的环境下采食、生长及发育。提高鱼体生长速度则有必要提高光照强度，大多数鱼类需要光去采食，并且最利于生长的光照与存活率最高的光照并不一致。成鱼中，在有效范围之内的光照强度变化对鱼体生长影响不大。

Yoseda 等研究了 0 lx、500 lx、1 000 lx、3 000 lx 4 种光照强度下，豹纹鳃棘鲈仔鱼的摄食量随着光强增加而增加，其体长也在 3 000 lx 光照下显著高于其他组，而 0 lx 光照组仔鱼生长缓慢，但对仔鱼存活率没有显著差异。Stefansson 等以降海变

态前阶段的幼鲑为研究对象，发现光照强度 27～715 lx 时对其生长及变态过程没有显著影响。海水仔鱼可以通过视觉或化学刺激来引起进食。相比外部光源，蝶形目仔鱼更偏爱于潜在水中的光照，存活率明显提高。Strand 等报道，在 200 lx 的低光照强度下，浅色养殖桶有利于欧洲鲈提高摄食量、增长率等。绿背菱鲽仔鱼在绝对黑暗环境下，致死率 100%。另一方面，太强的光照对鱼体产生胁迫甚至致死，刚孵化的欧洲鲈仔鱼在强光下存活率较低。Lund 等实验表明，光照是鱼体肤色的重要影响因子，在 4 000 lx 的高强度光照及透明养殖桶中，欧洲鳎幼鱼的褪色比例显著增加。Lin 等发现海马的肤色变化率随着光照强度的增加而增加，在光照强度处于 434 lx 时，长吻鮠肤色明显变深。

许多生物的正常生长、发育和繁殖需要日光照和年光照周期。Boeuf 研究发现昼长对鱼来说是关键的“给时者”。许多研究证明了长时间的白昼对鱼的生长产生正面效应，且少数鱼类比如大西洋鲑对昼长尤为敏感；如今，这些研究结果已应用到鲑鱼养殖中，光周期的调控易于操作且成本较小，长光照或持续光照可缓和高纬度国家的寒冬影响，这种方法并不适应于所有鱼种，一些鱼类没有效果或需要非常长的时间才表现出生长优势；光周期对鱼类发育的影响不仅因种而异，不同发育时期也有所不同。Yadav 和 Ooi 研究发现在持续光照或黑暗条件下，体重小于 15 g 的金鱼性腺发育差异不显著，而大于 16 g 时持续光照有利于金鱼性腺发育，黑暗组的发育受到抑制。另外，长时间光照还可诱导金鱼性腺成熟、有助于雌鱼排卵等。而关于光周期对鱼类生长代谢影响的研究更是丰富：Biswas 等研究发现，相比日光照为 6 h 和 12 h 组，持续光照显著提高真鲷幼鱼摄食量，其体重增重率也最大，而且实验结束测定的血液生化指标如红细胞数、皮质醇和血糖都没有显著差异，没有应激反应差异，说明持续光照有利于真鲷幼鱼生长。光周期的调控应用到鳕鱼养殖中，仅在海水网箱养殖模式下有效，而相比持续光照组，自然环境光照组的所有大西洋鳕雌鱼在 2 龄时全部开始性发育，有透明的卵母细胞。

第七章　豹纹鳃棘鲈养殖过程中常见的病害及防治

第一节　刺激隐核虫

一、病原

病原为刺激隐核虫，俗称海水小瓜虫。虫体呈乳黄色，球形、卵形或梨形，前端稍尖，个体大小一般在（34~66）μm×（360~500）μm，体内有由 4~8 个卵圆形团块连接成 U 字形排列的念珠状大核，全身披纤毛，作缓慢旋转运动。

生活史分为营养体和胞囊两个时期（图 7.1）。营养体时期也就是寄生在鱼体上的时期。刺激隐核虫的生活史是直接发育型，即不需要中间宿主，一个生活周期要经历 4 个虫体阶段。寄生在宿主上并不断生长的虫体称为滋养体，发育成熟后就成为胞囊前体，然后脱离宿主，黏附到水底或池壁上，形成胞囊。胞囊进行无性繁殖，分裂形成许多小仔体即幼体，最后幼体破囊逸出，形成幼虫。幼虫可在水中自由活动，不进食，具有感染宿主的能力，为感染期虫体。海水小瓜虫的生活史在 24.0~27.8℃平均需要 7~10 d。

二、病状

刺激隐核虫主要侵害鱼的皮肤、鳃和眼部，造成器官的损伤和功能障碍。被感染的豹纹鳃棘鲈食欲缺乏、黏液增多、皮肤褪色、呼吸急迫，活力明显下降；常因疼痛或瘙痒而引起病鱼在池壁上不停的摩擦，或趴在池底下集堆，有的喜欢停留在进水口或出水口并张开嘴巴、鳃盖，当寄生于眼睛时，鱼将会失明。严重时，病鱼会出现窒息、眼角膜浑浊、烂鳍、烂尾等症状，由于黏液过多而使鳃变得苍白。

三、诊断

豹纹鳃棘鲈刺激隐核虫病一般通过病鱼活动状况、体表及鳃丝肉眼观察和镜检相结合的方法即可确诊。

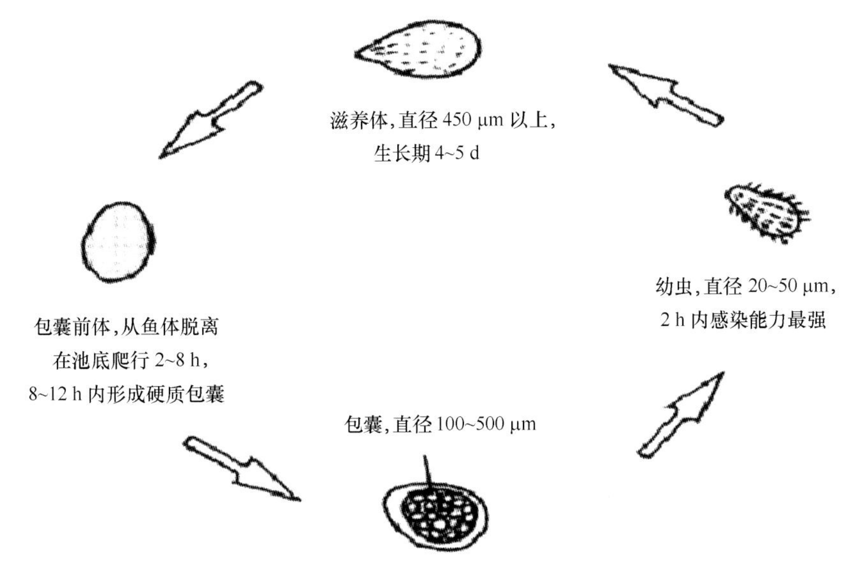

图 7.1　刺激隐核虫的生活史

1. 豹纹鳃棘鲈感染刺激隐核虫后活动状态

水泥池养殖的东星斑在少量感染刺激隐核虫时，经常可见感染个体活力下降、食欲缺乏，往往爬在池底或在水体中缓慢游动，游动过程中常见用鳃盖、身体与池壁进行摩擦，严重者三五成群聚在水体表层或聚在进水口处，缺氧症状明显。

2. 豹纹鳃棘鲈寄生刺激隐核虫后的外观

该病发病初期，幼虫钻入豹纹鳃棘鲈鳃丝或体表上皮，在紧邻生发层处定居下来。侵入速度快，侵入过程造成的损伤很快便愈合，1 日龄的虫体侵入后不会给鱼体留下任何穿透性损伤的痕迹。此阶段肉眼看不出鳃丝和体表变化，经验丰富者可观察到鱼体黏液增多，这点在生产中很容易被忽略。随着滋养体的不断长大，病鱼鳃丝、体表逐渐出现肉眼可见的“白点”，这是虫体在鱼体鳃丝及表皮上钻孔，使鱼体受刺激通过自身分泌作用产生大量黏液将虫体包裹形成白色小囊泡。中期，鱼体体表、鳃、鳍等感染部位就会出现许多 0.5~1.0 mm 大小不等的小白点、黏液增多、感染处表皮点状充血，鳃组织因贫血而呈粉红色（图 7.2）。

通常宿主体被中的一个位点仅生长一个虫体，但严重感染时，可见 2~4 个虫体占据 1 个“腔穴”，可见几个白色包囊连在一起。甚至可见到在鳍条间聚集数十个白色虫体。通常，虫体的破坏还可导致细菌等其他致病因素的继发性感染。到了后期，病鱼身体机能下降，衰弱而死。

3. 显微镜视野中的刺激隐核虫

显微镜视野中，一般钻在鳃丝内部正在转动的虫体就是滋养体，即成虫，呈现

图 7.2　豹纹鳃棘鲈寄生刺激隐核虫病后体表和鳃部外观

圆形或椭圆形或梨形，大小为 230~460 μm，体表附有均匀的体纤毛（图 7.3）。由于虫体内有大量的泡状物，致使虫体的透明度很低，从正面也很难识别虫体的口器，只是从侧面可看到有纤毛束从位于虫体腹面前部的口区伸出。待成虫摄取足够的营养后，爬出宿主，黏附在池壁或池底，停止转动，而后其体表纤毛逐渐萎缩，发育成包囊，整个发育过程需要 10 h 以上。

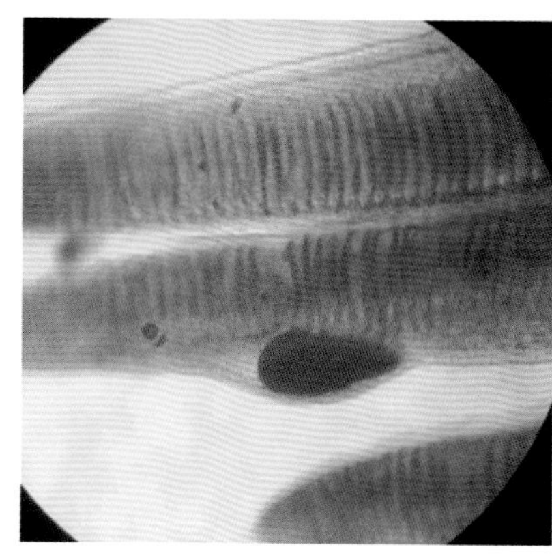
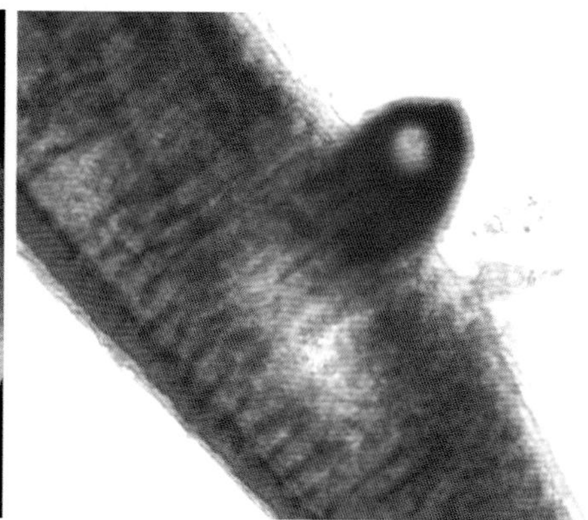

图 7.3　豹纹鳃棘鲈鳃丝中寄生刺激隐核虫滋养体

营养体发育成包囊后，黏附在池壁上，用水冲洗很难脱落。包囊体大小与营养体相近，形状呈圆形或椭圆形，包囊形成初期表面光滑，包囊壁较薄，出现许多液泡（图 7.4）。包囊形成后，包囊壁逐渐加厚，十几小时后达最厚，包囊壁呈多层结构，包囊表面出现较毛糙的结构。

纤毛幼虫体形与营养体和包囊体都相差甚远，呈梨形，前端小，后端大，长约 50 μm（图 7.4）。体表布满均匀的纤毛，与滋养体相比，幼虫的透明度要高很多，在光镜下可见核区位于虫体的中部，伸缩泡位于后端。自由纤毛幼虫游动极快，虫体表现出较大的柔软性，常可见虫体变形现象。纤毛幼虫阶段的虫体必须在 1~2 d 内侵入鱼体体内，否则就会死亡。

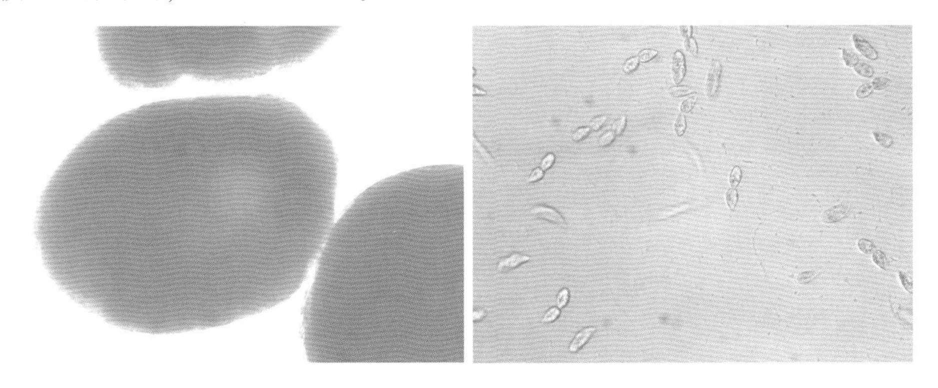

图 7.4　刺激隐核虫的包囊和自由纤毛幼虫

四、海南冯家湾地区东星斑刺激隐核虫病发病规律

2015 年，笔者选择海南冯家湾一家东星斑工厂化养殖场作为监测点，并走访当地豹纹鳃棘鲈养殖户、渔药店经销商等全面了解该地区东星斑刺激隐核虫病发病流行情况。本调查采用检出率和发病率来衡量该地区东星斑刺激隐核虫发病情况，其中检出率=镜检出滋养体样本鱼个数/总取样数，发病率=需要用药物治疗的池塘（水泥池）/抽样总数，并参考当地渔药店经销商检测数据，综合评估该地的东星斑刺激隐核虫发病率。

2015 年，海南冯家湾地区豹纹鳃棘鲈刺激隐核虫病发病总体情况较为严重，从流行季节分析，全年都能在东星斑鱼体上检测到刺激隐核虫滋养体，但当水温低于 25℃时，春夏、秋冬之交常会大量发病；从发病数据看，工厂化养殖的豹纹鳃棘鲈的刺激隐核虫病检出率全年均在 70%以上，3 月、5 月、11 月的检测率在 80%以上；东星斑刺激隐核虫病的发病率在 7—9 月低于 50%，其余月份的发病率均超过 50%，其中 5 月和 11 月的发病率最高，达到 70%（图 7.5）。

五、防治

针对豹纹鳃棘鲈寄生刺激隐核虫病的发病规律，采取以预防为主、治疗为辅、防治结合的方针，加强有效预防，做到勤观察、早发现、早治疗，可有效预防豹纹鳃棘鲈刺激隐核虫病的大规模暴发。

1. 工厂化养殖豹纹鳃棘鲈刺激隐核虫病的预防措施

鱼苗放养前，养殖用水沙滤池、消毒池、养殖池等养殖设施要用高锰酸钾或漂白粉严格消毒，彻底杀灭池中残存刺激隐核虫的胞囊。选择体表无损伤、无畸形、

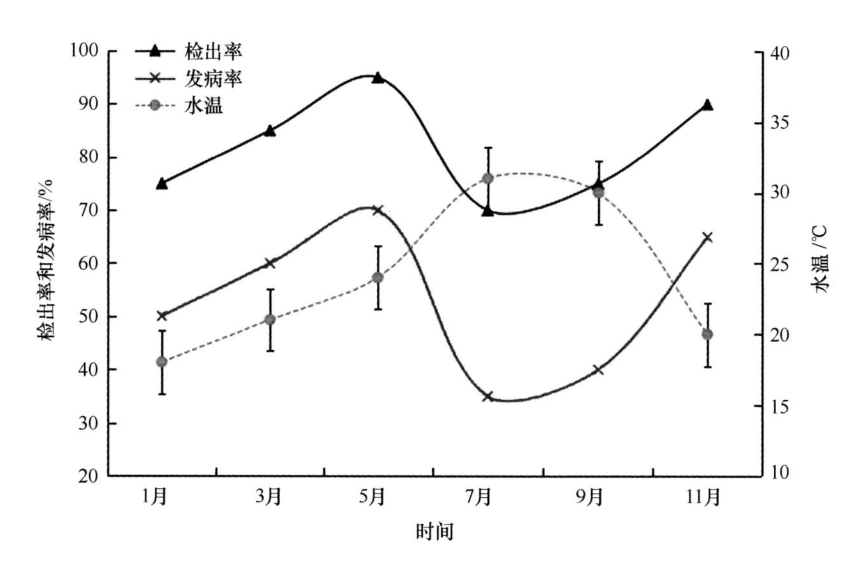

图 7.5　2015 年海南冯家湾地区东星斑刺激隐核虫病发病情况

健康苗种，放苗前采用 $50\times10^{-6}\sim100\times10^{-6}$ 的福尔马林海水药浴 3 min 左右，放养密度不宜太大，根据养殖鱼类生长情况，及时合理分池防止病害水平传播。根据该地区东星斑刺激隐核虫病发病规律，在高发季节有意识的加大水体交换量，降低放养密度，定期泼洒消毒剂、杀虫剂预防，保证水质清洁、溶氧充足。在养殖过程中定期洗刷养殖池、坚持认真清扫虹吸池底粪便和残饵，保证池底整洁，养殖用具要定期消菌，专池专用。定期清理消毒养殖用水过滤池，以防刺激隐核虫胞囊进入养殖池。养殖过程中做到早、中、晚巡查，观察记录池鱼的摄食、活动状态，发现死鱼及时捞出，查明原因后及时采取应对措施。

2. 工厂化养殖豹纹鳃棘鲈刺激隐核虫病的治疗方法

根据刺激隐核虫的生活史特点，该虫的包囊有厚厚外壳、滋养体寄生在鳃丝或皮肤内，一般性杀虫药物很难杀死病原体，而其自由游动的纤毛幼虫用一般常用的杀虫药在很低的浓度下就可以杀灭，因此治疗刺激隐核虫病的关键是杀灭幼虫。选择合适的下药时机，连续杀灭刺激隐核虫纤毛幼虫，切断该虫的生活史，以达到治疗的目的。结合海南冯家湾地区工厂化养殖的东星斑发病特点，在东星斑暴发刺激隐核虫病后，一般选择晚上 8:00 前后采用药物治疗，用药前先停水，然后全池泼洒 $40\times10^{-6}\sim60\times10^{-6}$ 的福尔马林溶液或 $0.1\times10^{-6}\sim0.2\times10^{-6}$ 的醋酸铜或 $2\times10^{-6}\sim3\times10^{-6}$ 的硫酸铜全池泼洒，全池浸泡 2 h 后打开进水口开始流水，一个疗程连续用药 5~7 d，遇到病情严重者，第二天早上再重复杀虫一次。发病治疗期间减少投喂量或停止喂料，并加大换水量，保持水质清、溶氧充足，可每天全池泼洒或拌料投喂维生素 E 和维生素 C 等增强免疫力。治疗过程中一定要做好水体消毒工作，防止池鱼因感染刺激隐核虫造成的鳃丝、皮肤等伤口弧菌感染。

第二节　豹纹鳃棘鲈烂身病

一、海南养殖豹纹鳃棘鲈烂身病发病概况

烂身病是豹纹鳃棘鲈养殖过程中最常见的疾病，尤其在海南连续阴雨和气温较低的冬季发病率很高。在养殖过程中发现，豹纹鳃棘鲈对养殖水质要求较高。在换池操作过程中，常因豹纹鳃棘鲈习性火暴，相互碰撞出现池鱼体表擦伤，换池后若不注意调控水质，在气温较低季节极易暴发弧菌性烂身病。一般在豹纹鳃棘鲈尾部、头、胸鳍、侧部容易腐烂，严重者可烂到露出骨骼（图 7.6 和图 7.7）。

图 7.6　豹纹鳃棘鲈烂身

图 7.7　豹纹鳃棘鲈烂头

笔者在养殖过程中记录了 2013—2014 年间，海南省海洋与渔业科学院琼海科研基地工厂化养殖的豹纹鳃棘鲈烂身病的发病情况。发病鱼个数是根据养殖池中池鱼

出现明显烂身症状，需要进行药物治疗而确定的（图 7.8）。由图 7.8 可知，豹纹鳃棘鲈由弧菌引起的烂身病主要在海南的 12 月至翌年 1 月和 2 月水温低于 23℃ 时暴发，养殖用水未经紫外线消毒的池发病率可高达 30% 以上，而养殖用水经紫外线消毒后的池鱼的发病率低于 5%。

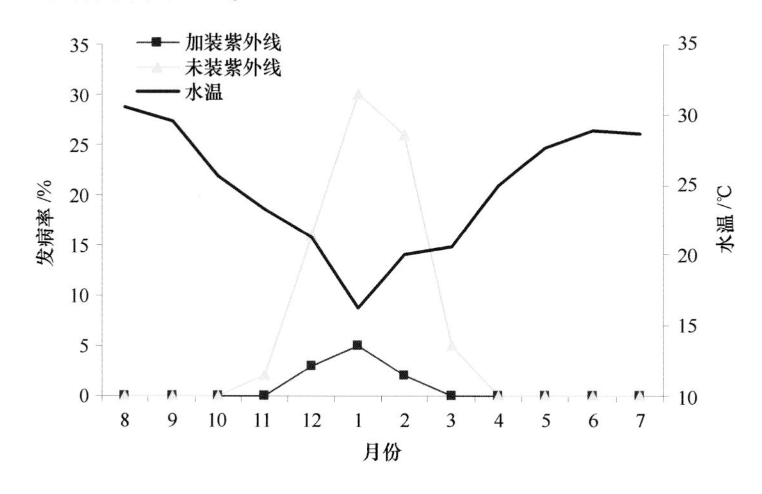

图 7.8　豹纹鳃棘鲈工厂化养殖过程中弧菌病发病率

二、病鱼临床症状

患病豹纹鳃棘鲈不食，游泳无力，反应迟缓，体表多处掉鳞形成大小不一的白点，围绕鳞片缺损处体表发生溃烂，鳍条溃烂缺损，尾鳍症状尤其明显。有的病鱼腹部膨大，解剖腹腔内有积水，脾脏坏死硬化，肝微黄色。血液涂片染色发现病鱼血液中白细胞增多，有的红细胞形态改变，出现尖头，多数红细胞细胞膜上有细小缺损，严重者似锯齿状。通过水浸片显微镜下观察鳃、体表黏液及病变组织，未发现真菌及寄生虫。

2010 年，徐力文等在海南省文昌市会文烟堆某东星斑养殖场发现养殖东星斑出现大量死亡，肉眼发现死亡鱼体色发白，尾鳍溃烂、脱落（图 7.9）。为弄清该疾病暴发的原因，从病鱼组织中分离出 1 株优势菌，命名为 X11YD05，经人工感染实验证实为病原菌，对其进行常规生理生化鉴定，以及分子生物学分析研究，最终鉴定出该致病菌为哈维氏弧菌，革兰氏染色见图 7.10。

姚学良等 2014 年在天津盛亿水产养殖有限公司发现养殖的豹纹鳃棘鲈体表鳞片脱落、溃烂，腹部膨大，有腹水，肝贫血，肾溃烂呈乳白色小米粒状。在患病豹纹鳃棘鲈腹水中，存在大量革兰氏阴性弧菌，细菌散布或成双排列，两端钝圆（图 7.11）。从病鱼肾脏中还分离到了同种形态细菌，在 2216E 上培养 24 h 后形成圆形光滑、不透明、隆起、乳白色、边缘整齐的菌落，在 TCBS 上形成黄色菌落。在

图 7.9　尾鳍溃烂的豹纹鳃棘鲈

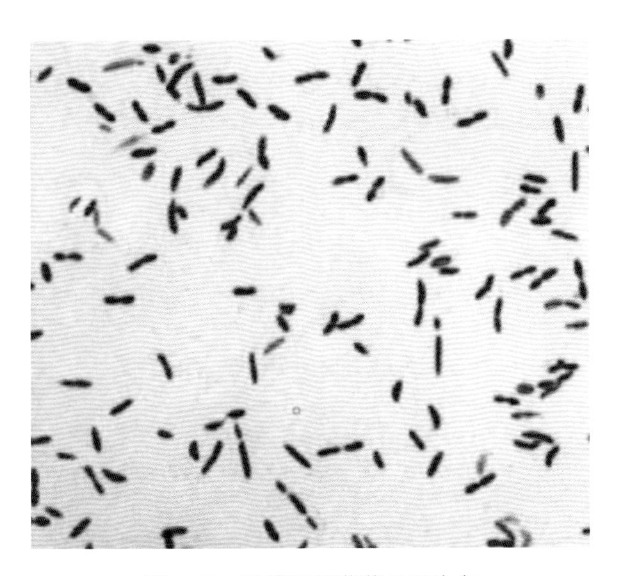

图 7.10　哈维氏弧菌革兰氏染色

TCB 培养基中呈均匀混浊生长，管底有点状菌体沉淀，且有菌膜形成。取单菌落做纯培养，编号 33002，经理化分析和分子鉴定，该致病菌为鳗利斯顿氏菌。

三、病原菌鉴定与药敏实验

国内辜良斌等 2011 年从海南省文昌市会文烟堆一家养殖场的豹纹鳃棘鲈烂身鱼体上分离出一株病原菌为哈维氏弧菌；姚学良等 2014 年在天津盛亿水产养殖有限公司养殖的豹纹鳃棘鲈烂身鱼体上分离出一株病原菌为鳗利斯顿氏菌，并对该病原菌作了药敏实验。

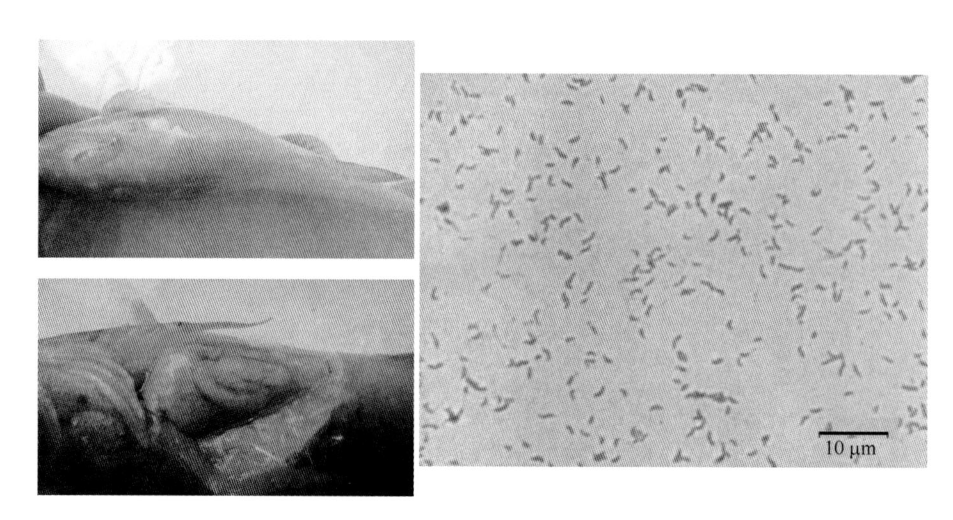

图 7.11　感染鳗利斯顿氏菌的豹纹鳃棘鲈

1. 哈维氏弧菌药敏实验

按照 NCCL 实验操作标准，取 100 μL 菌悬液（浓度为 10^8 CFU/mL）涂布于 MHA 培养基，10 min 后贴药敏纸片，于 28℃培养 24 h 后观察，并测量抑菌圈的直径。根据抑菌圈直径的大小判断菌株对药物的敏感性。

利用纸片法测定 16 种抗菌药物作用效果。从人工感染实验中濒死的鱼体内分离得到的优势菌 X-01 与 X11YD05 表现完全相同的药物敏感性（表 7.1），即对氧氟沙星、诺氟沙星、环丙沙星、恩诺沙星、复方新诺明 5 种抗生素敏感，对多黏菌素 B、卡那霉素、青霉素 G、庆大霉素、四环素、呋喃唑酮、利福平、阿莫西林、氯霉素、头孢克肟、红霉素 11 种抗生素不敏感（表 7.1）。图 7.12 为利用纸片法测试 X11YD05 对庆大霉素、头孢克肟、呋喃唑酮、恩诺沙星的耐药性表现。

表 7.1　哈维氏弧菌 X11YD05 与 X-01 对不同抗菌药物的敏感性

抗菌药物	含药量 /μg·片$^{-1}$	X11YD05		X-01	
		抑菌圈直径 /mm	药物敏感度	抑菌圈直径 /mm	药物敏感度
多黏菌素 B Polymyxin B	25	8	R	8	R
卡那霉素 Kanamycin	30	12	R	7	R
氧氟沙星 Ofloxacin	5	26	S	22	S
青霉素 G Penicillin C	10 U	0	R	0	R
庆大霉素 Gentamicin	10	16	R	13	R
四环素 Tetracycline	30	14	R	14	R

续表

抗菌药物	含药量 /μg·片$^{-1}$	X11YD05		X-01	
		抑菌圈直径 /mm	药物敏感度	抑菌圈直径 /mm	药物敏感度
呋喃唑酮 Furazolidone	300	13	R	12	R
诺氟沙星 Norfloxacin	10	35	S	37	S
阿莫西林 Amoxicillin	10	0	R	13	R
利福平 Rifampicin	5	0	R	0	R
复方新诺明（SMZ+TMP）	1.25	24	S	23	S
红霉素 Erythromycin	15	18	R	19	R
环丙沙星 Ciprofloxacin	5	36	S	26	S
氯霉素 Chloramphenicol	30	9	R	0	R
头孢克肟 Cefixime	5	12	R	17	R
恩诺沙星 Enrofloxacin	5	28	S	37	S

注：R：不敏感；S：高度敏感。

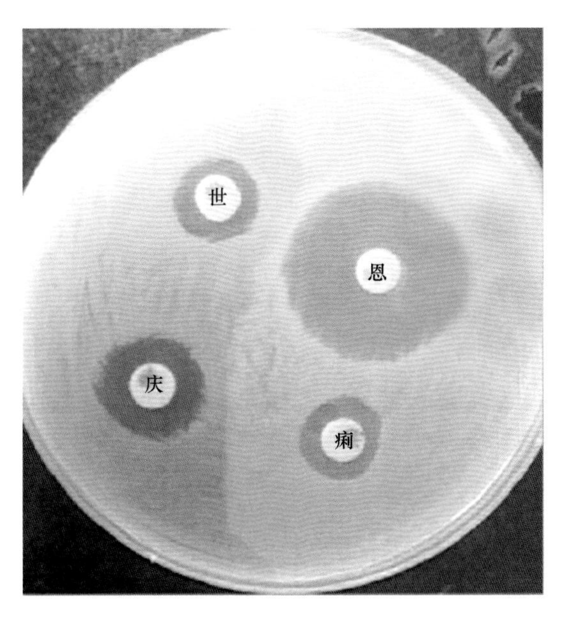

图 7.12　K-B 法测试 X11YD05 对庆大霉素（庆）、头孢克肟（世）、呋喃唑酮（痢）及恩诺沙星（恩）的耐药性

哈维弧菌是海水养殖中重要的致病菌，中国已报道过的感染对象包括花鲈、军

曹鱼、中国对虾、文蛤、青石斑鱼及方斑东风螺等多种养殖品种。泰国、印度、澳大利亚、委内瑞拉等国家也有相关报道。有研究者指出哈维弧菌能导致不同的宿主表现出不同的感染症状，也能使相同的宿主表现出不同的患病症状。该研究中，感染哈维弧菌的东星斑体表发白、尾鳍溃烂、有少量腹水，与徐晓丽等报道的症状类似，两者从患病东星斑分离到的病原均为哈维弧菌。从自然发病的东星斑体内分离出 1 株优势菌 X11YD05，经人工感染发现，感染症状与发病症状相同，都有尾部溃烂的情况出现。人工感染得到的优势菌 X-01 与 X11YD05 表现为相同的生理生化现象，可证明 X11YD05 为自然发病东星斑的致病菌。

16 种药敏实验结果显示，X11YD05 仅对诺氟沙星、恩诺沙星、环丙沙星、氧氟沙星 4 种喹诺酮类药物及复方新诺明敏感，属高度耐药的情况。由于对哈维弧菌的认识较其他弧菌晚，如副溶血弧菌、鳗弧菌，实际生产养殖中多使用抗生素进行防治，这在一定程度上导致了细菌高度耐药情况的出现。但不同地区分离到的菌株耐药性有明显的差异，如徐晓丽等在东星斑上分离到的哈维弧菌对庆大霉素敏感，对诺氟沙星等喹诺酮类药物则不敏感；王瑞旋等研究的哈维弧菌则对复方新诺明完全耐药。药敏实验的进行可为研究细菌耐药性质粒方面提供一定的指导依据。菌株的多重耐药性从侧面反映了中国抗生素使用的不规范情况，科学合理的用药能延缓细菌耐药性的形成。

2. 鳗利斯顿氏菌药敏实验

从病鱼肾脏中也分离到了同种形态细菌，在 2216E 上培养 24 h 后形成圆形光滑、不透明、隆起、乳白色、边缘整齐的菌落，在 TCBS 上形成黄色菌落。在 TSB 培养基中呈均匀混浊生长，管底有点状菌体沉淀，且有菌膜形成。取单菌落做纯培养，编号 33002。所分离菌株的药敏实验采用常规琼脂扩散（K-B）法进行，调整菌液浓度为 1.5×10^{8} CFU/mL 均匀涂布于平板，将选定的 48 种抗生素药敏纸片贴于平板上，于 28℃培养 24 h 观察，记录各抑菌圈直径（mm），按照药敏纸片使用说明中的抑菌范围解释标准判断实验结果。

分离菌对供试的 48 种抗菌药物中的恩诺沙星、制霉菌素、苯唑青霉素、杆菌肽等 22 种药物耐药，对复方新诺明中度敏感；对红霉素、阿奇霉素、诺氟沙星、氟苯尼考等 25 种药物敏感（表 7.2）。

表 7.2　鳗利斯顿氏菌对不同抗菌药物的敏感性

抗菌药物	剂量 /（μg·片$^{-1}$）	敏感性	抗菌药物	剂量 /（μg·片$^{-1}$）	敏感性
复方新诺明 SMZ+TMP	75	I	苯唑青霉素 Oxacillin	1	R

续表

抗菌药物	剂量 /（μg·片$^{-1}$）	敏感性	抗菌药物	剂量 /（μg·片$^{-1}$）	敏感性
红霉素 Erythromycin	15	S	多黏霉素 B Polymyxin B	300 U	R
阿奇霉素 Azithromycin	15	S	罗红霉素 Roxithromycin	15	R
链霉素 Streptomycin	10	S	呋喃唑酮 Furazolidone	30	R
恩诺沙星 Enrofloxacin	5	R	左氟沙星 Levofloxacin	5	S
四环素 Tetracycline	30	S	制霉菌素 Nystatin	100	R
奥复星 Ofloxacin	5	S	链霉素 Streptomycin	300	S
丁胺卡那霉素 Amikacin	30	R	新生霉素 Novobiocin	30	R
杆菌肽 Bacitracin	0.04 U	R	强力霉素 Doxycycline	30	S
阿洛西林 Azlocillin	75	S	麦迪霉素 Midecamycin	30	R
吉他霉素 Kitasamycin	15	R	克拉霉素 Clarithromycin	15	R
庆大霉素 Gentamicin	10	R	庆大霉素 Gentamicin	120	S
阿莫西林 Amoxicillin	10	R	洁霉素 Jiemycin	2	R
克林霉素 Clindamycin	2	R	甲氯苄啶 Trimethoprim	5	S
环丙沙星 Ciprofloxacin	5	S	氯霉素 Chloromycetin	30	S
头孢氨苄 Cephalexin	30	R	哌拉西林 Piperacillin	100	S
哌拉西林 Piperacillin	10	S	痢特灵 Furazolidone	300	R
磺胺异恶唑 Sulfafurazole	300	S	氟苯尼考 Florfenicol	75	S
淋必治 Spectinomycin	100	S	诺氟沙星 Norfloxacin	10	S
氨苄西林 Ampicillin	10	R	头孢呋辛 Cefuroxime	30	R
头孢克洛 Cefaclor	30	S	万古霉素 Vanomycin	30	R
头孢曲松 Rocephin	30	S	先锋霉素 V Cephalosporin V	30	R
头孢哌酮 Cefoperazone	75	S	利福平 Rifampicine	5	S
O/129	10	S	D/129	150	S

注：R：耐药；I：中度敏感；S：敏感；U：酶活力单位。

鳗利斯顿氏菌对水产养殖动物的危害由来已久，是欧洲文献记载中最早的鱼类病原菌，在1718年就有对鳗鲡“红疫”的详细记录，1893年意大利学者Canestrini首次从患“红疫”病的鳗鲡体内分离到该菌，1909年Bergeman从瑞典暴发“红疫”病的鳗鲡中分离到该菌并首次命名为鳗弧菌，1985年MacDonell和Colwell等建议将该菌由弧菌属归入利斯顿氏菌属，命名鳗利斯顿氏菌。鳗利斯顿氏菌呈世界性分布，已有报道能够引起大麻哈鱼、硬头鳟、大菱鲆、鳗鱼、太平洋鲑、香鱼、鲕鱼、竹荚鱼、真鲷、鲈鱼、鲽鱼、鳕鱼、许氏平鲉、鲐鱼以及虾、蟹、牡蛎等多种水产养殖动物发生“弧菌病”。随着人工养殖水产动物种类的增加，养殖密度的增加及渔药滥用导致的鳗利斯顿氏菌耐药性和遗传变异的加剧，该菌的宿主范围不断扩大，致病性及环境耐受力也在逐渐增强，可能引起更严重的病害。本次从豹纹鳃棘鲈体内分离到鳗利斯顿氏菌，并经人工感染实验证实其为本次疾病的致病菌，进一步表明该菌在水体中的广泛分布及对水产动物的强致病性。

在对鳗利斯顿氏菌的药物敏感性研究方面，郭睿从斜带髭鲷上分离的鳗利斯顿氏菌对17种抗生素的敏感性显示，对新生霉素、罗红霉素等7种药物敏感；对利福平、氨苄西林等8种抗生素耐药。王庚申等以25种抗菌类药物对从许氏平鲉上分离的鳗利斯顿氏菌进行药物敏感性测定，发现其对新生霉素、克拉霉素等9种抗生素药物高度敏感；对庆大霉素、复方新诺明等4种药物中度敏感；对青霉素、氨苄青霉素等12种药物具有抗性。本研究测定了分离菌对48种常用抗菌类药物的敏感性，结果表明菌株33002对恩诺沙星、制霉菌素、苯唑青霉素、杆菌肽等22种药物耐药；对复方新诺明中度敏感；对红霉素、阿奇霉素、诺氟沙星、氟苯尼考等25种药物敏感。而张晓君等测定了从同批次大菱鲆分离的20株鳗利斯顿氏菌对37种常用抗菌类药物的敏感性，结果发现供试菌株对其中27种抗菌药物具有基本一致的敏感或耐药性；对另外10种抗菌药物表现出了或为高度敏感或为敏感或为耐药的菌株间差异。这一结果显示了鳗利斯顿氏菌不同分离株在对某些抗菌类药物敏感性方面存在不一致性。本研究结果可作为鳗利斯顿氏菌感染时选择用药及对鳗利斯顿氏菌耐药规律研究的参考，但由于其株间差异性的存在，建议有效用药应对每次发病病原菌进行药物敏感性测定后再选择敏感药物为宜。

四、烂身病的预防

在豹纹鳃棘鲈工厂化养殖过程中弧菌病高发季节，首先要对养殖用水进行紫外线杀毒处理；其次在换池过程中要选用质地比较柔软的捞网进行操作，操作过程要求动作温柔、快速简便，换池后及时消毒；最后在一个养殖周期的中后期可对养殖水体进行定期消毒，可有效预防弧菌病的发生。

第三节 豹纹鳃棘鲈寄生鱼蛭病

一、鱼蛭种的鉴定

近10年来，海南豹纹鳃棘鲈养殖产业发展迅速，已建成从亲鱼培育、人工催产、苗种培育、成鱼养殖、活鱼运输和销售等较为完整的产业链。海南的豹纹鳃棘鲈鱼苗和商品鱼远销国内外，产业的发展也带来了日益严重的病害问题。笔者记录了一种近几年在海南养殖豹纹鳃棘鲈上寄生的鱼蛭，并对该鱼蛭的形态学和分子生物学特征进行了研究，认定该鱼蛭为Silva报道的*Zeylanicobdella arugamensis*，属于蛭纲，鱼蛭科，鉴于国内未报道过该属的鱼蛭种类，笔者把该鱼蛭的种名和属名分别翻译为菲利宾蛭和石斑蛭属。

菲利宾蛭（*Zeylanicobdella arugamensis*），是一种主要寄生在海水养殖鱼类如石斑鱼、鲷科鱼类、军曹鱼和尖吻鲈鱼体上的寄生蛭类，地理分布从印度洋的斯里兰卡、印度到西太平洋的马来西亚、菲律宾、印度尼西亚、新加坡、琉球群岛等地。Bengchu等对菲利宾蛭的生活史进行了研究，发现该蛭在水温27℃时，受精卵孵化需要7 d时间，生长到产卵需要9~10 d，即菲利宾蛭一个完整的生活史大约17 d。Kua等开展了盐度和温度等生态因子对菲利宾蛭孵化和生存的影响，研究发现菲利宾蛭可以在盐度10~40的海水中平均存活4~7 d，在盐度30时卵的孵化率最高达32%，随着盐度降低，孵化率也降低；菲利宾蛭在水温25~35℃条件下可以产卵孵化，在水温25℃条件下，该蛭可以存活11~16 d。国内笔者曾报道了该蛭在海南养殖点带石斑鱼和波纹唇鱼鱼体上感染和防治情况，菲利宾蛭和产的卵见图7.13。

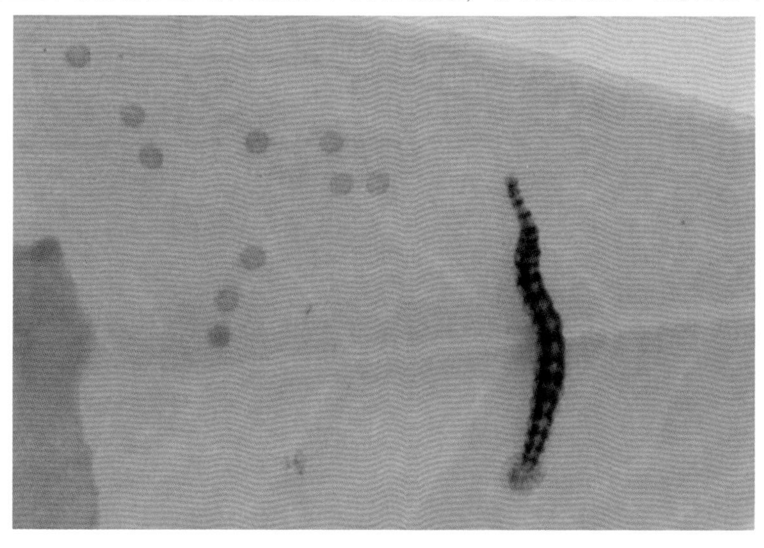

图7.13 菲利宾蛭和卵

二、病原诊断及形态特征

在病鱼鳃部、体表用肉眼即可观察到呈黑色或黑褐色的虫体，紧紧吸附在鱼体体表，能伸缩，在病鱼体表做尺蠖状爬行或蠕动，虫体柔韧性好，不易被拔掉，吸食宿主鱼血液后体腔呈黑红色（图 7.14）。菲利宾蛭身体静止时呈圆柱形，成体体长 9~15 mm，体宽 0.7~1.2 mm。身体体色多变，多呈黑褐色或土黄色，有排列规则的横列黑色或褐色斑点带，体表可见 6 条纵向的黑色斑点带，背部的两条大而明显，体侧两条稍小，腹部两条不明显或消失。前端和后端各有一个吸盘，均朝向腹面，其中前吸盘呈椭圆形，最大直径约 1.0 mm，有 6 条放射状黑褐色色斑带，其头部背面近基部有 1 对椭圆形眼点，口孔位于前吸盘内杯的中心。尾吸盘大于前吸盘，直径约 1.9 mm，呈卵圆形，有 14 条放射状黑褐色色斑带，无眼型黑点。身体柔软光滑，体表无皮肤乳突，未发现明显的搏动囊；每一体节有 14 环组成。菲利宾蛭雌雄同体，异体交配，一条交配完的菲利宾蛭一次可产 30~50 个受精卵，卵呈圆形，直径约 0.6 mm，不透明，在室外 26℃条件下，完成一个生活史周期约 16~18 d 左右，产完卵后的菲利宾蛭未发现再寄生宿主的现象，大部分会在产卵后死亡。

图 7.14　新村港内网箱养殖的豹纹鳃棘鲈寄生菲利宾蛭

三、发病症状

菲利宾蛭少量寄生时，会引起豹纹鳃棘鲈疼痛难耐、焦躁不安，可观察到鱼体不断用身体摩擦池壁或水中突出固着物，以企图驱除菲利宾蛭，这种行为极易造成皮肤损伤，若养殖水质不佳极易引起继发性细菌感染；当菲利宾蛭大量寄生时，因虫体大量吸血和不断移动，常造成体表伤口过多，失血过量等引起鱼体贫血，体色暗淡苍白，失去石斑鱼特有的色彩斑纹，病鱼反应迟钝，常侧躺在池塘底部或在底部缓缓游动。

四、不同药物杀灭实验

以不加药物的灭菌海水作对照，选取淡水、盐度 5 的过滤海水、不同药物浓度的阿维菌素[①]（10 mL/L、5 mL/L、1 mL/L、0.1 mL/L、0.01 mL/L）、硫酸铜（10 mg/L、5 mg/L、1 mg/L、0.1 mg/L）药液进行菲利宾蛭离体杀死实验。实验在培养皿中进行，分别取 30 mL 各浓度梯度的药物溶液，用镊子轻轻夹取菲利宾蛭放入各实验药物海水中，每个培养皿放入 10 条随机大小（1~4 cm）的虫体进行实验。实验时每组设两个重复，取其平均值作为结果，实验在室温下进行。虫体昏迷指虫体失去原有的生活习性，不能吸附住固着物，能随搅动的水流不自主地悬浮在水体中，有 50%虫体出现昏迷时即为虫体昏迷的时间；虫体死亡指虫体失去生命力，彻底死亡，有 50%虫体出现死亡时即为虫体死亡的时间。

各种浓度的药物对菲利宾蛭虫体离体杀灭结果见表 7.3。由表 7.3 可知，虫体在盐度为 0 的淡水中浸泡（23.0±2.8）min 时出现昏迷，2 h 内不会出现死亡。用盐度为 5 的海水浸泡虫体，虫体活力正常。

利用 10 mg/L、5 mg/L、1 mg/L 的高浓度阿维菌素药液浸泡虫体，虫体都会出现死亡，死亡时间分别为（10.2±0.8）min、（14.1±0.9）min、（26.0±1.8）min。利用 0.1 mL/L 的低浓度阿维菌素药液浸泡虫体时，虫体在（25.5±8.1）min 时出现昏迷，在（40.2±8.6）min 时才会死亡。利用 0.01 mL/L 的低浓度阿维菌素药液浸泡虫体时，虫体只会在（56.9±21.3）min 时出现昏迷，浸泡 2 h 内虫体不会死亡。经方差分析发现，利用 10 mg/L 和 5 mg/L 浓度的阿维菌素药液浸泡虫体的昏迷和死亡时间差异不显著，但和 1 mg/L、0.1 mL/L 和 0.01 mL/L 浓度浸泡相比差异极显著。

利用 10 mg/L、5 mg/L、1 mg/L 的高浓度硫酸铜药液浸泡虫体，虫体出现死亡的时间分别为（18.4±2.5）min、（20.6±3.6）min 和（56.3±10.1）min。利用 0.1 mg/L 的低浓度硫酸铜药液浸泡虫体，虫体不会出现昏迷，但活力会稍微减弱。经方差分析发现，利用 10 mg/L 和 5 mg/L 浓度的阿维菌素药液浸泡虫体的昏迷时间差异显著，死亡时间差异不显著，但和 1 mg/L 的药物浓度浸泡相比差异极显著。

---

① 所用的阿维菌素均为含量 2%的阿维菌素溶液。

表 7.3　不同药物对菲利宾蛭杀灭的效果

实验药物	药物溶度	虫体昏迷时间/min	虫体死亡时间/min
过滤海水	盐度为 30	–	–
淡水		23.0±2.8	–
低盐度海水	盐度为 5	–	–
阿维菌素（净含量 2%）	10 mL/L	0.5±0.1[a]	10.2±0.8[a]
	5 mL/L	0.6±0.2[a]	14.1±0.9[a]
	1 mL/L	8.6±2.9[b]	26.0±1.8[b]
	0.1 mL/L	25.5±8.1[d]	40.2±8.6[d]
	0.01 mL/L	56.9±21.3[f]	–
硫酸铜	10 mg/L	6.2±1.2[a]	18.4±2.5[a]
	5 mg/L	10.2±3.3[b]	20.6±3.6[a]
	1 mg/L	24.1±8.1[d]	56.3±10.1[c]
	0.1 mg/L	–	–

注：“–”表示虫体在药浴 2 h 不会昏迷或死亡；表中同一药物不同浓度昏迷时间和死亡时间同列肩标有相同字母者表示组间差异不显著（$P>0.05$），字母相邻者表示组间差异显著（$P<0.05$），字母相隔者表示组间差异极显著（$P<0.01$）。

五、对海南豹纹鳃棘鲈养殖的危害

菲利宾蛭主要寄生在豹纹鳃棘鲈鱼体的胸鳍和胸鳍基部，其次寄生在鱼体的头部、背鳍和尾鳍上，后来在调查中也发现在豹纹鳃棘鲈眼睛上寄生的个例。从多年养殖情况看，养殖的豹纹鳃棘鲈少量寄生菲利宾蛭并不会造成宿主死亡，到目前为止海南养殖的豹纹鳃棘鲈未见因寄生菲利宾蛭导致大量死亡的个案，但是寄生菲利宾蛭会造成养殖的豹纹鳃棘鲈贫血，严重影响豹纹鳃棘鲈的健康生长和养殖效益，吸血后在豹纹鳃棘鲈胸鳍和尾鳍留下的伤口存在被弧菌感染的风险。另外菲利宾蛭可以作为一种石斑鱼血锥虫病和弧菌病的传播媒介，对石斑鱼规模化养殖造成巨大损失，如 Wang 等在 2012 年报道了海南三亚南山港网箱养殖的驼背鲈、棕点石斑鱼等因感染锥虫病造成大量死亡的案例，笔者分析该地区也是海南菲利宾蛭发病的重灾区之一，菲利宾蛭极有可能作为传播媒介加剧了该锥虫病的暴发，Hayes 等通过研究菲利宾蛭和潮间带鱼类组织学发现在两者组织学内均存在发育不同阶段的锥体虫，由此推测菲利宾蛭极有可能是鱼类锥体虫病传播的媒介之一。

2009年，笔者最早在海南琼海冯家湾地区一个池塘养殖的点带石斑鱼鱼体上发现了寄生的菲利宾蛭，直到2011年年底海南其他地区未见菲利宾蛭寄生；2012年首次在万宁港北、东澳等地池塘养殖的石斑鱼鱼体上发现菲利宾蛭的寄生；2013年在乐东黄流、莺歌海一带池塘养殖的石斑鱼鱼体上发现了菲利宾蛭的寄生；2014年在文昌冯坡和会文，琼海南港、东方板桥等地陆续发现池塘和工厂化养殖的石斑鱼寄生了菲利宾蛭，之后除了儋州海头外在海南岛石斑鱼主要养殖区均发现了菲利宾蛭的寄生，图7.15为在琼海潭门港海鲜市场出售的豹纹鳃棘鲈商品鱼也感染了菲利宾蛭；2016年以后，除了海南岛外，在广东雷州半岛、阳江和广西防城港等工厂化和池塘养殖石斑鱼鱼体上也发现了菲利宾蛭的寄生。2017年2—3月，在万宁小海内网箱养殖的珍珠龙胆石斑鱼出现了寄生数量巨大的菲利宾蛭事件，最严重个体（1 kg）估计寄生菲利宾蛭的数量达万条以上，严重影响了石斑鱼的养殖生产。根据海南近几年石斑鱼养殖品种变更，笔者认为菲利宾蛭的暴发和传播跟海南养殖的石斑鱼品种密切有关。2009—2011年，海南池塘主要养殖石斑鱼品种为点带石斑鱼和龙胆石斑鱼，且以龙胆石斑鱼为主，从2012年开始珍珠龙胆石斑鱼逐渐成为海南池塘养殖的主要品种，一度占到池塘养殖总量的90%以上，菲利宾蛭更喜好寄生在珍珠龙胆石斑鱼鱼体上，才造成了现在的流行情况。从走访调查中发现，在20世纪90年代以前海南并没有菲利宾蛭，是最近十几年才陆续发现石斑鱼寄生菲利宾蛭，而菲利宾蛭在马来西亚、印度尼西亚和菲律宾等国家在21世纪初就开始大量寄生在养殖海水鱼体上，因此笔者认为寄生在海南养殖石斑鱼上的菲利宾蛭是通过石斑鱼贸易进入海南岛的，是一个外来种。近年来，随着海南石斑鱼苗种的规模化生产和

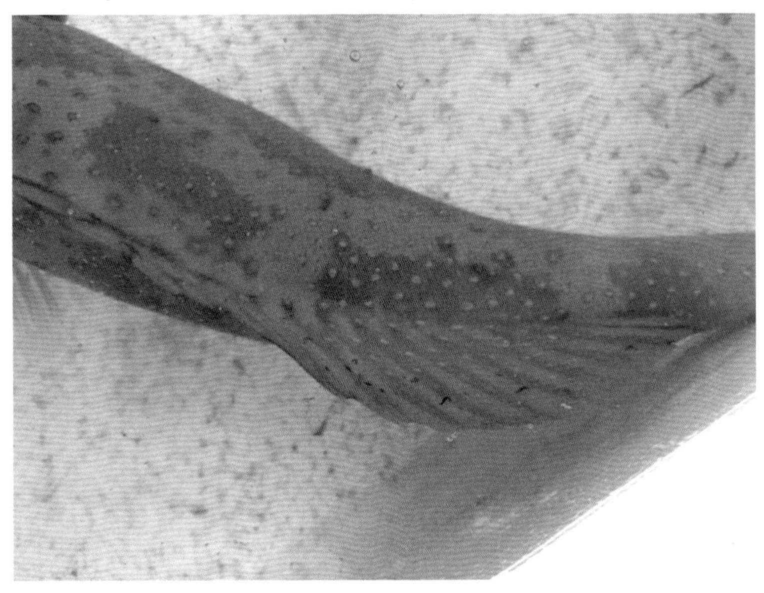

图7.15　在潭门码头出售的豹纹鳃棘鲈商品鱼寄生菲利宾蛭

销售渠道拓展，菲利宾蛭也随着海南岛石斑鱼苗种传播到了海南岛全岛和华南沿海地区，虽然菲利宾蛭不会给海水鱼类养殖带来直接伤害，但我们要时刻警惕菲利宾蛭作为血液类疾病（如血锥虫病）传播媒介引发海水鱼类养殖损耗的可能。

第四节　豹纹鳃棘鲈肠炎

肠炎病是养殖豹纹鳃棘鲈的另一种常见病。此病很少单独发生，多半伴随其他问题。它虽并非严重疾病，但却表明在饲养管理上存在某些欠缺之处，若不小心处理并改善饲养管理，可能引起一些并发症，造成损失。

一、病因

肠炎的病因有 3 个方面。

（1）饲料方面的问题。饲料不新鲜，品质不良甚至变质；投喂过量或大小餐（忽饥忽饱）。这些情况都会直接造成消化道不适而引起肠炎。

（2）环境因素。水质环境不良，鱼对捕捞、移池产生的应激，天气水温的变化等各种环境紧迫因素，都会直接影响到鱼体的新陈代谢，也会影响到消化生理而造成肠炎。

（3）病原的感染。病原的感染可能来源于食物或者水环境的污染，也可能由于环境的紧迫或饲喂不当，导致弧菌，产气单胞菌等条件性病原大量增生，引起鱼体肠道的不适。也可能成因于原虫类或蠕虫类中的各种寄生虫的寄生。

二、症状

病鱼腹部略为膨大，肛门红肿外突，有时会有黄褐色或血样的液体流出，严重者食欲减退或完全丧失。解剖检查，可见肠道膨胀，肠壁变薄，肠道内充满黄褐色或血样的黏液。

三、诊断

除观察病鱼的症状外，还应了解饲料的投喂情况及水质条件状况，借此判断造成肠炎的可能原因，分析是否还有其他的混合感染。

四、治疗

（1）水质环境不良时，先注水、换水改善水质环境，同时加强增氧。

（2）饲料品质不良或饲喂方法不当时，先改用优质饲料并改进饲喂方法。

（3）停料或减料数日，减少病鱼胃肠道的负担。

（4）投喂药饵，每吨鱼体重用 100 g 医溃灵制成药饵，连用 5～7 d，或使用其他合适的药品，以消灭病菌。

第五节　应激

应激是机体对外部或内部的各种非常刺激所产生的非特异性应答反应的综合，或者说应激是机体向其提出任何要求所做的非特异性应答，从鱼类生产的角度讲，应激是鱼类为克服环境和饲养管理的不利影响，在生理上或行为上所作出的一种反应，因此又称为“全身适应性症”。随着水产养殖集约化生产的发展，各种鱼类的养殖密度越来越高，养殖环境和饲养条件越来越差，这些变化都会对养殖鱼类的行为和健康状况造成影响，使鱼类产生应激反应，从而影响到鱼类的生产性能和养殖的经济效益。因此如何采取必要的措施，尽量减少各种应激因子对鱼类的影响，实现鱼类的健康养殖，应该引起我们足够的关注。

一、引起鱼类应激的因素

根据应激源的不同，可将应激分为：物理应激、化学应激、生物应激、营养应激。

（1）物理应激。因养殖过程中温度的突然变化、注入新水、拉网、分池等一些物理因素或机械性操作等引发。鱼类机体因上述物理因子耐受极限或急性变化而致应激，表现为惊跳、窜游、转圈、翻转、下沉或上浮，颤抖、痉挛、昏迷、缠绕、争斗、体表出血等，消除不良因子，应激反应即可缓解。鱼类感冒病等即属此类。

（2）化学应激。因水中溶氧过低，酸碱度的超标，盐度超过鱼的适应范围，有机质含量、生活污水、工业废水、农药、鱼药以及渔业自身污染等因子引发。急性应激表现为体色变化、黏液分泌、体表粗糙无光泽以及平衡失调、停食、呼吸障碍等。长期应激会引起鱼的鳞松、鳃丝发黑或发白、突眼、体腔腹水、肝肿大并腐烂、肝色淡或充血、胆囊肿大、胆色浅、黄胆、肾肿或腐烂，肠无食、含水、充血或发乌，拒食甚至死亡等一系列代谢障碍病症。一般鱼类肝胆综合征即属此类。

（3）生物应激。因生物种群密度过高、品种搭配不合理、病原感染、敌害生物侵袭等引发。养殖鱼类常表现出行动呆滞、离群独游、共济失调、食欲下降、生长迟缓、瘦弱、体色变黑、鳃盖及尾鳍运动频率增加。中华鳋引起的翘尾巴病等即属此类。

（4）营养应激。营养应激包括饲料品种、质量、数量以及气味等的突然改变，饲料原料、饲料配方的突然改变，以及某些营养成分的长期缺乏或过量、营养水平的改变等，都可引起鱼类的厌食、集群狂游、体色变异、充血、蛀鳍、腐皮等应激反应。鱼苗阶段易发生的跑马病即属此类。

二、应激对鱼类的危害

应激的危害集中在应激反应的第三阶段，适当的自然应激可使机体逐步适应环境，提高鱼类的生产性能。但是如果应激源的刺激强度超过机体防御系统的补偿能力，或者刺激作用得以延续，使鱼类受到高强度的应激源或长时间刺激时，就会产生严重的不利影响，从而危害机体。应激对鱼类造成的危害既有单一的，也有综合的，且其影响是多方面的。归纳起来，主要有以下几个方面。

（1）导致机体免疫力下降，抗病力减弱。过度的应激，会给机体带来不可修复的损伤，破坏机体的防御系统，导致机体对应激和疾病的抵抗力的丧失。大量实验表明，动物受到应激源的刺激后，因糖皮质激素的大量分泌，导致胸腺、脾脏和淋巴组织萎缩，使嗜酸性白细胞和 T、B 淋巴细胞的产生、分化及其活性受阻，血液吞噬活性减弱，体内抗体水平下降，从而导致机体免疫力下降，抗病力减弱。据报道，低 pH 值水体环境使中华鳖血浆皮质醇浓度升高，血清溶菌酶活性和吞噬细胞吞噬活性降低，抗病力下降，引发鱼类疾病。

（2）导致鱼类繁殖力下降。应激可使促卵泡激素、促黄体激素、催乳激素等的分泌增多或减少，从而导致鱼类的繁殖力下降。急性刺激可使褐鳟血液中促性腺激素含量增加，而使亚口鱼血液中促性腺激素含量降低，延长应激刺激的时间可使虹鳟促性腺激素含量低于正常水平。王吉桥也曾报道，惊扰或机械操作可使虹鳟提前或推迟繁殖，也可加速或完全抑制尼罗罗非鱼的繁殖。

（3）导致生产性能下降。应激时，机体必须动员大量的能量来对付应激源的刺激，而使机体蛋白质、碳水化合物、脂肪等分解代谢增强，合成代谢降低。应激过程中，会产生大量的皮质醇，而皮质醇能抑制肌肉组织对氨基酸的提取，使血液中氨基酸含量增高，并转移至肝，从而促进糖原异生，与此同时，它还能加速脂肪氧化过程，导致生长停滞、机体消瘦。

（4）导致机体的代谢障碍。过度的应激，会使机体的代谢发生紊乱，导致自由基和一些有毒代谢产物的大量产生，从而使器官组织因自由基及毒物的积累而造成损伤，影响机体的健康生长，严重时机体会因代谢障碍而死亡。如投喂了氧化变质和霉变的饲料后，可能引起鱼类体色变异等病变。

三、应激的控制

毋庸置疑，应激已严重危害着各种养殖鱼类，在一定程度上阻碍了水产养殖业的迅猛发展，这与人们为了最大限度地获取经济效益而进行高密度养殖形成很大的矛盾。为了保证高产、高效的水产养殖业生产，减少或避免应激造成的损失，一些水产科技工作者已进行了大量的研究工作，并提出了许多行之有效的控制措施。

（1）改善养殖环境，加强养殖管理。在当前的水产养殖中，养殖户为了最大限度地提高养殖产量，增加经济效益，往往在饲养管理中忽视了养殖动物对环境条件的要求、忽视了天然状态下养殖动物生物学特性，强制性地加进了许多不适宜养殖动物健康生长的管理成分，这就是一种应激。因此，要减轻应激对鱼类等水产动物的危害，首要是要创造一个适宜养殖动物生活和生长的环境，与此同时还要制定一套人性化的养殖方案和具有动物福利的养殖管理制度，总之，一切都要遵循“适其天性”的原则。

（2）投喂优质饲料，提高鱼体体质。优质的全价配合饲料不仅是促进鱼体生长的物质基础，也是保证鱼体健康的物质基础，因此，在鱼类的健康养殖管理中，必须选择最新鲜的和营养素最全面的优质配合饲料投喂，这样不仅有助于保证鱼体的快速生长，还有助于提高鱼体的体质和抗应激能力，实现鱼体的健康生长。

（3）科学用药，避免药害。滥用药物和采用违禁药物是当前导致鱼类应激性疾病频发的主要原因之一。药物是一把双刃剑，如果用药对症对因、使用剂量恰当、使用方法正确，它就可以发挥积极的治病和防病的作用；反之，如果用药不对症、使用剂量不当、使用方法错误，它不但难以控制住疾病，还可产生药害，引发药源性疾病，损伤鱼体肝，降低鱼体的抗应激能力。此外，有些药物本身就具有较强的刺激性，使用时就会引起鱼类的应激反应。因此，要减少或避免应激的产生，就必须合理选择鱼药，科学地用药，尽可能地避免药害的发生。

（4）合理使用抗应激添加剂，防患于未然。为了提高鱼体的抗应激能力、防治应激的发生，通常可以在饲料中添加一些抗应激的添加剂或药物。抗应激饲料添加剂具有缓解、防治由应激源引起的应激综合征的作用，能减弱应激对机体的作用，提高机体的非特异性抵抗力，从而提高机体的抗应激作用。如在饲料中添加适量的鱼用应激宁，可以有效保护鱼体的肝，解除机体内毒性物质的残留和积累，促进机体代谢，以提高机体的抗应激能力，起到良好的抗应激作用。

控制应激的方法虽然很多，但要从根本上解决问题，还需要将减少养殖中的抗应激因子、降低应激因子的刺激强度和增强鱼类的抗应激能力有机地结合起来，走人性化养殖的道路。因此，针对不同的应激源，采用不同的控制措施，仍是现今乃至今后的研究方向。

第六节　脂肪肝

鱼类脂肪肝的形成主要是其所需的营养素不平衡和某些抗脂肪肝因子缺乏造成的。同时还受到鱼类的生理代谢特点、养殖环境、养殖模式等影响。集约化养殖，养殖密度加大，生产周期缩短，同时营养不平衡的人工饲料完全替代天然饵料，常常难以满足鱼体快速、健康生长的需要，造成养殖鱼类的营养代谢紊乱。其中肝脂肪代谢失调、沉积、浸润、脂肪含量升高，导致脂肪肝发生。脂肪肝是养殖鱼类中常见的营养性疾病之一。

一、发病症状与机理

大多数养殖的石斑鱼类，尤其是豹纹鳃棘鲈常摄食高脂肪、高蛋白或高碳水化合物的饲料，往往出现食欲缺乏、游动无力、生长缓慢和抗病力降低等现象，极易引发脂肪肝。病情较轻时，鱼体一般没有明显的症状，鱼体色、体形等无明显改变，仅食欲缺乏，游动无力，有时焦躁不安，甚至蹿出水面，生长缓慢，死亡率不高；病情严重时，鱼体色发黑，色泽晦暗，鱼体有浮肿感，鳞片松动易脱落，游动不规则，失去平衡，或静止于水中，食欲下降，反应呆滞，呼吸困难，甚至昏迷翻转，不久便死亡。解剖发现肝颜色发生变化，呈花斑状、土黄色、黄褐色等，胆囊变大且胆汁变黑。病理检查发现患病鱼肝肥大，脂肪大量累积，肝脂肪滴增大，肝组织脂肪变性明显且空泡化，细胞核偏移，甚至出现肝组织萎缩坏死等症状。此外，鱼体抗应激能力很差，当捕捞或运输时，常会引起鱼体全身充血或出血，出水后很快发生死亡，或在运输途中死亡。

鱼类的肝脂肪主要来自对饲料中脂肪的直接吸收以及饲料中过量蛋白质和碳水化合物的转化合成。当这些脂肪运至肝后，若不能及时转运出去，则会堆积于肝中引起肝代谢紊乱。因此，可以通过调节和控制肝中脂肪的来源和去路，实现对脂肪肝的预防和治疗。脂肪的生物合成通过一系列酶促反应来实现，实验证明随着脂肪摄入量的增多，葡萄糖-6-磷酸脱氢酶、苹果酸酶、乙酰辅酶 A 羧化酶和脂肪合成酶活性降低；而随着淀粉摄入量的增多，葡萄糖-6-磷酸脱氢酶、苹果酸酶和乙酰辅酶 A 羧化酶活性增强，表明脂肪和淀粉不仅可以通过能量的蓄积影响脂肪肝的形成，而且也可以通过调节脂肪合成与转化过程中关键酶的活性影响脂肪肝的形成。但是因为鱼的种类之间生理活动与代谢机能存在差异，从而决定了种类不同的鱼其肝所蓄积脂肪的来源不同，脂肪肝的成因也各异。

鱼类脂肪合成酶的活性随饲料中脂肪水平的提高而降低。但与高等动物相比，鱼类对脂肪合成酶的调节能力较差。高等动物肝和肌肉都可作为脂肪的贮存位点，而且体内脂肪酶的活性只需几天就可适应食物的变化。但是，鱼类脂肪的主要贮存位点是肝，体内脂肪合成酶的活性需 2~3 周才能适应食物的变化。因此鱼类比高等动物更容易产生脂肪肝的问题。当脂蛋白的合成量不足，肝细胞中的脂肪不能及时运出，就会造成脂肪在肝的积聚。肝中脂肪含量升高，血浆中的脂肪含量降低。

二、发病原因

（1）鱼类摄食的蛋白质和碳水化合物过多。饲料配方营养不当或人为乱投饲料，导致鱼类摄食的营养中能量蛋白比过高，高蛋白饲料易诱发肝脂肪积累，破坏肝功能，干扰鱼类正常生理生化代谢。碳水化合物含量过高，会引起鱼类糖代谢紊乱，造成内脏脂肪积累，妨碍正常的机能，其主要病变部位是肝，大量的肝糖积累和脂肪浸润，造成肝肿大，色泽变淡，外表无光泽，严重的脂肪肝还可引发肝病变，使肝失去正常机能。

（2）维生素缺乏如胆碱、维生素 E、生物素、肌醇、维生素 B 等都参与鱼体内的脂肪代谢，缺乏上述维生素均会造成鱼体内脂肪代谢障碍，导致脂肪在肝中积累，诱发肝病。

（3）投喂饲料过度，每天多次不间断地投喂，引起鱼体生长过快，出现肥胖和肝病。

（4）滥用药物。目前，一些养殖户在鱼病防治上仍然还是以化学药品为主，而这些化学药品的不正确使用会造成鱼类肝的损伤。

（5）养殖密度过大，水体环境恶化。当水体中的氨氮浓度过高时，鱼体内氨的代谢产物难以正常排出而蓄积于血液之中，引起鱼类代谢失衡并引发肝胆疾病。

（6）饲料氧化、酸败、发霉、变质。脂肪是易被氧化的物质，脂肪氧化产生的醛、酮、酸对鱼类有毒，将直接对肝造成损害。

（7）饲料中含有有毒物质。如棉粕中的棉酚、菜粕中的硫葡萄糖甙、劣质鱼粉中的亚硝酸盐等有毒有害物质均能引发鱼类的肝胆类疾病。

三、抗脂肪肝因子

胆碱、磷脂、蛋氨酸、甜菜碱、肉碱、赖氨酸对鱼类的脂肪代谢都有较显著的影响。饲料中补充这些物质有利于鱼类对脂类的吸收和利用，提高饲料利用率，降低肝脂含量，是较理想的抗脂肪肝因子。

（1）胆碱是大多数鱼类所必需的维生素，是神经递质乙酰胆碱的前体，可作为甲基供体参与体内的转甲基反应，也是胆碱磷酸甘油及胆碱磷脂的成分之一。研究发现鱼类饲料中缺乏胆碱是引起动物脂肪代谢障碍和诱发脂肪肝病变主要原因之一，胆碱缺乏使合成脂蛋白的重要原料磷脂酰胆碱合成量不足，进而引起肝脂蛋白的合成量减少，影响脂肪向血液中的转运，虽然一些鱼类具有自身合成胆碱的能力，但合成的胆碱远远不能满足自身的需求。因此，建议在水产饲料中添加适量胆碱，可有助于预防脂肪肝，添加量一般为 0.2%~0.5%。

（2）甜菜碱是一种高效的甲基供体，在机体内可直接提供碱性甲基参与生物体内合成肉碱、肌酸的生物反应。其提供甲基的效率相当于氯化胆碱的 1.2 倍，相当于蛋氨酸的 2 倍。研究发现甜菜碱在虹鳟和斑点叉尾鮰饲料中可替代胆碱需要量的 50%。利用甜菜碱替代饲料中的部分胆碱，具有广泛的应用前景。甜菜碱在水产饲料中的添加量一般为 0.2%~0.3%。

（3）磷脂对脂肪起乳化作用，有助于脂肪的消化和吸收；可构建细胞膜，提高肝细胞的脂交换能力；可组成脂蛋白，促进肝中脂肪的转运。研究发现饲料中添加磷脂，可促进其肝中脂肪的动员和利用，提高甘油三酯的利用率。磷脂在水产饲料中的添加量一般为 1%~2%。

（4）肉碱的化学名称为 β-羟基-γ-三甲氨基丁酸，是 B 族维生素类似物，其主要功能是作为活性脂肪酸进入线粒体进行 β-氧化的载体。它通过肉碱脂酰转移酶系统把脂肪酸以脂酰肉碱的形式从线粒体膜外转运到膜内，从而促进了长链脂肪酸的氧化。肉碱可调节脂酰-COA/COA-SH 的比值，来抑制糖的异生作用，加速脂类的氧化过程。研究发现在饲料中添加肉碱可促进鱼类生长，降低肝中脂肪的含量，提高饲料转化率，改变由于投喂高脂饲料而造成的肝脂沉积，防止脂肪肝的发生。在饲料中添加肉碱可提高鱼类肝中长链脂肪酸氧化的速度，降低肝中脂肪的含量。左旋肉碱具有显著促进脂肪代谢、减少脂肪在体内积累的作用，而右旋肉碱作用不明显，或具有相反的作用。所以在水产饲料中要认清标志，注意添加左旋肉碱，添加量一般为 80~120 g/t。

（5）蛋氨酸和赖氨酸都是鱼类的必需氨基酸，可参加蛋白质的合成，并可作为甲基供体，也是合成脂蛋白所必需的。蛋氨酸供应不足，不仅影响鱼类的生长，而且也妨碍脂蛋白的合成，影响脂肪代谢。蛋氨酸不仅参与直接的转甲基反应，而且给磷脂酰乙醇氨提供 3 个活性的基团。饲料中添加蛋氨酸可节约饲料中的胆碱用量。

四、预防措施

（1）培育良好的水质，保持水质清新。

（2）选择信誉好的专业饲料生产厂家配制的饲料，科学投喂，合理饲养。

（3）保持饵料新鲜，防止蛋白质变质和脂肪氧化分解，防止饲料受潮发霉。

（4）不要低剂量长期在饲料中添加对鱼类肝有损害的抗菌药物，要做到合理用药，少用副作用大和残留高的鱼药。

（5）养殖过程中，要勤巡塘，如发现鱼类肝出现病变时，及时加注新水，并投喂添加维生素和少量稀有元素或中草药制成的药饵，一般投喂 7 d 为一个疗程，可有效预防该病。

第七节　疾病防治的注意事项

一、加强饲养管理，减少疾病的发生

豹纹鳃棘鲈的疾病防治不能完全依赖药物，最重要的是应加强日常的饲养管理。良好的饲养管理不但可减少疾病的发生，还有利于及时发现早期疾病，进行早期处理，提高治疗效果，减少损失。

日常的饲养管理工作有：① 放养前的清塘消毒及“做水”。放养前彻底地清塘，去除池底累积的污泥等，并消减各种潜伏的病虫害，减少疾病发生的机会。② 鱼苗的选购及隔离检疫。购入的鱼苗，可能因环境变异的紧迫，或携入病原而发生病害。放养后头两周，应特别注意鱼苗的健康情形，以便发现问题及早处理，防止疾病暴发。③ 水质环境的维护。维护水质是饲养管理中最重要的工作，每天皆需注意天气与水色的变化，适时适量地流、换水，并配合使用“可保净”，防止有机质累积、底泥老化，稳定水质。④ 定点定时投喂饵料。⑤ 日常的巡塘观察。

除了投饵时观察摄食情形外，平时要坚持巡塘，注意鱼的各种反应以及天气变化，以便及早发现问题，早作处理，减少疾病发生的可能。

二、疾病的征候

日常需特别注意一些疾病的早期征候，发现异常情况时及早处理，以免疾病蔓延暴发。

三、疾病的诊断

诊断的目的在于了解致病的原因，找出防治对策。诊断时不能光凭征候症状来猜测，也不能只凭所观察到的病变或寄生虫就下定论，必须结合饲养管理及水质环境状况等来探讨病因，找出最有利的防治对策。

四、疾病的处理

疾病处理的目的在于减少损失确保收益，处理的方法则因疾病的种类、病情的轻重程度及水质环境条件的不同而各异。尤其是发生混合感染时，更要依据诊断的结果和鱼体的状况，选择最适当的方法，不能盲目地使用药物，否则常会延误病情或造成药害。

作疾病处理时应注意以下几项。

（1）减料或禁食。发现有疾病发生，可减料或禁食数日，以减少胃肠道的负荷，缓和病情，减少死亡，并有利于治疗药物的投喂。

（2）水质环境的改善。需适时适量地进行流、换水，并加强充气以改善水环境。但也不能大量换水，以免造成应激，反而使病情恶化。

（3）药物的使用。治疗药物的选择，需依据诊断检查所观察到的病变及环境因素，不能任意沿用其他鱼类的数据或任意混合多种药物，以免造成药害。用药后要注意流、换水及停药期，以维护公共卫生。

第八章 豹纹鳃棘鲈的消化生理

第一节 豹纹鳃棘鲈消化系统形态组织学

2012—2014 年在海南省海洋与渔业科学院海南琼海科研基地，借鉴已有的工厂化养殖模式，结合海南当地的一些有利的气候环境和地理优势，利用废弃的鲍鱼养殖场构建了一种全程投喂人工配合饲料，适合豹纹鳃棘鲈养殖的开放式流水工厂化养殖技术模式。近年来，国内外学者对豹纹鳃棘鲈的生物学和养殖学进行了大量的研究，但关于它的组织学研究在国内几乎空白。在全程投喂人工配合饲料条件下，开展豹纹鳃棘鲈消化系统组织学研究对探索该鱼的工厂化养殖具有重要的意义。

一、工厂化养殖豹纹鳃棘鲈的消化系统的形态学

豹纹鳃棘鲈的消化系统包括消化道和消化腺两部分，消化道由前向后分为口咽腔、食道、胃、幽门盲囊、小肠和直肠，消化腺主要由肝胰脏和胆囊组成。测量实验鱼的肠长，计算出肠长比（肠长/体长）为 0.72±0.04。

豹纹鳃棘鲈的食道粗短而直，管壁厚，弹性好，内表面有许多纵行黏膜褶，从前向后越来越密，借以在吞食大型食饵时扩大食道的容积。胃部膨大，为“Y”形胃，壁厚，靠近食道的半部被肝所包围。幽门盲囊位于胃的右下边，排列在胃与小肠间，由外观呈指状的 3 个突起构成，开口于肠壁。盲囊壁厚而坚实，表面光滑，腔内含有灰白色的胶冻状物质。肠紧接胃之后，管道细长，呈肉粉色，有两处盘曲，在腹腔内呈“Z”形排列，从形态上看，其肠从前到后逐渐变细，按前后位置划分为小肠、直肠。肠道外部覆盖有较多脂肪。

肝是豹纹鳃棘鲈最大的消化腺，位于腹腔前端，呈红棕色，分为 3 叶，呈枫叶状包裹胃、幽门盲囊和部分肠道。未发现豹纹鳃棘鲈有独立的胰脏，具有典型的肝胰脏结构。豹纹鳃棘鲈的胰脏为弥散性的，主要分布于肝内部和边缘，肉眼不易辨别，肠系膜处也有部分胰脏组织分布。在肝左叶与中叶的相邻处，有一墨绿色呈长条状的胆囊，胆管开口于幽门盲囊和小肠的连接处（图 8.1）。

豹纹鳃棘鲈消化道不同部分的组织形状指数见表 8.1。食道的黏膜褶皱最高，

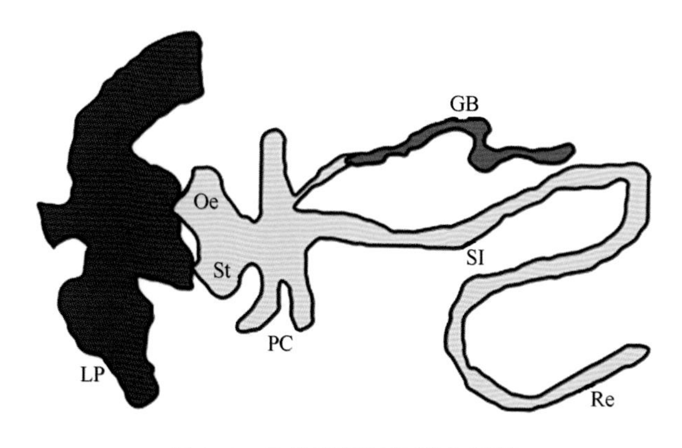

图 8.1　豹纹鳃棘鲈的消化系统

注：Oe：食道；St：胃；PC：幽门盲囊；SI：小肠；Re：直肠；LP：肝胰脏；GB：胆囊

达（1 859.36±669.05）μm，与胃差异显著，与消化道其他部分相比，差异极显著；胃的黏膜下层最厚，达（603.78±122.77）μm，与消化道其他部分相比，差异极显著；食道和胃的环肌层都很厚，分别达（1 068.66±116.70）μm 和（1 072.33±332.60）μm，与消化道其他部分相比，差异极显著；胃的纵肌最厚，达（432.40±115.22）μm，与食道差异显著，与消化道其他部分相比，差异极显著；胃的浆膜层最厚，达（53.18±55.92）μm，与食道差异不显著，与消化道其他部分相比，差异极显著。胃部不含有杯状细胞，直肠的杯状细胞密度最大，达（35.56±8.09）μm，且与食道差异极显著，与消化道其他部分差异不显著，但食道的杯状细胞最大，长径达（29.23±6.60）μm，短径达（19.06±4.21）μm，与消化道其他部分相比，差异极显著。

表 8.1　豹纹鳃棘鲈消化道组织形态指数（均值±标准差）

项目		食道	胃	幽门盲囊	小肠	直肠
黏膜褶皱高度/μm		1 859.36±669.05[a]	1 610.23±184.70[b]	851.08±97.25[d]	660.82±58.50[f]	903.31±98.72[id]
黏膜下层厚度/μm		403.18±86.98[a]	603.78±122.77[c]	140.73±50.05[e]	164.85±39.04[e]	129.08±62.68[e]
环肌层厚度/μm		1 068.66±116.70[a]	1 072.33±332.60[a]	420.74±59.97[c]	454.43±24.37[c]	499.80±32.81[cd]
纵肌层厚度/μm		352.86±347.61[a]	432.40±115.22[b]	341.88±46.67[d]	256.61±56.64[bf]	215.63±28.92[f]
浆膜层厚/μm		23.78±10.35[a]	53.18±55.92[a]	24.74±11.24[ac]	14.88±7.82[ac]	14.46±6.20[ac]
杯状细胞大小/μm	长径	29.23±6.60[a]		9.20 ±1.60[c]	9.75 ±2.38[cd]	11.40±3.56[e]
	短径	19.06±4.21[a]		6.19±0.98[c]	6.61±1.47[c]	6.97±2.41[c]

续表

项目	食道	胃	幽门盲囊	小肠	直肠
杯状细胞数/（CFU/0.01mm²）	10.69±2.06[a]		30.08±4.09[c]	27.90±4.64[c]	35.56±8.09[de]

注：表中同一消化道性状同行间肩标有相同字母者表示组间差异不显著（$P>0.05$）；字母相邻者表示组间差异显著（$P<0.05$）；字母相隔者表示组间差异极显著（$P<0.01$）。

二、豹纹鳃棘鲈消化系统的组织学

1. 消化道

食道管壁由内而外依次为黏膜层、黏膜下层、肌层和浆膜层。黏膜层发达，由上皮和固有膜构成，向管腔内突出，形成18个纵形黏膜褶，黏膜皱褶呈舌状突起，每个纵褶又发出若干个指状突起的二级褶皱，形成食道绒毛，绒毛顶端部分上皮组织由单层柱状上皮构成，其上未见结构典型的杯状细胞。绒毛下端部分上皮组织由复层扁平上皮构成，许多杯状细胞排列在上皮表面，这些杯状细胞的分泌物能润滑食物，便于其吞咽，缓冲上皮细胞的机械损伤，支持和固定黏液物质。上皮之下为致密结缔组织构成的固有膜，内含大量毛细血管和嗜伊红颗粒，偶见脂肪颗粒，固有层纤维排列紧密。黏膜下层为疏松结缔组织，与固有膜分界不明显，其间有很多纵行横纹肌纤维束，切面呈圆团状，食道的后段也有分布。食道肌层较厚，由厚的内层环肌及薄的外层纵肌构成，以横纹肌为主，纵行肌层不发达，没有形成一个完全的层。食道的最外部为一层极薄的浆膜，由疏松结缔组织和间皮组成（图版Ⅱ-1～2）。

豹纹鳃棘鲈的食道和胃交界处区分明显，黏膜褶变缓，复层扁平上皮转变单层柱状上皮，开始出现胃小凹，杯状细胞减少（图版Ⅱ-3～4）。胃壁分为黏膜层、黏膜下层、肌层和浆膜层。内表面形成许多凹陷，未见有杯状细胞。黏膜层向腔内突起形成20条褶皱，褶皱较食道平缓，黏膜层上皮较清亮，为单层柱状上皮，表面无微绒毛，细胞排列整齐，由表面黏液细胞组成，表面黏液细胞呈柱状，核椭圆形，位于细胞基部，HE染色不着色，胞质透明呈空泡状。上皮下部为固有层，分布有团状或管状胃腺，上皮细胞向固有膜凹陷形成胃小凹，胃腺及胃小凹之间有少量结缔组织，胃腺开口于胃小凹。腺管管壁由排列规整的腺细胞围成管腔，腺细胞细胞核多为圆形，细胞质染色较浅。黏膜下层由疏松结缔组织构成，含有血管、淋巴管、嗜酸性颗粒。

在固有膜与黏膜下层之间有黏膜肌层，在胃中部较发达，黏膜肌层的收缩与弛

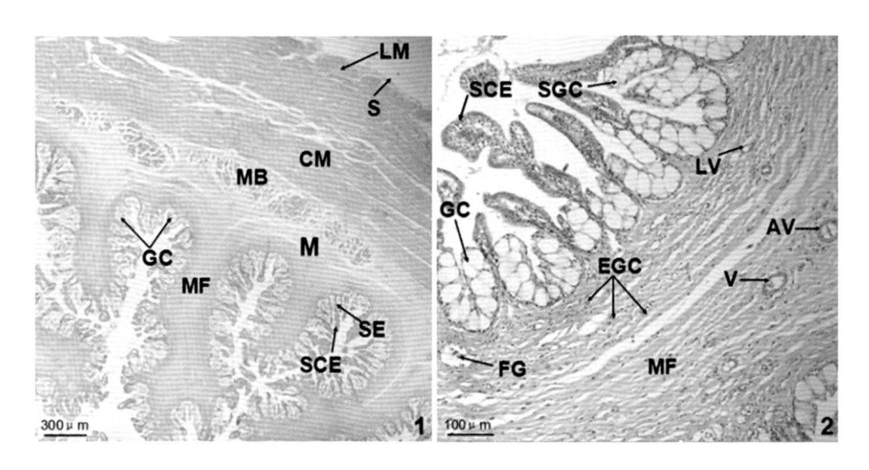

图版Ⅱ-1~2 食道黏膜层横切和食道-胃交界纵切

1. 食道横切：MF：黏膜褶，SCE：单层柱状上皮，SE：复层上皮，GC：杯状细胞，M：黏膜层，MB：肌肉束，CM：环肌，LM：纵肌，S：浆膜，（HE，×40）

2. 食道黏膜层横切：MF：黏膜褶，SCE：单层柱状上歧，SGC：小杯状细胞，GC：杯状细胞，FG：脂肪颗粒，EGC：嗜酸性颗粒细胞，LV：淋巴管，AV：动脉血管，V：血管，（HE，×100）

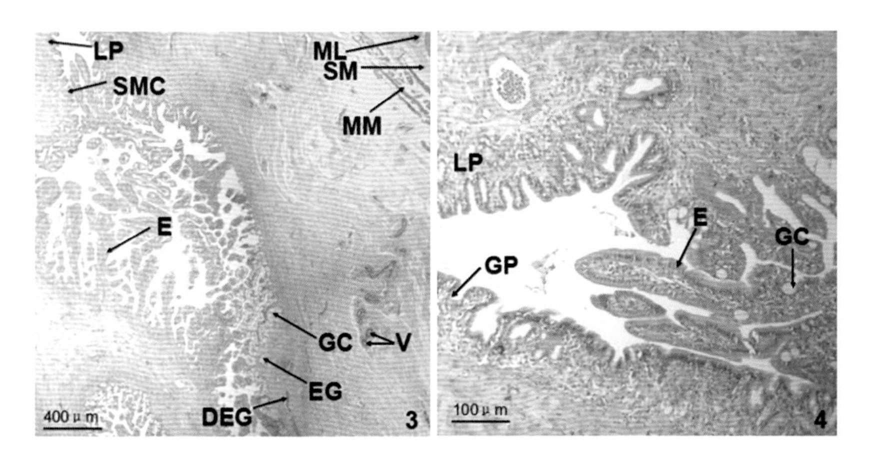

图版Ⅱ-3~4 食道-胃交界纵切和胃横切

3. 食道-胃交界纵切：LP：固有层，SMC：表面黏液细胞；E：上皮，GC：杯状细胞，EG：食管腺，DEG：食管腺导管，V：血管，MM：黏膜肌层，SM：黏膜下层，ML：肌层，（HE，×40）

4. 食道-胃交界纵切：LP：固有层，GP：胃小凹，E：上皮，GC：杯状细胞，（HE，×100）

缓可改变黏膜形态，有助于胃腺分泌物的排出。胃肌层由内环外纵两层平滑肌构成，环肌层比纵肌层厚得多。浆膜层很薄，由疏松结缔组织和单层间皮组成，其间夹有少量的脂肪细胞。在胃黏膜层、黏膜下层、肌层和浆膜层中均有血管和神经分布

(图版Ⅱ-5~6)。

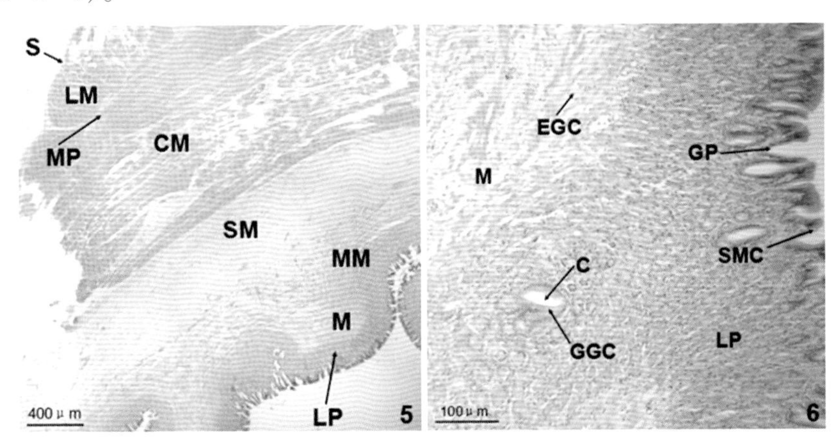

图版Ⅱ-5~6 胃黏膜横切和小肠横切

5. 胃横切：LP：固有层，M：黏膜层，MM：黏膜肌层，SM：黏膜下层；CM：环肌，MP：肌间神经丛，LM：纵肌，S：浆膜，(HE，×40)

6. 胃黏膜横切：GP：胃小凹，SMC：表面黏液细胞，LP：固有层，C：胃腺腔，GGC：胃腺细胞，EGC：嗜酸性颗粒细胞，M：黏膜层，(HE，×100)

肠也由黏膜层、黏膜下层、肌层和浆膜层构成。肠皱襞较食道和胃的细长。小肠黏膜层形成45条皱褶，呈柳叶状伸向管腔，从底端向上延伸过程中又有次级褶皱，由上皮和固有层构成，内为富含毛细血管的结缔组织，并有中央乳糜管。黏膜上皮由单层柱状细胞和杯状细胞构成，上皮细胞排列紧密，游离端有明显的纹状缘。柱状细胞呈长条状，核椭圆形，位于基部，空泡状大杯状细胞大都位于褶皱上端，细胞核靠近基底面。固有层内分布有肠腺，开口于肠腔，呈单管状，含吸收细胞(柱状细胞)、大量杯状细胞和内分泌细胞。固有层下可见分界不清晰的团块状肌肉束。黏膜下层为疏松结缔组织，内有小动脉、小静脉和淋巴管，黏膜下层中还含有许多嗜酸性颗粒细胞，其细胞质被伊红染成红色。肌层由内环和外纵两层平滑肌组成，环肌厚于纵肌，肌层间偶尔可见肌间神经丛，浆膜很薄，易脱落，可见附有胰腺组织，有的伸入两层肌肉之间（图版Ⅱ-7~8）。

直肠组织与小肠相似，直肠褶皱较小肠更为细长，排列紧密，为44条，上皮细胞排列紧密，杯状细胞较小肠增多，纹状缘明显。与小肠不同，直肠的黏膜层中有明显的黏膜肌层，黏膜下层很薄。内环肌发达，外纵肌较薄，环肌与纵肌之间有肌神经丛。浆膜层由一极薄层间皮构成（图版Ⅱ-9~10）。

幽门盲囊实质上是肠道的分支，其组织学结构与肠道相似，由内向外依次为黏膜层、黏膜下层、肌层及浆膜。黏膜上皮游离面有微绒毛，黏膜上皮由单层柱状细胞构成，杯状细胞散落分布于柱状细胞之间，黏膜层突起的褶皱有73条，几乎充满

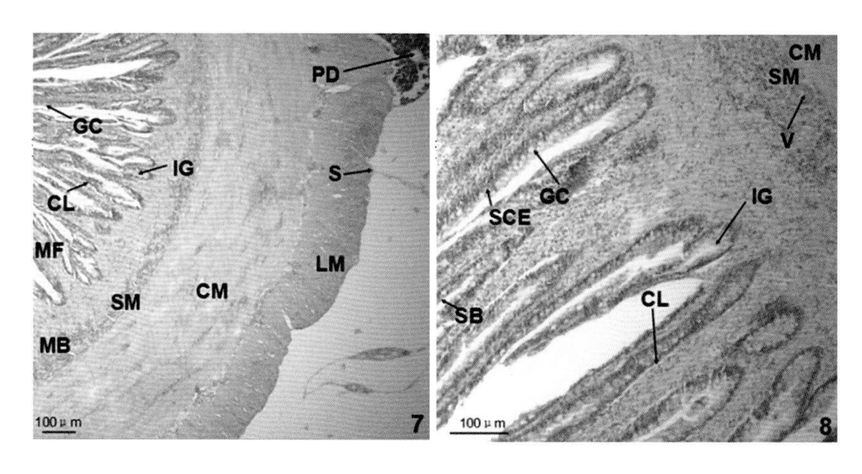

图版Ⅱ-7~8　小肠横切

7. 小肠横切：GC：杯状细胞，IG：肠腺，MF：黏膜褶，MB：肌肉束，SM：黏膜下层，CM：环肌，LM：纵肌，S：浆膜，PD：胰管，（HE，×40）

8. 小肠横切：SB：纹状缘，SCE：单层柱状上皮，GC：杯状细胞，CL：中央乳糜管，IG：肠腺，V：血管，SM：黏膜下层，CM：环肌，（HE，×100）

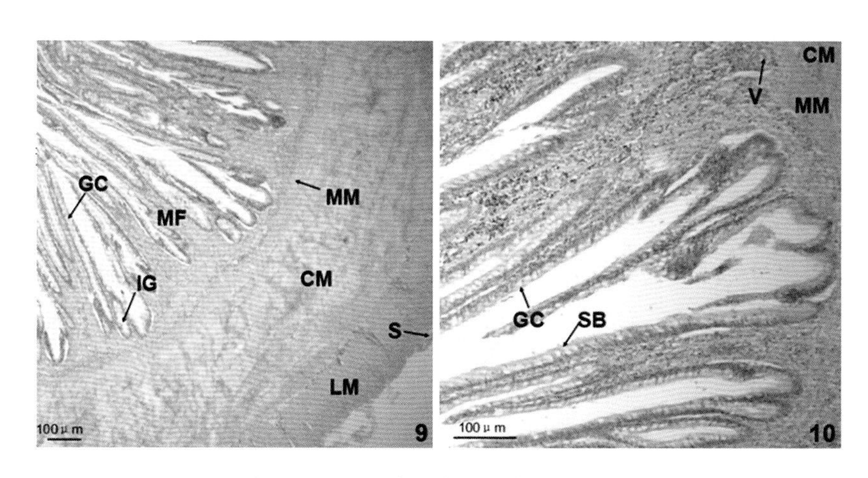

图版Ⅱ-9~10　直肠横切和直肠黏膜横切

9. 直肠横切：GC：杯状细胞，IG：肠腺，MF：黏膜褶，MM：黏膜肌层；CM：环肌，LM：纵肌，S：浆膜，（HE，×40）

10. 直肠黏膜层横切：SB：纹状缘，GC：杯状细胞，V：血管，MM：黏膜肌层，CM：环肌，（HE，×100）

整个管腔。固有膜中有血管分布，固有膜与黏膜下层分界不明显。肌肉层由内环肌和外纵肌构成，最外层为浆膜层（图版Ⅱ-11~12）。

2. 消化腺

肝最外层是由一层扁平上皮和结缔组织构成的浆膜层，浆膜层上附有大的脂肪

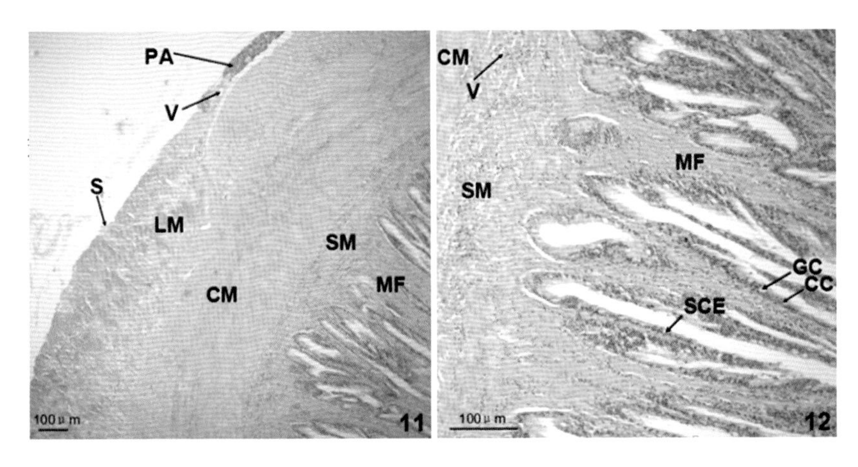

图版Ⅱ-11~12 幽门盲囊横切和幽门盲囊黏膜横切

11. 幽门盲囊横切：MF：黏膜褶，SM：黏膜下层，CM：环肌，LM：纵肌，S：浆膜，V：血管，PA：胰腺，（HE，×40）

12. 幽门盲囊黏膜横切：SCE：单层柱状上皮，CC：柱状细胞，GC：杯状细胞，MF：黏膜褶，SM：黏膜下层，CM：环肌，V：血管，（HE，×100）

颗粒。同大多数鱼类一样，由于伸入肝实质内的结缔组织较少，肝小叶不明显。肝细胞长径为（14.71±2.51）μm，短径为（9.89±1.95）μm，呈不规则椭圆形，细胞核大而圆，直径为（3.35±0.26）μm，一般为一个，肝细胞胞质丰富，多呈嗜酸性，染成淡红色，油红染色显示胞质内含大量脂肪，占据肝细胞的大部分空间，细胞核被空泡状脂滴挤到一侧（图版Ⅲ-1~2）。

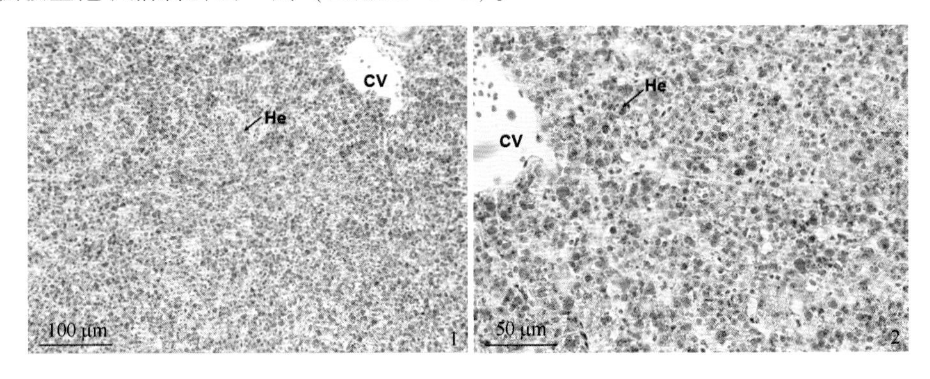

图版Ⅲ-1~2 肝切面

1. 肝切面：He：肝细胞，CV：中央静脉，（油红 O，×200）

2. 肝切面：He：肝细胞，CV：中央静脉，（油红 O，×400）

偶尔可见静脉、动脉和胆管聚在一起的肝门管结构。小叶间动脉管壁厚，管腔小而规则。小叶间静脉管腔大而不规则，管壁薄。小叶间胆管由单层立方上皮或单层柱状上皮构成，上皮细胞核大，圆形，位于细胞中央，胞质着色浅，管壁平滑肌较丰富。肝结缔组织分支之间为肝实质部分，主要由肝细胞和窦状隙构成。中央静脉壁薄，由一层不连续的内皮细胞组成，内皮细胞核明显，向血管腔内突出，细胞呈长梭形，管腔大，腔内充满血细胞，中央静脉在肝实质内的分布没有规律性。肝细胞彼此相连，排列成细胞索，以中央静脉为中心向外呈不规则的放射状排列。肝细胞索之间互相连接形成网状结构，其间隙即为肝血窦，由内皮细胞和星形的枯否氏细胞及脂肪细胞组成。肝板内相邻肝细胞的胞膜局部凹陷形成胆小管（图版Ⅲ-3~4）。

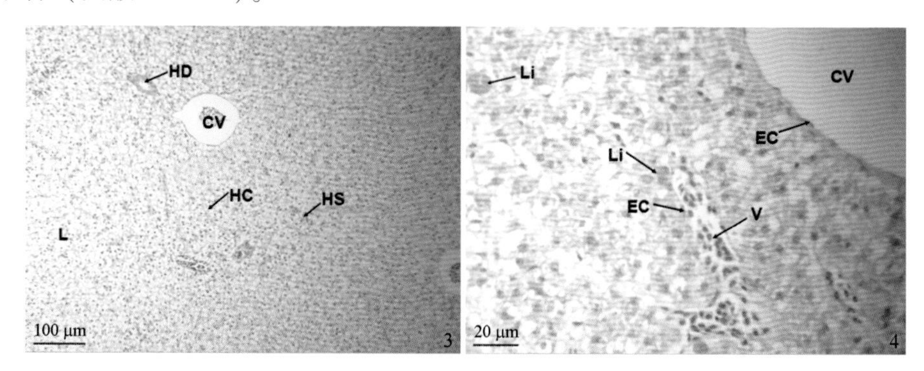

图版Ⅲ-3~4

3. 肝切面：HD：肝管，HC：肝细胞索，HS：肝血窦，CV：中央静脉，（HE，×100）

4. 肝切面：CV：中央静脉，EC：内皮细胞，Li：脂褐素，V：血管，（HE，×400）

胰腺表面覆以薄层结缔组织被膜，被膜的结缔组织伸入腺内将实质分割为界限不明显的小叶。胰腺主要由腺泡和导管组成。腺泡细胞为浆液性细胞，锥体形，细胞核较大，HE 染色呈深蓝色，顶部胞质内可见有大量的染色呈红色的酶原颗粒，细胞分布在 6~30 μm 的基膜上，基膜外为网状纤维和丰富的毛细血管，在腺泡的切面上可见染色较浅的泡心细胞位于腺泡腔内或腺细胞之间。胰岛是由内分泌细胞组成的球形细胞团，胰岛细胞排列不规则，HE 染色浅淡，细胞核圆形，细胞界限分辨不清。胰岛大小不等、形状不定，难以区分细胞类型。胰腺腺泡和胰岛分布于肝内大静脉周围，胰腺内血细胞丰富，在胰组织中还有闰管、导管汇集而成的导管系统（图版Ⅲ-5~6）。另外，在肝组织上弥散分布有土黄色的褐脂素，直径为（31.43~50.72）μm，主要集中在窦间隙和血管附近，胰腺上也有分布。

三、豹纹鳃棘鲈消化系统特点分析

1. 豹纹鳃棘鲈食性及其消化道的特点

鱼类的消化道直接参与食物的消化和吸收，消化道的特点具有与食性相一致的特征。一般肉食性鱼类比肠长最小，植食性鱼类比肠长较大，杂食性鱼类比肠长最

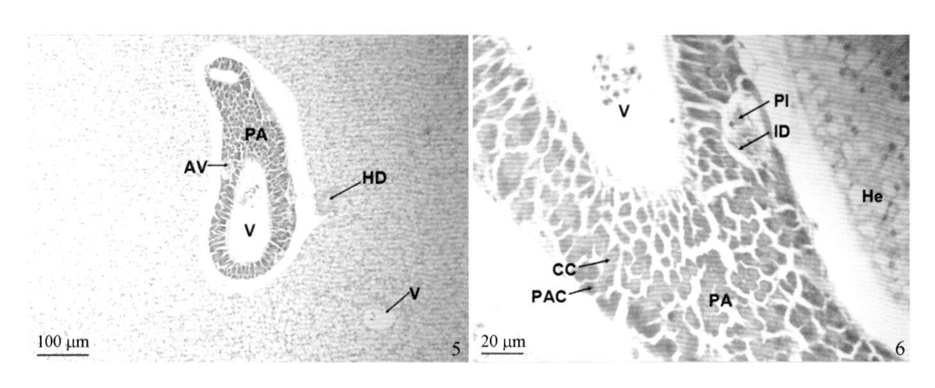

图版Ⅲ-5~6　肝切面

5. 肝切面：PA：胰腺，AV：动脉血管，HD：肝管，V：血管，（HE，×100）

6. 肝切面：PA：胰腺，PAC：胰腺腺泡，CC：泡心细胞，PI：胰岛，ID：闰管，V：血管，He：肝细胞，（HE，×400）

大。豹纹鳃棘鲈的比肠长为 0.72±0.04，短于植食性鱼类和杂食性鱼类，与肉食性鱼类七带石斑鱼、驼背鲈、平鲷（*Rhabdosargus sarba*）等相似。另外也有研究显示，同一种鱼在不同时期，由于摄食条件的变化，对食物的选择不同，比肠长也会发生变化。可见，虽然鱼类的食性与比肠长具有相关性，但只能以此作为判别鱼类食性的一种参考依据。

豹纹鳃棘鲈的食道宽短而直，管壁厚，弹性好，是输送和容纳摄取食物的通道，其主要功能是将食物转移到胃。食道内表面有许多纵行黏膜褶，从上往下行越来越密，借以在吞食大型食饵时扩大食道的容积。

豹纹鳃棘鲈的食道和胃交界处区分明显，形成细颈，黏膜褶变缓，复层扁平上皮转变单层柱状上皮，杯状细胞减少，说明由食道的润滑功能逐渐过渡到胃的消化功能。有的鱼类如史氏鲟（*Acipenser schrenckii*）、白鲟（*Psephurus gladius*）的食道与胃以及胃与肠交接处有括约肌出现，该结构的功能可防止食物倒流或防止进入肠内的食物残渣回流。

豹纹鳃棘鲈的胃与军曹鱼（*Rachycentron canadum*）、褐菖鲉（*Sebastiscus marmoratus*）、尼罗罗非鱼（*Tilapia nilotica*）等较接近，均为“Y”形胃，胃较发达，胃壁厚，胃腺多且发达，黏膜层明显厚于消化道其他部分。发达的胃腺、黏膜褶以及幽门括约肌尽可能地扩大了胃的容量，使豹纹鳃棘鲈能一次性摄食较多食物，加上发达的胃腺分泌的胃蛋白酶原和产生的盐酸的消化作用，使食物得以在胃内充分消化，这也符合豹纹鳃棘鲈的肉食性鱼类的特点。由于黏液细胞最初被称为杯状细胞，所以人们常以这些杯状细胞的形态来确定黏液细胞，豹纹鳃棘鲈胃部黏膜的黏液细胞不是典型的杯状，因此，从 HE 染色结果来看，豹纹鳃棘鲈胃部不具有杯状细胞，这与平鲷、哲罗鱼（*Hucho taimen*）、美洲石斑鱼（*Centropristis striata*）等相似。由于胃黏膜上皮中几乎没有杯状细胞，所以胃的消化功能主要依赖胃腺。胃腺产生的盐酸和酶的分泌可以促进细胞外的蛋白质消化，胃黏液细胞分泌的黏液物质可以保护胃黏膜不受盐酸和胃酶的消化作用影响。

豹纹鳃棘鲈肠道有两处弯曲，主观认为按照其自然折叠成的 3 段，分别是前肠、中肠和后肠，但根据苏友禄的研究，从组织学角度来看前肠和中肠结构无明显差别，而与后肠有差别，因此笔者将肠道分为小肠和直肠进行连续组织切片。豹纹鳃棘鲈的小肠管腔大于直肠，说明食物主要在小肠停留。豹纹鳃棘鲈的直肠中杯状细胞密度最大，说明直肠的消化能力也很强，这与平鲷相似。直肠的纹状缘和肌层的高度并没有减弱，说明直肠也具有较强的营养吸收能力，以满足豹纹鳃棘鲈生长的需要，这与奥尼罗非鱼（*Tilapia galilaea*）的研究相似。肠道上皮绒毛和吸收细胞游离面的微绒毛可使小肠吸收表面积扩大 600 余倍。蛋白质和碳水化合物在肠内被肠液、胰液及胆汁分解为氨基酸和单糖，然后被肠吸收细胞吸收，最后进入血液。大部分脂肪会形成乳糜微粒，进入细胞侧面的间隙中，最后进入中央乳糜管。

豹纹鳃棘鲈的幽门盲囊由外观呈指状的 3 个突起构成。幽门盲囊的数目、大小和排列，也可作为分类的特征。鱼类的幽门盲囊位于肠的起始端，是鱼类特有的消化器官，一般肉食性鱼类具有这一结构，幽门盲囊的数量因鱼的种类不同而存在很大差别，有胃肉食性鱼类如条石鲷（*Oplegnathus fasciatus*）、驼背鲈、哲罗鱼等，通过增加幽门盲囊数量来增大肠道的吸收面积，而杂食性和植食性的无胃鱼类，大都通过增加肠道的长度来增加吸收面积。豹纹鳃棘鲈的幽门盲囊中杯状细胞分布密度与小肠相近，可认为幽门盲囊为小肠的分支，也可以说幽门盲囊是鱼类为了增加小肠表面积所作出的适应性结构。嗜伊红颗粒与蛋白质的消化吸收有着密切的关系，在豹纹鳃棘鲈消化道黏膜层分布有嗜伊红颗粒，这与哲罗鱼、波纹唇鱼等肉食性鱼类的研究相一致，说明了肉食性鱼类发达的蛋白质消化机能与其摄食习性密切相关，所以在人工饲养豹纹鳃棘鲈的过程中，饲料中蛋白质的含量要满足鱼体的需要，以保证鱼的健康生长。

豹纹鳃棘鲈在自然海区以鱼类、贝类、虾蟹类等为食，消化道形态上显示与其肉食性相适应的特点：口咽腔较大，食道较粗短，胃明显而且发达，具有幽门盲囊，比肠长较小。这些都是典型的肉食性鱼类消化道的特征，与温和肉食性鱼类如美洲黑石斑鱼、平鲷、褐菖鲉等鱼类的研究结果相似。

2. 豹纹鳃棘鲈的消化腺特点

豹纹鳃棘鲈的肝为三叶，呈枫叶状，中叶较短阔，左右两叶稍窄长，同七带石斑鱼、翘嘴鲌（*Erythroculter ilishaeformis*）、波纹唇鱼等相似。鱼类肝出现形态的差异，可能与其长期的栖息地、食性、体型、大小、生理行为、生活习性、年龄，以及外界条件的刺激变化有关。鱼类的肝有的分为两叶，有的不分叶或呈3叶、多叶。肝中分布有丰富的血管，豹纹鳃棘鲈是肉食性鱼类，为维持正常的生命活动，需捕食小鱼及小型底栖动物，而在消化和捕食过程中需要消耗大量的能量，丰富的血管为血液的运输提供了便利的条件，保证了能量的充足供给。同时肝中胆管众多，说明肝具有分泌胆汁、防御且参与机体代谢活动的功能。肝细胞分泌的胆汁通过肝细胞索的胆小管，贮藏在胆囊内，机体需用时胆汁再由胆管输入到小肠，以发挥分解脂肪的作用。胆囊呈长条状，与七带石斑鱼相似。HE染色发现肝组织切片有大量空泡，用油红染色验证肝细胞内有大量的脂肪蓄积，肝细胞为主要的贮脂场所。硬骨鱼类肝细胞内脂滴区分布的大小与其食性有十分密切的关系，肉食性鱼类如剑尾鱼（*Xiphophorus helleri*）的肝细胞内具有较多呈球状颗粒的脂滴区，豹纹鳃棘鲈成鱼肝中具有较多的脂泡，说明豹纹鳃棘鲈摄食量大，肝的功能强大。组织切片发现幽门盲囊、肠系膜、肝表膜和肝实质内有胰腺组织分布，因此认为豹纹鳃棘鲈的胰腺属于弥散性的，这与乌鳢（*Ophicephalus argus*）、军曹鱼、奥尼罗非鱼等相似。脂褐素是沉积于肝等组织衰老细胞中的黄褐色不规则小体，是一种残余溶酶体，脂褐素沉积在肝细胞，就会影响肝的健康，使肝不能正常发挥功能。

第二节 豹纹鳃棘鲈消化道黏液细胞的类型和分布

鱼类的黏液细胞能分泌多种活性物质，如黏多糖、糖蛋白、免疫球蛋白及各种水解酶类，对鱼的许多生理功能有重要影响。对消化道黏液细胞进行深入研究，有助于对鱼类生长、发育等基本生理机制的理解，对鱼类的养殖和病害防治中也具有重要的意义。对于鱼类黏液细胞的研究，国外开展得较早，已对多种鱼类如鳟鱼（*Oncorhynchus mykiss*）、大西洋鲑（*Salmo salar*）等的黏液细胞进行了研究。国内有关这方面的研究也较多，如波纹唇鱼、驼背鲈、多鳞四指马等。本节对工厂化养殖条件下的豹纹鳃棘鲈消化道黏液细胞进行了观察研究，为豹纹鳃棘鲈的消化生理学基础研究和规模化养殖生产提供资料。

一、豹纹鳃棘鲈消化道黏液细胞的类型和分布

参照尹苗等对鱼类黏液细胞类型的划分方法，根据AB-PAS染色结果，将豹纹鳃棘鲈黏液细胞分成4种类型：Ⅰ型为红色，AB阴性，PAS阳性，含中性黏多糖；Ⅱ型为蓝色，AB阳性，PAS阴性，含酸性黏多糖；Ⅲ型为紫红色，AB与PAS均为阳性，主要含有PAS阳性的中性黏多糖，同时含有少量AB阳性的酸性黏多糖；Ⅳ型为蓝紫色，AB与PAS同样均为阳性，但主要含有AB阳性的酸性黏多糖，同时含有少量PAS阳性的中性黏多糖。

豹纹鳃棘鲈消化道各部黏膜层上皮中都有黏液细胞分布，但各部黏液细胞的类型和密度存在差异。

食道黏膜层向食道管腔突出，形成指状突起的纵形褶皱，每个纵褶又发出若干个指状突起的二级褶皱，形成食道绒毛，绒毛顶端部分未见有黏膜细胞，绒毛中下端有大量的黏液细胞。黏膜层以Ⅲ型黏液细胞为主，并含有Ⅰ型和Ⅳ型黏液细胞，Ⅱ型黏液细胞为极少量。Ⅲ型黏液细胞在黏膜层均有分布，Ⅰ型黏液细胞多分布在绒毛基部，Ⅱ型和Ⅳ型黏液细胞分布在绒毛中上部及游离部，数量较少（图版Ⅳ-1和图版Ⅳ-2）。可见，在食道的黏膜层中，黏液细胞所含物质是以含中性黏多糖为主，并有少量酸性黏多糖的混合性黏液物质。

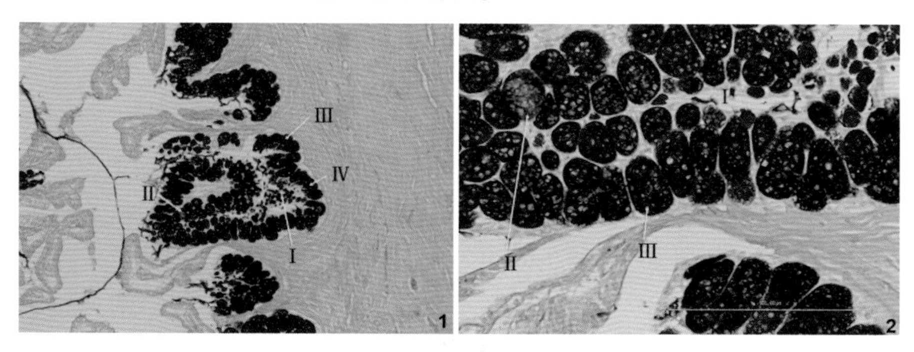

图版Ⅳ-1　食道黏膜层横切（AB-PAS，×100）图版Ⅳ-2　食道黏膜细胞（AB-PAS，×400）

胃部的黏液细胞，与关海红的研究相类似，含有两种黏液细胞，其中胃黏膜上皮表面的黏液细胞，AB-PAS染色呈红色，即Ⅰ型黏液细胞，胃黏膜的基底部的胃腺细胞，AB-PAS染色呈紫红色，即Ⅲ型黏液细胞（图版Ⅳ-3和图版Ⅳ-4）。可见，在胃的黏膜层上皮，黏液细胞所含物质以中性黏多糖为主；在胃黏膜的基底部，黏液细胞所含物质是以含中性黏多糖为主的混合性黏液物质。

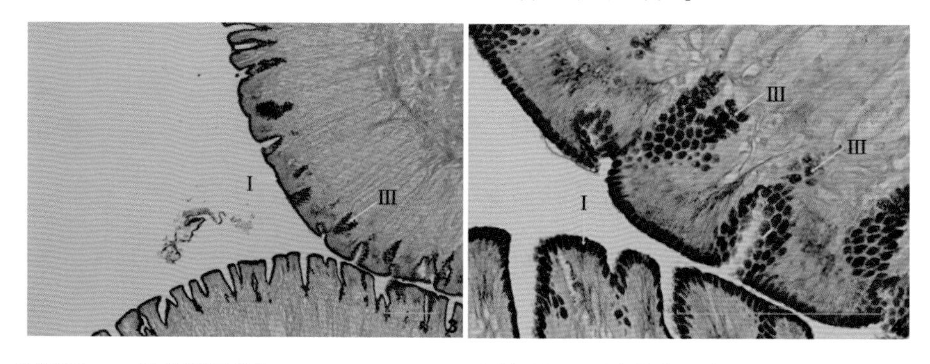

图版Ⅳ-3　胃黏膜层横切（AB-PAS，×100）图版Ⅳ-4　胃黏膜细胞（AB-PAS，×400）

幽门盲囊和肠相似，黏膜层以Ⅲ型黏液细胞为主，并含有少量的Ⅰ型黏液细胞。

Ⅲ型黏液细胞在柳叶状皱褶上均有分布，在相邻皱褶的隐窝处密度更大，Ⅰ型黏液细胞主要分布在黏膜皱褶底部（图版Ⅳ-5 至图版Ⅳ-8）。可见，在幽门盲囊和肠的黏膜层，黏液细胞所含物质主要是以含中性黏多糖为主的混合性黏液物质。

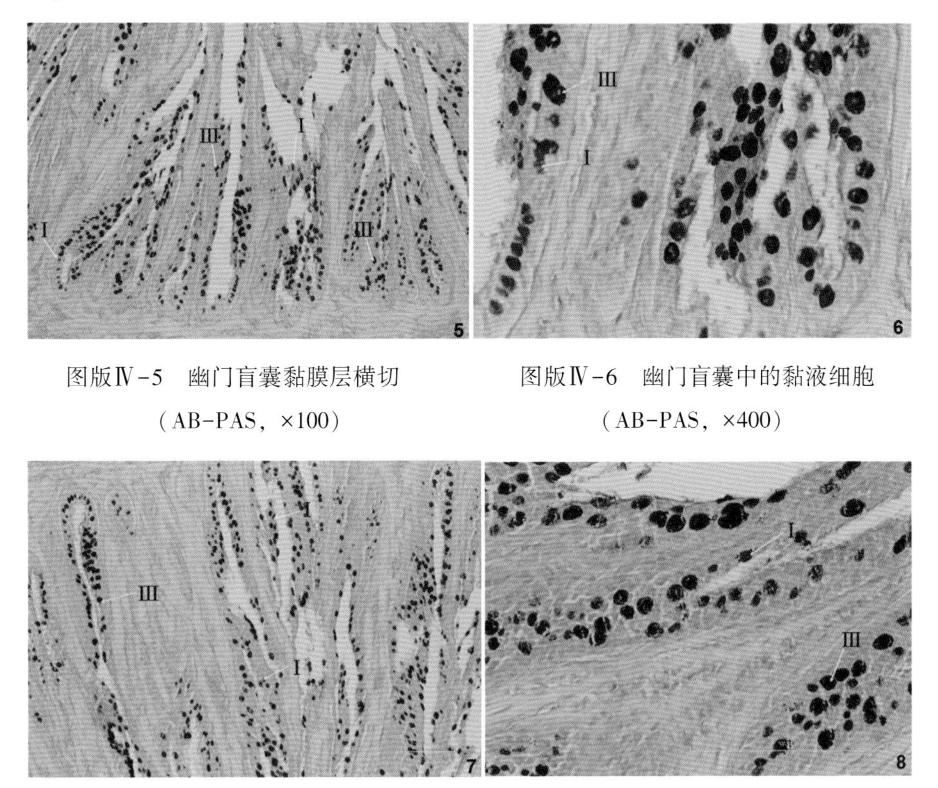

图版Ⅳ-5 幽门盲囊黏膜层横切（AB-PAS，×100）

图版Ⅳ-6 幽门盲囊中的黏液细胞（AB-PAS，×400）

图版Ⅳ-7 小肠黏膜层横切（AB-PAS，×100）

图版Ⅳ-8 小肠黏液细胞（AB-PAS，×400）

直肠黏膜层以Ⅲ型黏液细胞和Ⅳ型黏液细胞为主，并含有少量的Ⅰ型黏液细胞和Ⅱ型黏液细胞。Ⅲ型黏液细胞和Ⅳ型黏液细胞在黏膜层上均有分布，Ⅰ型黏液细胞主要分布在黏膜皱褶底部，少量的Ⅱ型黏液细胞分布在Ⅲ型和Ⅳ型黏液细胞（图版Ⅳ-9 和图版Ⅳ-10）。可见，在直肠的黏膜层上，黏液细胞所含物质主要是中性黏多糖和酸性黏多糖混合黏液物质。

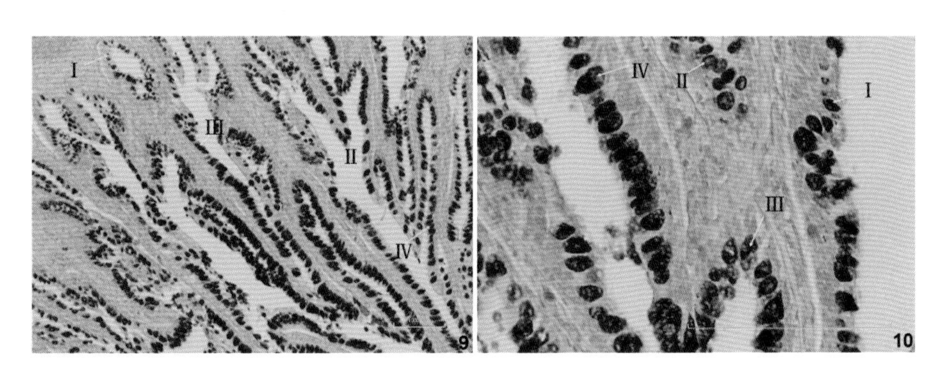

图版Ⅳ-9 直肠黏膜层横切（AB-PAS，×100）

图版Ⅳ-10 直肠黏液细胞（AB-PAS，×400）

二、豹纹鳃棘鲈黏液细胞在消化道各部分的密度及细胞大小

黏液细胞在豹纹鳃棘鲈消化道各部分黏膜层的分布密度见表 8.2。胃的黏膜层黏液细胞分布密度最大，为（111.37±21.74）cells/mm^2，极显著高于消化道其他部分；直肠、幽门盲囊、肠的黏液细胞分布密度分别为（35.09±8.74）cells/mm^2、（30.23±5.37）cells/mm^2、（28.00±4.67）cells/mm^2，差异不显著，食道的黏液细胞分布密度最低，为（10.83±1.94）cells/mm^2，与消化道其他部分相比，差异极显著。

表 8.2　豹纹鳃棘鲈消化道黏液细胞的主要类型和分布密度　　cells · mm^{-2}（mean ±SD）

项目	Ⅰ型	Ⅱ型	Ⅲ型	Ⅳ型	总数
食道	2.92±1.14^C	0.07±0.02^A	6.86±1.40^C	0.34±0.12^C	10.83±1.94^E
胃	85.53±28.31^A	0	25.84±13.07^A	0	111.37±21.74^A
幽门盲囊	7.88±3.04^C	0	22.35±4.56^A	0	30.23±5.37^C
肠	4.00±1.41^C	0	24.00±4.74^A	0	28.00±4.67^C
直肠	0.64±1.80^C	0.18±0.60^A	20.82±8.40^A	13.45±5.22^A	35.09±8.74^C

注：表中同列肩标的大写字母有相同字母者表示组间差异不显著（$P>0.05$），字母相邻者表示组间差异显著（$P<0.05$），字母相隔者表示组间差异极显著（$P<0.01$）。

豹纹鳃棘鲈消化道各部分黏液细胞的大小不一，存在显著性差异见表 8.3。食道部位黏液细胞的平均长径最长，为（22.24±8.88）μm，与消化道其他部分相比，差异极显著；其次为直肠，其黏液细胞的平均长径为（13.29±4.71）μm，与消化道其他部分相比，差异也极显著；幽门盲囊和肠的黏液细胞平均长径分别为（9.11±2.10）μm 和（8.59±2.63）μm，它们之间的差异不显著，但与消化道其他部分相比，差异极显著；胃的黏液细胞的平均长径最短，为（5.11±1.49）μm，与消化道其他部分相比，差异极显著。食道部位黏液细胞的平均短径最长，为（14.66±6.09）μm，与消化道其他部分相比，差异极显著；其次为直肠，其黏液细胞的平均短径为（7.84±2.43）μm，与消化道其他部分相比，差异也极显著；肠和幽门盲囊的黏液细胞平均短径分别为（5.32±2.02）μm 和（5.32±1.56）μm，它们之间的差异不显著，但与消化道其他部分相比，差异极显著；胃的黏液细胞的平均短径最短，为（2.56±0.90）μm，与消化道其他部分相比，差异极显著。

食道黏膜层中的黏液细胞密度虽小，但其体积很大，位于绒毛中下端的多呈圆球形，基部的多呈梨状或囊状；胃部黏膜上皮的黏液细胞多呈单层柱状，胃黏膜的基底部多为圆球形；幽门盲囊和肠的黏液细胞相似，多呈圆形和杯状，黏膜层基底处多呈囊状；直肠的黏液细胞密度和大小相比幽门盲囊和肠的更大，多呈圆形和杯

状，黏膜层基底处多呈囊状。

表 8.3 豹纹鳃棘鲈消化道不同部位黏液细胞的大小 μm（mean ±SD）

黏液细胞类型	大小	食道	胃	幽门盲囊	肠	直肠
Ⅰ型	长径	13.43±3.32	5.67±1.41	8.59±2.22	6.87±1.99	9.58±2.43
	短径	8.31±1.67	2.28±0.78	4.22±1.20	3.41±0.87	4.97±1.92
Ⅱ型	长径	24.39±3.66	0	0	0	15.19±8.34
	短径	16.44±1.89	0	0	0	7.80±1.46
Ⅲ型	长径	29.00±6.33	4.55±1.36	9.62±1.85	9.75±2.38	12.06±4.52
	短径	19.30±4.33	2.85±0.93	6.42±1.01	6.61±1.47	7.14±2.42
Ⅳ型	长径	24.80±7.93	0	0	0	14.93±4.35
	短径	16.73±5.18	0	0	0	9.04±1.99
平均	长径	22.24±8.88[a]	5.11±1.49[g]	9.11±2.10[e]	8.59±2.63[e]	13.29±4.71[c]
	短径	14.66±6.09[a]	2.56±0.90[g]	5.32±1.56[e]	5.32±2.02[e]	7.84±2.43[c]

注：表中同列肩标的小写字母有相同字母者表示组间差异不显著（$P>0.05$），字母相邻者表示组间差异显著（$P<0.05$），字母相隔者表示组间差异极显著（$P<0.01$）。

三、豹纹鳃棘鲈消化道的不同部位黏液细胞分泌能力的比较

豹纹鳃棘鲈消化道各部分的黏液细胞密度、大小都有差异，以消化道各部位的黏液细胞相对总面积（单位面积的细胞数量与细胞平均面积之积）表示黏液细胞的分泌能力 P，对消化道各部位的分泌能力进行比较，结果见表 8.4。可知食道和直肠的黏液细胞分泌能力 P 值分别为 3 485.56±644.21 和 3 044.84±781.01，食道的黏液细胞分泌能力最强，与直肠相比，差异显著，与消化道其他部分相比，差异极显著；肠、幽门盲囊以及胃的黏液细胞分泌能力 P 分别为 1 333.68±245.02、1 326.51±237.08 和 1 141.62±217.33，它们之间的差异不显著，但与食道和直肠的差异极显著。

表 8.4 豹纹鳃棘鲈消化道不同部位黏液细胞分泌能力（*P*）值的比较（mean ±SD）

项目	分泌能力（*P*）				
	总和	Ⅰ型	Ⅱ型	Ⅲ型	Ⅳ型
食道	3 485.56±644.21[A]	262.65±102.16	20.76±22.02	3 081.98±627.02	120.16±43.12
胃	1 141.62±217.33[D]	863.82±285.90	0	277.80±140.45	0

续表

项目	分泌能力（P）				
	总和	Ⅰ型	Ⅱ型	Ⅲ型	Ⅳ型
幽门盲囊	1 326. 51±237. 08[D]	229. 17±88. 34	0	1 097. 34±223. 90	0
肠	1 333. 68±245. 02[D]	74. 40±26. 30	0	1 259. 28±248. 89	0
直肠	3 044. 84±781. 01[B]	25. 23±71. 53	17. 90±59. 36	1 529. 51±616. 95	1 472. 20±570. 90

注：表中同列肩标的大写字母有相同字母者表示组间差异不显著（$P>0.05$），字母相邻者表示组间差异显著（$P<0.05$），字母相隔者表示组间差异极显著（$P<0.01$）。

四、豹纹鳃棘鲈消化道黏液细胞分布分析

1. 豹纹鳃棘鲈黏液细胞的分类及其在消化道中的分布

本结果表明，豹纹鳃棘鲈胃部黏液细胞的密度最大。由于黏液细胞最初被称为杯状细胞，人们常以它的形态来确定黏液细胞，而豹纹鳃棘鲈胃部黏液细胞不是典型的杯状，从 AB-PAS 染色结果看，豹纹鳃棘鲈胃部含有黏液细胞。这与花鲈（*Lateolabrax japonicus*）、哲罗鱼的研究结果相似。豹纹鳃棘鲈胃部含有两种黏液细胞：胃黏膜上皮为表面黏液细胞，为单层柱状，AB-PAS 染色为红色，属Ⅰ型黏液细胞，含中性黏多糖，具有调节胃中 pH 值的功能，中性黏多糖在消化道黏膜表面形成一层黏液膜，防止受到酸液的破坏，保护消化道上皮，而中性黏液细胞常与碱性磷酸酶共存，故又有消化功能；胃黏膜的基底部为胃腺细胞，大多为圆形，细胞平均直径比表面黏液细胞的大，AB-PAS 染色主要为紫红色，属Ⅲ型黏液细胞，含中性黏多糖为主的混合性黏液物质。胃腺多而发达，具有制造盐酸和胃蛋白酶原的功能，可以消化食物和动物蛋白。

豹纹鳃棘鲈食道的黏液细胞体积较胃、肠的黏液细胞大，这与哲罗鱼相似。黏液细胞在黏膜上皮中的分布形状不同，新形成的囊状细胞与基底膜相连，形成时间长的位于黏膜上皮表层。食道以Ⅲ型黏液细胞为主，并含有Ⅰ型和Ⅳ型黏液细胞，因为食物在酸性的条件下进行消化，这种中性偏酸性的黏液环境可能为豹纹鳃棘鲈食道具有消化功能提供证据，同时酸性黏多糖可以利用其酸性成分有效地防止病原菌的侵入。

豹纹鳃棘鲈幽门盲囊与肠的黏液细胞分布密度有一致性，主要是Ⅲ型和Ⅰ型黏液细胞在以中性黏多糖为主的黏液环境中起消化作用，少量的酸性黏多糖对消化道上皮起保护作用。直肠的黏液细胞数目也较多，以Ⅲ型和Ⅳ型黏液细胞为主，说明在直肠中中性黏多糖和酸性黏多糖都很丰富。在肠道中，黏液细胞的大小和分布密

度从前到后是递增的。

鱼类消化道黏液细胞的形态、分布密度以及黏液的化学组成不仅与鱼类的种类有关，也与鱼类的生活环境及其食性有关。一般说来，草食性的鱼类黏液细胞数量最大，杂食性鱼类黏液细胞的数量居中，肉食性鱼类的黏液细胞数量最少。作为肉食性珊瑚礁鱼类，豹纹鳃棘鲈消化道各段黏液细胞的数量均少于杂食性鱼类如重口裂腹鱼（*Schizothorax davidi*）、黄姑鱼（*Nibea albiflora*）、黄鳍鲷（*Sparus latus*）、黄斑篮子鱼（*Siganus oramin*）等，与上述规律一致。

2. 豹纹鳃棘鲈的消化生理与鱼类消化道各部分泌能力的比较

SINHA 研究表明，消化管内壁的黏液，在食物通过时有润滑作用，可以防止食物对消化管上皮的机械损伤，并且黏液中含有各种消化酶类，对营养物质的消化起积极作用。不同消化道各部分的分泌能力有差异。黏液细胞在消化道不同部位的分泌能力与对应部位的消化功能相关。

本研究结果表明，豹纹鳃棘鲈食道的黏液细胞分泌能力最强。由于豹纹鳃棘鲈属肉食性鱼类，食物大而复杂，黏液物质多有利于食物顺畅地转移到胃中。另外消化道各部位分泌的酸性黏液物质不仅能润滑食物，还可以软化坚硬的食物，从而更好地保护消化道黏膜层，酸性黏液物质还可以与蛋白酶形成复合物，有稳定酶的作用。在肠道中，黏液细胞的黏液分泌能力从前到后递增，直肠的黏液细胞分泌能力在肠道中最强，这可能与直肠的生理功能有密切关系，直肠与肛门相连，细菌等病原体易侵入，黏液中所含有的免疫性物质可有效除去病原体，同时，直肠中存在大量黏液，有利于粪便的形成和排出，另外直肠也具备食物消化的能力。肠、幽门盲囊以及胃的黏液细胞分泌能力的差异不显著，幽门盲囊与肠的黏液细胞分泌能力的相似性也证明了幽门盲囊可以是肠的分支，可扩大肠对食物的消化吸收面积。又因为幽门盲囊和肠紧连在胃之后，幽门盲囊和肠便于消化从胃中过来的食物，担负着部分胃的功能，这些结果同褐牙鲆的研究相似。胃腺是黏膜上皮的主要组成部分，胃腺细胞既能分泌胃蛋白酶原，同时也能产生盐酸。胃的主要功能之一是消化食物中的蛋白质，发达的胃使食物在胃中停留时间延长，食物被充分地消化，具备发达的胃可以相对容易地将较大的食物进行搅拌和处理成糜状物。食道与直肠会直接与海水接触，与病原生物接触的机会更多，此两部分黏膜层组织上黏液细胞的分泌能力与消化道其他部位相比更强。以上表明消化道各部分黏液细胞分泌能力的强弱是与豹纹鳃棘鲈的消化生理特点相适应的。

第三节 工厂化养殖条件下豹纹鳃棘鲈消化道组织及酶活性

研究鱼类消化酶可以为改善鱼类饲养方法、降低饲养成本、提高产量提供必要的基础资料，同时对鱼类生理学等方面的研究也有重要意义。因此，开展豹纹鳃棘鲈消化器官中胃蛋白酶、胰蛋白酶、淀粉酶和脂肪酶活性研究，并比较在相同养殖情况下出现的消瘦鱼和正常鱼的消化酶活性和组织学的不同，对配制它们的人工饵料有重要意义。

一、实验鱼的选择

1. 实验样本的选择

实验鱼取自海南省海洋与渔业科学院琼海科研基地，该鱼采用流水式工厂化养殖模式，全程投喂人工配合饲料。随机取5尾平均体长（28.13±1.18）cm，平均体重（500.10±74.16）g，体表完整、体型正常的豹纹鳃棘鲈成鱼和5尾平均体长（27.87±1.25）cm，平均体重（313.50±46.94）g，体表无伤、体型消瘦的豹纹鳃棘鲈成鱼作为实验鱼，饥饿48 h，待其消化道中食物及粪便排空后备用，进行活体解剖，于冰盘上将其消化系统的各个部分（胃、幽门盲囊、肝胰脏、肠道）逐一仔细分离，剔除脂肪和内容物，用预冷的生理盐水反复冲洗，用滤纸轻轻吸干水分，准确称量一定重量的组织，存入离心管，超低温保存待测。

2. 酶液制备

将超低温保存的消化系统组织取出，于4℃低温下解冻，按照重量体积比1∶4（组织∶样本匀浆介质），在组织中加入样本匀浆介质，匀浆后用冷冻离心机于4℃，2 500 r/min条件下离心10 min，取上清液置于4℃下保存，24 h内测定完毕。

3. 酶活力测定

本实验酶活力测定方法采用南京建成生物工程研究所的试剂盒的方法测定，分别测定酶液蛋白含量、胃蛋白酶活力、胰蛋白酶活力、淀粉酶活力及脂肪酶活力。

酶液蛋白含量（g/L）依据考马斯亮蓝法测定。

胃蛋白酶活力按照化学比色法测定，酶活力定义：在温度37℃条件下，1 mg组织蛋白1 min分解蛋白生成1 μg氨基酸相当于1个酶活力单位。

胰蛋白酶活力按照紫外分光法测定，酶活力定义：在pH 8.0，温度37℃条件下，1 mg蛋白中含有的胰蛋白酶1 min使吸光度变化0.003即为一个酶活力单位。

淀粉酶活力按照碘-淀粉比色法测定，酶活力定义：在温度37℃条件下，组织中1 mg蛋白与底物作用30 min，水解10 mg淀粉定义为1个淀粉酶活力单位。

脂肪酶活力按照甘油三酯水解法测定，酶活力定义：在温度37℃条件下，1 g组织蛋白在反应体系中与底物反应1 min，每消耗1 μmol底物为一个酶活力单位。

4. 数据处理

消化器官中4种酶的活性值为相同部位同种酶的所有平均值，采用SPSS 19.0

软件对测定所得数据进行单因素方差分析（One-Way ANOVA），用 Duncan 氏多重比较法分析各组间的差异显著性，描述性统计结果用平均值±标准差（mean±SD）表示，$P \leq 0.05$ 表示具有显著性差异，$P \leq 0.01$ 表示具有极显著性差异。

二、豹纹鳃棘鲈消化道消化酶活性比较

1. 豹纹鳃棘鲈消化酶活性

豹纹鳃棘鲈消化道的胃蛋白酶在胃中活性最高，为（113.97±11.74）U/mg（prot），而在幽门盲囊、肠道和肝胰脏中未检测出；胰蛋白酶在肝胰脏中活性最高，为（244.08±23.06）U/mg（prot），其次为肠道和幽门盲囊，在胃中未检测出；肝胰脏中的胰蛋白酶活性与肠中的胰蛋白酶活性差异显著（$P<0.05$），与幽门盲囊中的胰蛋白酶活性差异极显著（$P<0.01$）。

淀粉酶在肠道中活性最高，为（1 165.78±59.11）U/mg（prot），其次为肝胰脏和胃，在幽门盲囊中活性最低，为（94.99±8.30）U/mg（prot），且肠道中的淀粉酶活力极显著高于其他消化系统（$P<0.01$），胃、幽门盲囊和肝胰脏之间的淀粉酶活性差异显著（$P<0.05$）。

脂肪酶在豹纹鳃棘鲈的消化系统中活性极低，只在肝胰脏中有少许活性，仅为（4.64±1.25）U/mg（prot）（表 8.5）。

表 8.5　豹纹鳃棘鲈不同消化器官中消化酶的活性和分布　　U/mg（prot）

项目		胃	幽门盲囊	肠道	肝胰脏
胃蛋白酶活力	A 组	$113.97±11.74^{A}$			
	B 组	$42.29±9.60^{C}$			
胰蛋白酶活力	A 组		$164.62±14.18^{cA}$	$201.45±10.85^{bA}$	$244.08±23.06^{aA}$
	B 组		$161.30±7.85^{A}$	$64.48±9.89^{C}$	$191.99±35.36^{A}$
淀粉酶活力	A 组	$156.24±14.08^{dA}$	$94.99±8.30^{eA}$	$1\,165.78±59.11^{aA}$	$328.43±26.69^{cA}$
	B 组	$40.88±2.31^{C}$	$27.99±2.23^{C}$	$80.77±15.59^{C}$	$141.83±14.65^{C}$
脂肪酶活力	A 组				4.64±1.25
	B 组				

注：A 组为正常鱼，B 组为消瘦鱼。表中同行上标的小写字母（同列上标的大写字母）有相同字母者表示组间差异不显著（$P>0.05$），字母相邻者表示组间差异显著（$P<0.05$），字母相隔者表示组间差异极显著（$P<0.01$）。

2. 豹纹鳃棘鲈健康鱼与消瘦鱼消化酶活力的比较

对于蛋白酶，正常鱼胃中的胃蛋白酶活力都高于消瘦鱼，且极显著（$P<0.01$），正常鱼肠道中的胰蛋白酶活力高于消瘦鱼，且极显著（$P<0.01$），正常鱼的幽门盲囊和肝胰脏的胰蛋白酶活力都高于消瘦鱼，但不显著（$P>0.05$）（图 8.2）。

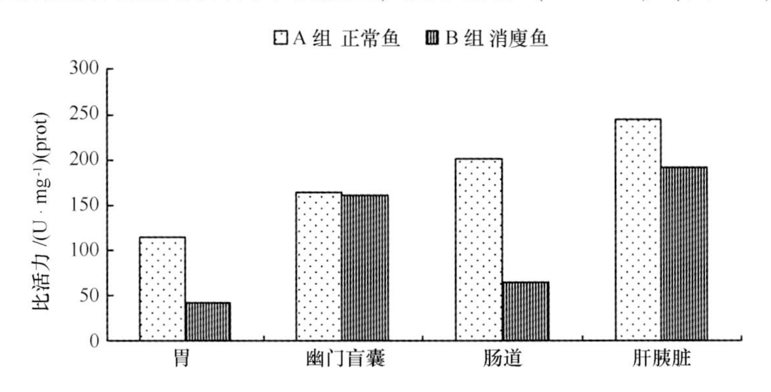

图 8.2 正常鱼和消瘦鱼不同组织中蛋白酶的活性分布

对于淀粉酶，正常鱼消化系统各部位的淀粉酶活力都高于消瘦鱼，且极显著（$P<0.01$）（图 8.3）。

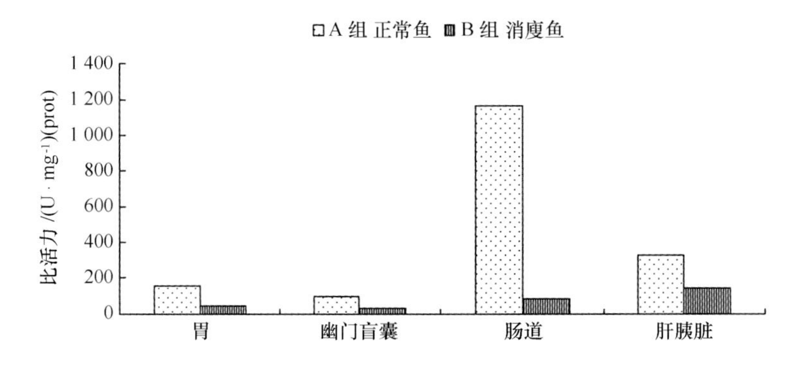

图 8.3 正常鱼和消瘦鱼不同组织中淀粉酶的活性分布

三、豹纹鳃棘鲈的健康个体与消瘦个体消化系统组织学的比较

豹纹鳃棘鲈的健康个体与消瘦个体消化系统组织学的比较见表 8.6。消瘦鱼的食道、胃、幽门盲囊的黏膜褶皱高度都高于正常鱼，但差异不显著；小肠和直肠的黏膜褶皱高度低于正常鱼，且差异极显著（图 8.4）。消瘦鱼食道的黏膜下层厚度大于正常鱼，但差异不显著；胃、幽门盲囊、小肠和直肠的黏膜下层厚度小于正常鱼，且差异极显著（图 8.5）。消瘦鱼食道、胃、幽门盲囊和小肠中的环肌层厚度和纵肌层厚度都小于正常鱼，但消瘦鱼肠的环肌层厚度和纵肌层厚度都大于正常鱼，且差

异极显著（图8.6和图8.7）。消瘦鱼食道、胃、幽门盲囊的浆膜层厚度都小于正常鱼，且差异极显著，肠部浆膜层的厚度大于正常鱼（图8.8）。消瘦鱼消化道各部位的杯状细胞密度明显小于健康鱼。

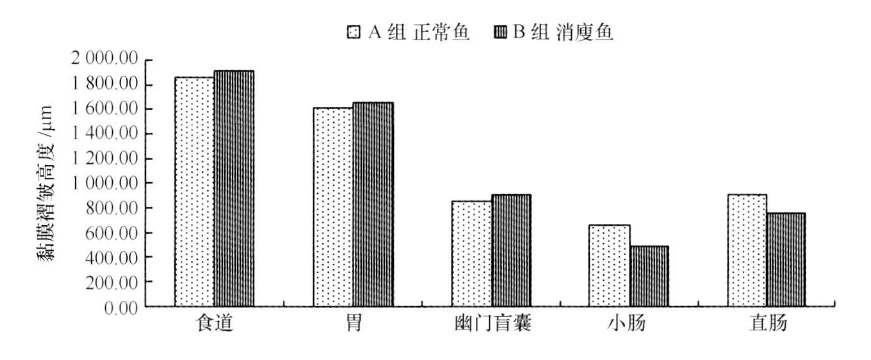

图8.4 正常鱼和消瘦鱼不同组织中黏膜褶皱高度的比较

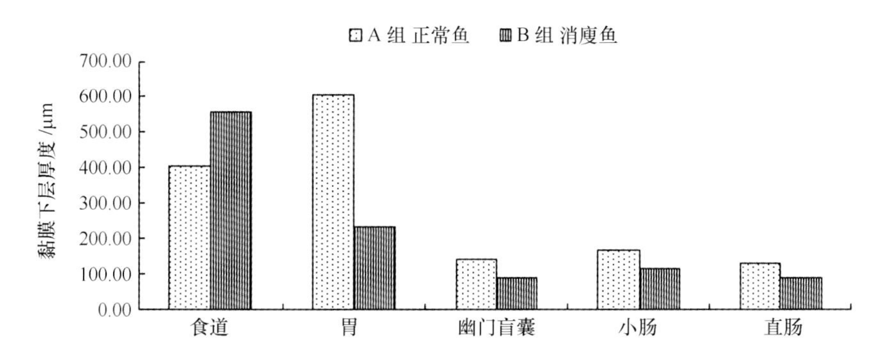

图8.5 正常鱼和消瘦鱼不同组织中黏膜下层厚度的比较

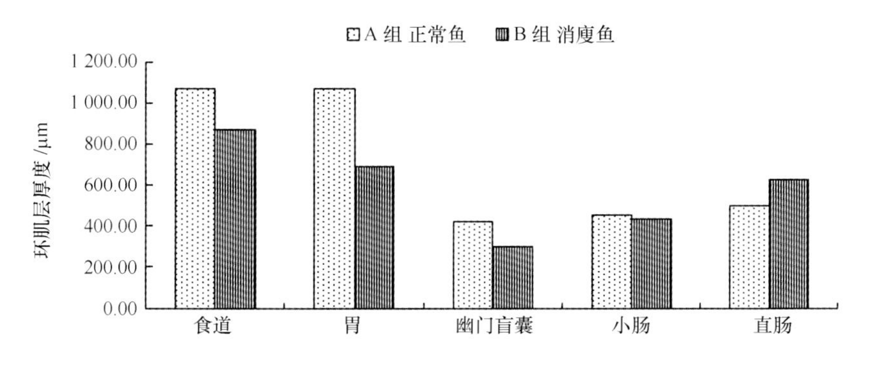

图8.6 正常鱼和消瘦鱼不同组织中环肌层厚度的比较

消瘦鱼肝呈土黄色，出现变性，有的极瘦鱼的肝出现碎裂且颜色发白，对消瘦个体肝组织进行HE和油红O染色发现豹纹鳃棘鲈消瘦个体的肝组织变得疏松，细

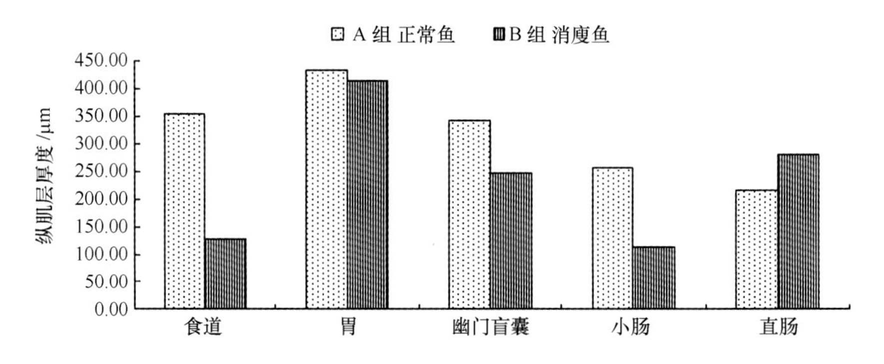

图 8.7　正常鱼和消瘦鱼不同组织中纵肌层厚度的比较

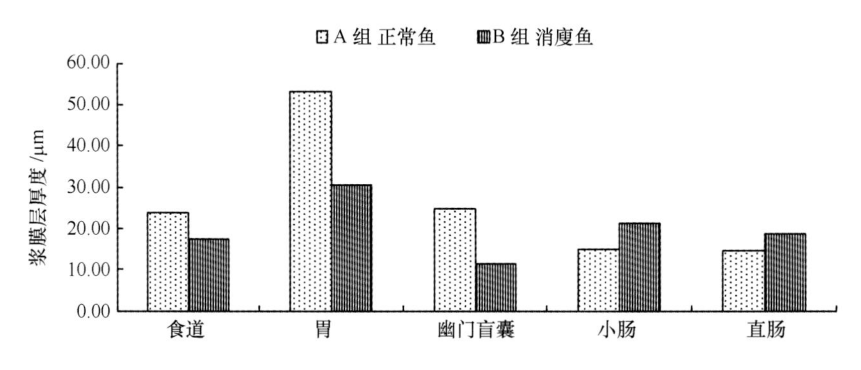

图 8.8　正常鱼和消瘦鱼不同组织中浆膜层厚度的比较

胞缩小，肝细胞内贮存的脂质少于健康个体，肝细胞间隙增宽明显，肝细胞索明显，肝组织上出现的褐脂素多于健康个体。

表 8.6　豹纹鳃棘鲈消化道组织形态指数　（mean±SD）

项目		食道	胃	幽门盲囊	小肠	直肠
黏膜褶皱高度	A	1 859.36±669.05^{A}	1 610.23±184.70^{A}	851.08±97.25^{A}	660.82±58.50^{A}	903.31±98.72^{A}
/μm	B	1 912.76±544.29^{A}	1 658.95±635.33^{A}	900.42±185.18^{A}	489.43±100.70^{C}	750.91±180.16^{C}
黏膜下层厚度	A	403.18±86.98^{A}	603.78±122.77^{A}	140.73±50.05^{A}	164.85±39.04^{A}	129.08±62.68^{A}
/μm	B	557.03±151.75^{A}	234.33±101.37^{C}	88.08±21.80^{C}	114.65±38.29^{C}	88.86±54.32^{C}
环肌层厚度	A	1 068.66±116.70^{A}	1 072.33±332.60^{A}	420.74±59.97^{A}	454.43±24.37^{A}	499.80±32.81^{C}
/μm	B	868.89±105.13^{C}	692.79±232.97^{C}	302.33±77.73^{C}	430.95±58.36^{B}	625.87±71.30^{A}
纵肌层厚度	A	352.86±347.61^{A}	432.40±115.22^{A}	341.88±46.67^{A}	256.61±56.64^{A}	215.63±28.92^{C}
/μm	B	126.36±50.45^{C}	412.91±163.37^{A}	245.93±47.75^{C}	112.72±32.14^{C}	279.87±43.18^{A}

续表

项目		食道	胃	幽门盲囊	小肠	直肠
浆膜层厚/μm	A	23.78±10.35[A]	53.18±55.92[A]	24.74±11.24[A]	14.88±7.82[B]	14.46±6.20[A]
	B	17.46±4.94[C]	30.60±33.83[A]	11.27±5.16[C]	21.34±10.87[A]	18.59±13.26[A]

四、豹纹鳃棘鲈消化道黏液分泌能力比较

1. 豹纹鳃棘鲈健康个体和消瘦个体消化道黏液细胞的类型和分布的比较

消瘦鱼的黏液细胞在消化道各段的总分布密度均小于正常鱼（表 8.7）。其中，胃部黏液细胞的总分布密度显著小于正常鱼，而在食道、幽门盲囊、小肠和肝胰脏中，消瘦鱼的黏液细胞总分布密度极显著小于正常鱼。

表 8.7 消化道黏液细胞的主要类型和分布密度

cells/0.01 mm^2（mean±SD）

项目		Ⅰ型	Ⅱ型	Ⅲ型	Ⅳ型	总数
食道	正常个体	2.92±1.14[aC]	0.07±0.02[aA]	6.86±1.40[aC]	0.34±0.12[aC]	10.83±1.94[aE]
	消瘦个体	0.51±0.23[c]	0.04±0.05[a]	3.75±0.67[c]	0.59±0.54[a]	4.86±0.92[c]
胃	正常个体	85.53±28.31[aA]	0	25.84±13.07[aA]	0	111.37±21.74[aA]
	消瘦个体	77.65±23.73[a]	0	19.65±11.89[a]	0	97.30±17.30[b]
幽门盲囊	正常个体	7.88±3.04[aC]	0	22.35±4.56[aA]	0	30.23±5.37[aC]
	消瘦个体	4.88±2.01[b]	0	20.30±8.72[a]	0	25.18±9.62[c]
小肠	正常个体	4.00±1.41[aC]	0	24.00±4.74[aA]	0	28.00±4.67[aC]
	消瘦个体	2.00±1.16[a]	0.90±1.10	16.00±5.02[c]	2.80±2.44	21.70±3.39[c]
直肠	正常个体	0.64±1.80[aC]	0.18±0.60a[A]	20.82±8.40[aA]	13.45±5.22[aA]	35.09±8.74[aC]
	消瘦个体	0.81±0.87[a]	1.09±1.04[a]	10.64±3.85[c]	11.50±3.36[a]	24.05±6.42[c]

注：表中同列上标的小写字母（大写字母）有相同字母者表示组间差异不显著（$P>0.05$），字母相邻者表示组间差异显著（$P<0.05$），字母相隔者表示组间差异极显著（$P<0.01$）。

食道黏膜层的Ⅰ型黏液细胞和Ⅲ型黏液细胞在消瘦鱼中的分布密度都小于正常鱼，且差异极显著，Ⅱ型黏液细胞小于正常鱼，但不显著，Ⅳ型黏液细胞的分布密度大于正常鱼，且不显著。

胃部黏膜层的Ⅰ型黏液细胞和Ⅲ型黏液细胞在消瘦鱼中的分布密度都小于正常

鱼，但差异不显著。

幽门盲囊黏膜层的Ⅰ型黏液细胞在消瘦鱼中的分布密度显著小于正常鱼，Ⅲ型黏液细胞在消瘦鱼中的分布密度小于正常鱼，但不显著。

小肠黏膜层黏液细胞的分布密度对消瘦鱼和正常鱼来说对比明显，在正常鱼中未发现Ⅱ型和Ⅳ型黏液细胞，而在消瘦鱼黏膜层，4 种黏液细胞都存在，也可能是消瘦鱼黏液细胞着色浅造成的视觉差异。其中Ⅲ型黏液细胞在消瘦鱼中的分布密度极显著小于正常鱼，Ⅰ型黏液细胞在消瘦鱼中的分布密度也小于正常鱼，但不显著。

直肠黏膜层上的黏液细胞在消瘦鱼中分布密度都小于正常鱼，其中，Ⅲ型黏液细胞在消瘦鱼中的分布密度极显著小于正常鱼，而Ⅰ型、Ⅱ型和Ⅳ型黏液细胞在消瘦鱼和正常鱼之间的差异不显著。

黏液细胞的大小在消瘦鱼和正常鱼之间也有明显差异（表 8.8）。消瘦鱼黏液细胞的平均长径都小于正常鱼。其中消瘦鱼的食道、幽门盲囊和直肠中的黏液细胞平均长径都极显著小于正常鱼，而胃和小肠的黏液细胞平均长径在两种鱼之间的差异不显著。消瘦鱼食道和直肠中黏液细胞的平均短径都极显著小于正常鱼，消瘦鱼胃部黏液细胞的平均短径大于正常鱼，但不显著，消瘦鱼幽门盲囊和小肠的黏液细胞平均短径小于正常鱼，差异也不显著。

表 8.8　豹纹鳃棘鲈消化道不同部位黏液细胞的大小　μm（mean±SD）

			食道	胃	幽门盲囊	小肠	直肠
Ⅰ型	正常个体	长径	13.43±3.32	5.67±1.41	8.59±2.22	6.87±1.99	9.58±2.43
		短径	8.31±1.67	2.28±0.78	4.22±1.20	3.41±0.87	4.97±1.92
	消瘦个体	长径	14.43±4.62	6.19±1.66	6.77±1.89	5.48±2.17	8.07±3.10
		短径	5.14±1.92	2.67±0.76	3.74±1.11	3.21±1.02	4.78±1.46
Ⅱ型	正常个体	长径	24.39±3.66	0	0	0	15.19±8.34
		短径	16.44±1.89	0	0	0	7.80±1.46
	消瘦个体	长径	19.06±4.34	0	0	8.68±1.78	8.89±2.91
		短径	12.66±3.28	0	0	6.33±1.29	6.39±1.64
Ⅲ型	正常个体	长径	29.00±6.33	4.55±1.36	9.62±1.85	9.75±2.38	12.06±4.52
		短径	19.30±4.33	2.85±0.93	6.42±1.01	6.61±1.47	7.14±2.42
	消瘦个体	长径	18.00±4.09	4.14±1.02	8.92±2.01	7.62±1.65	11.21±3.28
		短径	11.26±4.15	2.67±0.92	6.24±1.52	5.08±1.24	6.73±1.78

续表

			食道	胃	幽门盲囊	小肠	直肠
Ⅳ型	正常个体	长径	24.80±7.93	0	0	0	14.93±4.35
		短径	16.73±5.18	0	0	0	9.04±1.99
	消瘦个体	长径	21.15±4.76	0	0	8.34±1.51	10.68±2.54
		短径	12.27±2.61	0	0	5.87±1.33	7.42±1.71
平均	正常个体	长径	22.24±8.88[aA]	5.11±1.49[gA]	9.11±2.10[eA]	8.59±2.63[eA]	13.29±4.71[eA]
		短径	14.66±6.09[aA]	2.56±0.90[gA]	5.32±1.56[eA]	5.32±2.02[eA]	7.84±2.43[eA]
	消瘦个体	长径	18.46±4.88[C]	4.92±1.63[A]	7.89±2.23[C]	7.53±1.94[A]	10.40±6.33[C]
		短径	10.60±4.14[C]	2.67±0.86[A]	5.04±1.83[A]	5.06±1.51[A]	6.76±1.84[C]

注：表中同行上标的小写字母（大写字母）有相同字母者表示组间差异不显著（$P>0.05$），字母相邻者表示组间差异显著（$P<0.05$），字母相隔者表示组间差异极显著（$P<0.01$）。

2. 豹纹鳃棘鲈消化道的不同部位黏液细胞分泌能力的比较

豹纹鳃棘鲈消化道各部分的黏液细胞密度、大小都有差异，以消化道各部位的黏液细胞相对总面积（单位面积的细胞数量与细胞平均面积之积）表示黏液细胞的分泌能力 P，对消化道各部位的分泌能力 P 进行比较（表 8.9）。从表 8.9 可知，食道和直肠的黏液细胞分泌能力 P 分别为 3 485.56±644.21 和 3 044.84±781.01，食道的黏液细胞分泌能力 P 最强，与直肠相比，差异显著，与消化道其他部分相比，差异极显著；小肠、幽门盲囊及胃的黏液细胞分泌能力 P 分别为 1 333.68±245.02、1 326.51±237.08 和 1 141.62±217.33，它们之间的差异不显著，但与食道和直肠的差异极显著。

表 8.9　消化道不同部位黏液细胞分泌能力（P）值的比较　　(mean±SD)

项目		分泌能力（P）				
		总和	Ⅰ型	Ⅱ型	Ⅲ型	Ⅳ型
食道	正常个体	3 485.56±644.21[Aa]	262.65±102.16[a]	20.76±22.02[a]	3 081.98±627.02[a]	120.16±43.12[a]
	消瘦个体	781.93±167.34[c]	29.85±13.72[c]	7.67±9.90[a]	621.53±111.00[c]	122.88±111.54[a]
胃	正常个体	1 141.62±217.33[Da]	863.82±285.90[a]		277.80±140.45[a]	
	消瘦个体	1 127.94±241.64[a]	952.46±306.32[a]		175.47±106.19[a]	
幽门盲囊	正常个体	1 326.51±237.08[Da]	229.17±88.34[a]		1 097.34±223.90[a]	
	消瘦个体	1 016.89±409.95[c]	101.16±41.75[b]		915.73±393.29[a]	

续表

项目		分泌能力（P）				
		总和	Ⅰ型	Ⅱ型	Ⅲ型	Ⅳ型
小肠	正常个体	1 333. 68±245. 02[Da]	74. 40±26. 30[a]		1 259. 28±248. 89[a]	
	消瘦个体	680. 49±89. 62[c]	30. 10±17. 38[a]	39. 91±48. 80	500. 64±156. 97[c]	109. 84±95. 74
直肠	正常个体	3 044. 84±781. 01[Ba]	25. 23±71. 53[a]	17. 90±59. 36[a]	1 529. 51±616. 95[a]	1 472. 20±570. 90[a]
	消瘦个体	1 472. 06±391. 63[c]	25. 72±27. 47[a]	51. 85±49. 64[b]	654 . 35±237. 11[c]	740. 14±216. 35[c]

注：表中同行上标的小写字母（大写字母）有相同字母者表示组间差异不显著（$P>0.05$），字母相邻者表示组间差异显著（$P<0.05$），字母相隔者表示组间差异极显著（$P<0.01$）。

3. 豹纹鳃棘鲈健康个体和消瘦个体消化道黏液细胞分泌能力的比较

正常鱼（A）与消瘦鱼（B）的消化道各段黏液细胞总分泌能力也有差异，其中消瘦鱼胃部黏液细胞的总分泌能力为1 127. 94±241. 64，小于正常鱼，但差异不显著；而消瘦鱼的食道、幽门盲囊、小肠和直肠的黏液细胞总分泌能力分别为781. 93±167. 34、1 016. 89±409. 95、680. 49±89. 62、1 472. 06±391. 63，远小于正常鱼，且差异都极显著。

消瘦鱼食道中Ⅰ型、Ⅲ型黏液细胞分泌能力极显著少于正常鱼；Ⅱ型黏液细胞分泌能力少于正常鱼，但不显著；Ⅳ型黏液细胞分泌能力多于正常鱼，也不显著（图8. 9）。

消瘦鱼胃中的Ⅰ型、Ⅲ型黏液细胞分泌能力少于正常鱼，但不显著（图8. 10）。

消瘦鱼幽门盲囊中的Ⅰ型黏液细胞分泌能力显著少于正常鱼，Ⅲ型黏液细胞分泌能力少于正常鱼，但不显著（图8. 11）。

消瘦鱼小肠中Ⅰ型黏液细胞分泌能力少于正常鱼，Ⅲ型黏液细胞分泌能力显著少于正常鱼，消瘦鱼小肠中还可见有Ⅱ型、Ⅳ型黏液细胞（图8. 12）。

消瘦鱼直肠中的Ⅲ型、Ⅳ型黏液细胞分泌能力极显著少于正常鱼，Ⅰ型、Ⅱ型黏液细胞分泌能力多于正常鱼（图8. 13）。

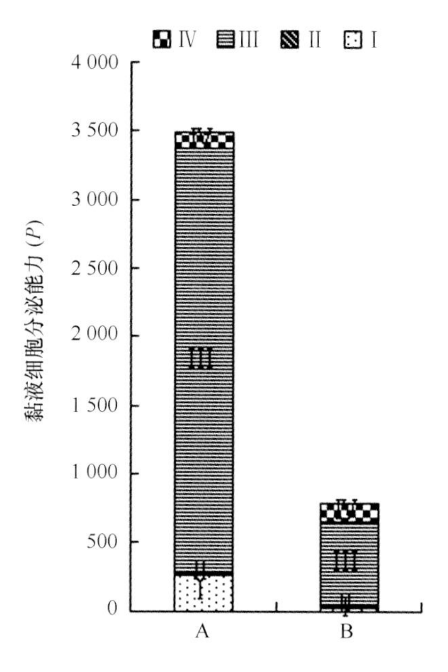

图 8.9 消瘦鱼和正常鱼食道中黏液细胞分泌能力的比较

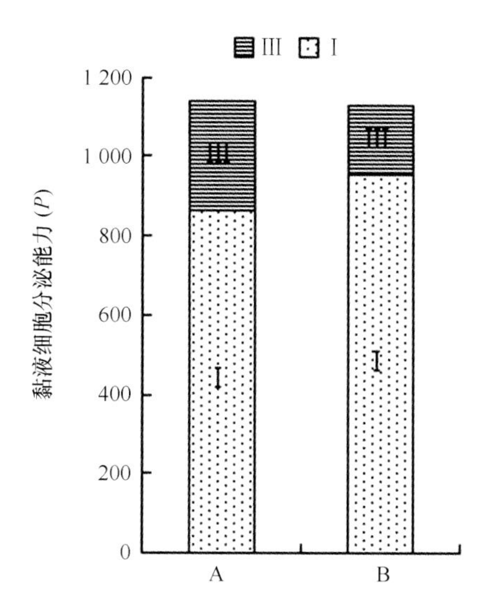

图 8.10 消瘦鱼和正常鱼胃中黏液细胞分泌能力的比较

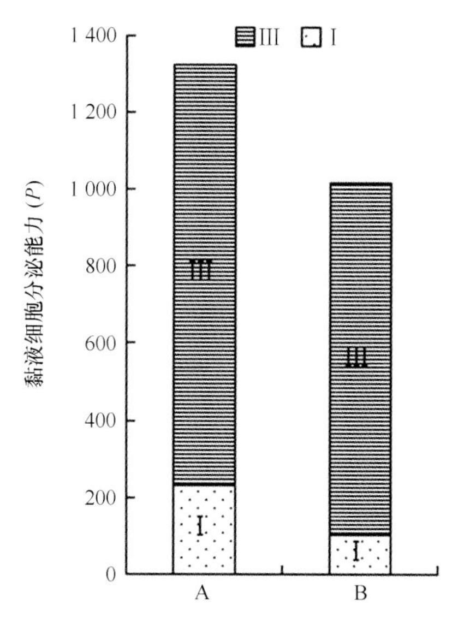

图 8.11 消瘦鱼和正常鱼幽门盲囊中黏液细胞分泌能力的比较

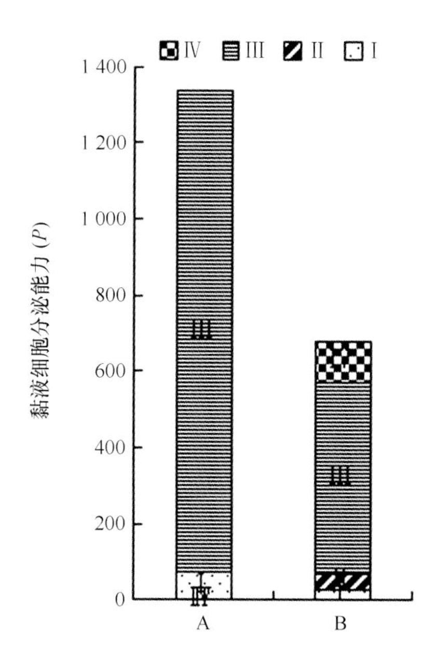

图 8.12 消瘦鱼和正常鱼小肠中黏液细胞分泌能力的比较

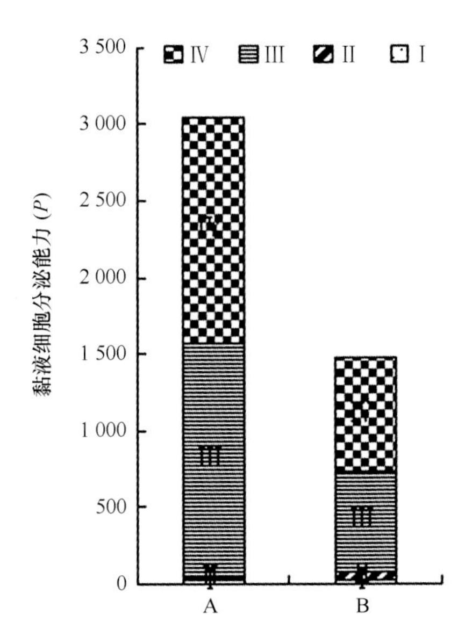

图 8.13　消瘦鱼和正常鱼直肠中黏液细胞分泌能力的比较

五、工厂化养殖的豹纹鳃棘鲈消化能力分析

1. 豹纹鳃棘鲈消化酶活性的分布特点

胃蛋白酶在胃中活性最高。胰蛋白酶在消化系统中的活性由大到小依次为：肝胰脏、肠道、幽门盲囊。淀粉酶在消化系统中的活性由大到小依次为：肠道、肝胰脏、胃、幽门盲囊。脂肪酶在豹纹鳃棘鲈消化系统中的活性极低，只在肝胰脏中有少许活性。

胃蛋白酶集中在胃部。胰蛋白酶集中在肝胰脏。豹纹鳃棘鲈是肉食性动物，蛋白酶在其消化中的地位显得特别重要。肉食性鱼类肝胰脏蛋白酶活性高。黄耀桐等指出，在饲料蛋白质含量为 32%～40% 范围内，无论肝胰脏或肠道蛋白酶活性都随饲料中蛋白质含量的增高而升高。蛋白质作为生命活动的物质承担者，是鱼类生长性能和饲料成本的最重要影响因素。

淀粉酶集中在肠道。有研究认为鱼消化道中的淀粉酶是一种可诱导酶。吴婷婷等在肉食性的鳜消化组织中检测到大大高于草食性草鱼和鲤的淀粉酶活性。一般认为肉食性鱼的淀粉酶活性低于草食性鱼。但是吴婷婷等的研究表明，肉食性的鳜消化组织中的淀粉酶活性大大高于草食性草鱼和鲤。除了鱼种类本身的差别外，饲养条件起着至关重要的作用。Fraissi 等的研究表明饲养条件对大头鲇鱼（*Ameiurus nebulosus*）消化道淀粉酶活性有极其重要的影响，在鱼的饲料中碳水化合物的比例升高，淀粉酶活性会增强。

脂肪酶在豹纹鳃棘鲈的消化系统中活性极低，只在肝胰脏中有少许活性。脂肪酶活性与鱼类食性无明显相关性。这些差别与饲养方案有关。由于脂酶与食物组成有关，因此，可以根据调整饲料组成，以求达到最大的喂饲效率。鱼类的肠道各部位脂肪酶活性和淀粉酶活性变化有互补现象，即淀粉酶活性高的部位脂肪酶活性低，相反，脂肪酶活性高的淀粉酶活性低。王重刚等报道，在投喂真鲷幼鱼的过程中，发现其脂肪酶活力与食物中的脂肪含量呈现出负相关的趋势，但在投喂罗非鱼时，未发现食物的组成对其脂肪酶活性有明显的规律性影响，这表明饲料中所含脂肪对于鱼体内脂肪酶活性的影响在不同的鱼类中表现不同。

2. 豹纹鳃棘鲈的食性与消化酶活性分布分析

鱼类的食性一般分为肉食性、植食性和杂食性，鱼类的食性因种类不同而异，即使是同一种类，由于生长在不同的环境条件和不同的发育阶段，其食性也可能不同，但鱼类的食性总是和其本身的消化酶组成状况密切相关。鱼类消化酶的种间差异明显，同种鱼在不同条件下也存在差异，同时由于不同学者的分析方法和表达酶活性方式的差异，使得研究结果可比性较差。为了使消瘦的豹纹鳃棘鲈健康生长，不妨在饲料中添加淀粉酶，但添加淀粉酶对豹纹鳃棘鲈生长的影响还需进一步实验研究。本研究结果发现豹纹鳃棘鲈肠道的蛋白酶和淀粉酶在正常鱼与消瘦鱼之间的差异皆极显著，说明肠道的消化吸收是影响豹纹鳃棘鲈正常生长最重要的因素。豹纹鳃棘鲈正常鱼消化系统的淀粉酶活力都高于消瘦鱼，且极显著，也说明了淀粉酶的活性是影响豹纹鳃棘鲈能否健康生长的关键因素。

3. 豹纹鳃棘鲈消瘦个体消化系统组织学的特点

消瘦鱼消化道黏膜层的杯状细胞少于健康个体，说明消瘦鱼的消化能力比健康鱼弱。消瘦鱼肝组织变得疏松，肝细胞萎缩，肝细胞内贮存的脂质少于健康个体，肝细胞间隙增宽明显，肝细胞索明显，肝组织上出现的褐脂素密度大于健康个体。由于脂褐素是一种残余溶酶体，脂褐素沉积在肝细胞，就会影响肝的健康，使肝不能正常发挥功能，因此脂褐素的增多可视为轻度慢性毒性的一个指征。表明消瘦鱼的肝存在炎症病变，这些病变的发生可能与肝炎病毒的感染有一定的关系，具体原因还需进一步的实验验证。

4. 豹纹鳃棘鲈消化道各部位分泌能力分析

食道的黏液细胞分泌能力最强。由于豹纹鳃棘鲈是食肉性鱼类，食物大而复杂，食道黏液物质多有利于食物顺畅地转移到胃中。另外食糜团内含有大量的动物骨骼，消化道各部位分泌的酸性黏液物质不仅能润滑食物，还可以软化骨骼碎片等坚硬而锋利的物质，从而更好地保护消化道黏膜层，同时酸性黏液物质易与蛋白酶形成复合物，起到稳定酶的作用。在肠道中，黏液细胞的黏液分泌能力从前到后递增，直肠的黏液细胞分泌能力在肠道中最强，这可能与直肠的生理功能有密切关系，直肠也具备食物消化能力。直肠与肛门相连，细菌等病原体易侵入，黏液中所含有的免疫性物质可有效除去病原体，同时，直肠中存在大量黏液，有利于粪便的形成和排出。小肠、幽门盲囊以及胃的黏液细胞分泌能力 P 差异不显著，幽门盲囊与小肠的黏液细胞分泌能力的相似性说明了幽门盲囊可以看做是小肠的分支，可扩大小肠对食物的消化吸收面积，幽门盲囊和小肠主要起消化吸收的功能。又因为幽门盲囊和小肠紧连在胃之后，幽门盲囊和小肠对从胃中经过的食物继续进行消化，担负着部分胃的功能，同褐牙鲆的研究相似。胃腺是黏膜上皮的主要组成部分，胃腺细胞既能分泌胃蛋白酶原，同时也能产生盐酸。胃的主要功能之一是消化食物中的蛋白质，发达的胃及其胃腺和括约肌能使食物在胃中停留时间延长，使食物被充分地消化，具备发达的胃可以相对容易地将较大的食物进行搅拌和处理成糜状物。食道与直肠会直接与海水接触，与病原生物接触的机会更多，此两部分黏膜层组织上黏液细胞的分泌能力与消化道其他部位相比更强。以上表明消化道各部分黏液细胞分泌能力与豹纹鳃棘鲈的消化生理是相适应的。本实验发现豹纹鳃棘鲈消瘦个体的消化道各部分的中性黏多糖和酸性黏多糖都少于正常鱼，即消瘦鱼消化道的消化能力和抗菌能力都低于正常鱼。

参考文献

薄治礼，周婉霞，辛俭，等.1993. 青石斑鱼仔、稚、幼鱼日龄和形态、生长发育的研究［J］. 浙江水产学院学报，12（3）：165-173.

曹伏君.2002. 花尾胡椒鲷肝的显微结构［J］. 湛江海洋大学学报，22（1）：67-69.

常青，秦帮勇，孔繁华，等.2013. 南极磷虾在水产饲料中的应用［J］. 动物营养学报，25（2）：256-262.

陈超，吴雷明，李炎璐，等.2014. 豹纹鳃棘鲈早期形态与色素变化及添加剂对其体色的影响［J］. 渔业科学进展，35（5）：83-90.

陈度煌，郑乐云，林建斌，等.2013. 不同饲料与小杂鱼对斜带石斑鱼生长和免疫力影响的研究［J］. 福建农业学报，28（4）：309-314.

陈国宝，李永振.2005. 南海主要珊瑚礁鮨科鱼类的组成与分布［J］. 南方水产，1（03）：18-25.

陈国华，张本.2001. 点带石斑鱼亲鱼培育、产卵和孵化的实验研究［J］. 海洋与湖沼，32（4）：428-435.

陈国华，张本.2001. 点带石斑鱼人工育苗技术［J］. 海洋科学，25（1）：1-4.

陈国华，张本.2001. 埋植 17α-甲基睾酮诱导点带石斑鱼性转化技术［J］. 应用生态学报，12（2）：296-298.

陈军，徐皓，倪琦，等.2009. 我国工厂化循环水养殖发展研究报告［J］. 渔业现代化，36（4）：1-7.

陈婉情.2016. 5 种光色对豹纹鳃棘鲈幼鱼生长特征及生理生化功能的影响［D］. 上海：上海海洋大学.

陈晓明，徐学明，金征宇.2004. 富含虾青素的法夫酵母对金鱼体色的影响［J］. 中国水产科学，11（1）：70-73.

陈学锋.2003. 工厂化养鱼基础设施的配制［J］. 北京水产，4：33-35.

陈政强，林锦宗，张雅芝.1996. 温度对秋冬季生殖真鲷胚胎发育及仔、稚鱼存活的影响［J］. 厦门水产学院学报，18（1）：63-70.

褚衍亮，姜乃澄，王玥.2002. 甲壳动物神经肽的结构和功能［J］. 东海海洋，20（1）：42-48.

戴庆年，张其永，蔡友义，等.1988. 福建沿岸海域赤点石斑鱼年龄和生长的研究［J］. 海洋与湖沼，19（3）：215-224.

邓利，张波，谢小军.1999. 南方鲇继饥饿后的恢复生长［J］. 水生生物学报，23（2）：167-173.

丁少雄，王颖汇，王军，等 . 2006. 基于 16SrDNA 部分序列探讨中国近海 30 种石斑鱼类的分子系统进化关系［J］. 动物学报，52（3）：504-513.

丁天喜 . 1990. 石斑鱼人工育苗技术的进展［J］. 浙江水产学院学报，9（1）：43-49.

董宏伟，韩志忠，康志平，等 . 2007. 匙吻鲟含肉率及肌肉营养成分分析［J］. 淡水渔业，37（4）：49-51.

范慧，李百彦，邹烨，等 . 2007. 两种快速脱黑色素的方法［J］. 临床与实验病理学杂志，23（6）：723.

方展强，林敏朝 . 2006. 剑尾鱼肝结构的光镜和透射电镜观察［J］. 电子显微学报，25（3）：265-270.

冯健，覃志彪 . 2006. 淡水养殖太平洋鲑循环饥饿后补偿生长效果研究［J］. 水生生物学报，30（5）：508-513.

冯幼，许合金，刘定，等 . 2014. 鱼类体色研究现状［J］. 饲料博览，（2）：49-52.

符书源，王永波，郑飞 . 2009. 豹纹鳃棘鲈高位池人工育苗实验［J］. 科学养鱼，（12）：26-27.

符书源，王永波，郑飞 . 2010. 豹纹鳃棘鲈仔、稚、幼鱼的形态观察［J］. 热带生物学报，1（2）：170-174.

符书源 . 2007. 鞍带石斑鱼人工繁殖的初步研究［D］. 海口：海南大学.

傅丽容，陈学光，黎学春，等 . 2008. 奥尼罗非鱼消化系统的组织学研究［J］. 水产养殖，29（5）：1-3.

高婷，蒋维 . 2004. 沼虾的体色调节实验 . 生物学通报，39（10）：52-53，63.

宫春光 . 2006. 半滑舌鳎工厂化养殖技术［J］. 齐鲁渔业，23（8）：16-18.

龚孟忠，陈慧，范希军 . 2004. 龙胆石斑鱼引种及人工育苗技术的初步研究［J］. 福建水产，（1）：47-50.

勾效伟，区又君，廖锐 . 2008. 平鲷消化系统形态学、组织学及组织化学研究［J］. 南方水产科学，4（5）：28-36.

辜良斌，徐力文，冯娟，等 . 2015. 豹纹鳃棘鲈尾部溃烂症病原菌的鉴定与药敏实验［J］. 南方水产科学，11（4）：71-80.

关海红，匡友谊，徐伟，等 . 2008. 哲罗鱼消化系统形态学和组织学观察［J］. 中国水产科学，15（5）：873-879.

关海红，尹家胜 . 2013. 哲罗鱼消化道中黏液细胞的发生和分布［J］. 水产学杂志，26（5）：21-25.

关健，常建波，陈玮 . 2008. 白化牙鲆幼鱼体色恢复的初步研究［J］. 齐鲁渔业，25（6）：5-6.

郭永军，邢克智，徐大为 . 2009. 棕点石斑鱼的肌肉营养成分分析 . 水产科学，28（11）：635-638.

何敏，张宇，方静 . 2007. 重口裂腹鱼消化道黏液细胞类型及分布研究［J］. 淡水渔业，37（2）：24-26.

贺国龙，刘立鹤 . 2010. 鱼类体色成因及其调控技术研究进展［J］. 水产科技情报，37（2）：88-91.

洪万树，张其永．1994. 赤点石斑鱼繁殖生物学和种苗培育研究概况［J］. 海洋科学，（5）：17-19.

洪万树，张其永，等．1994. 外源激素诱导赤点石斑鱼雄性化［J］. 台湾海峡，13（4）：374-382.

胡杰，周婉霞，薄治礼，等．1982. 青石斑鱼的胚胎发育［J］. 水产科技情报，（2）：20-22.

胡玫，张中英．2005. 尼罗罗非鱼仔鱼、稚鱼和幼鱼消化系统的发育及其食性的研究［J］. 水产学报，7（3）：207-217.

黄辨非，冯端林，罗静波，等．2008. 饲料中添加红辣椒粉对红草金鱼体色及生长的影响［J］. 水利渔业，28（4）：52-54.

黄桂云，张涛，赵峰，等．2012. 多鳞四指马（鲅）幼鱼消化道形态学和组织学的初步观察［J］. 海洋渔业，34（2）：154-162.

黄洪亮，陈雪忠．2004. 南极磷虾资源开发利用现状及发展趋势［J］. 中国水产科学，11（z1）：114-119.

黄琪琰．2001. 水产动物疾病学［M］. 上海：上海科学技术出版社，65-79.

黄瑞，北岛力，柯才焕．1997. 关于牙鲆白化诱因的探讨［J］. 现代渔业信息，12（9）：21-23.

黄永政．2008. 鱼类体色研究进展［J］. 水产学杂志，21（1）：89-94.

姜志强，贾泽梅，韩延波．2002. 美国红鱼继饥饿后的补偿生长及其机制［J］. 水产学报，26（1）：67-69.

冷向军，李小勤．2006. 水产动物着色的研究进展［J］. 水产学报，30（1）：138-143.

黎祖福，陈省平，庄余谋，等．2006. 鞍带石斑鱼人工繁殖与鱼苗培育技术研究［J］. 海洋水产研究，6（3）：78-85.

李程琼，冯健，刘永坚，等．2005. 奥尼罗非鱼多重周期饥饿后的补偿生长［J］. 中山大学学报，44（4）：99-101.

李海燕，竺俊全，陈飞，等．2011. 美洲黑石斑鱼消化道的形态结构［J］. 生物学杂志，28（4）：31-34.

李欢，桑卫国，段青源，等．2014. 鱼类体色成因及调控研究进展［J］. 海洋科学，38（8）：109-115.

李俊，潘孝毅，易新文，等．2016. 鱼类体色形成及其营养调控的研究进展［J］. 饲料工业，37（10）：28-32.

李刘冬，陈毕生，冯娟，等．2002. 军曹鱼营养成分的分析及评价．热带海洋学报，21（1）：77-82.

李志琼，汪开毓，杜宗君．2001. 改善水产品体色的类胡萝卜素［J］. 科学养鱼，（5）：41-42.

梁宁，潘伟斌．2004. 工厂化养殖循环水处理工艺探讨［J］. 水产科技情报，31（6）：255-256.

林彬，黄宗文，骆剑，等．2010. 棕点石斑鱼胚胎发育的观察［J］. 海南师范大学学报，23（1）：87-92.

刘付永忠，王云新，黄国光，等．2001. 自然产卵的赤点石斑鱼胚胎及仔鱼形态发育研究［J］. 中山大学学报，40（01）：81-84.

刘红梅 . 2006. 乌鳢消化系统组织学及消化酶的研究［D］. 青岛：中国海洋大学.
刘建平 . 2005. 七彩鲑鱼养殖技术——特征、习性及其饲养经验［J］. 中国水产，(2)：83-84.
刘金海，王安利，王维娜，等 . 2002. 水产动物体色色素组分及着色剂研究进展［J］. 动物学杂志，37（2）：92-96.
刘天密，王永波，符书源，等 . 2012. 豹纹鳃棘鲈室外大型水泥池的人工育苗技术［J］. 海洋渔业，34（4）：400-405.
刘旭，丁少雄，王军 . 2004. 温度和盐度对斜带石斑鱼幼鱼生长的影响［C］//中国海洋湖沼学会鱼类学分会、中国动物学会鱼类学分会 2004 年学术研讨会摘要汇编 . 武汉：中国科学院水生生物研究所，56-57.
刘志东，黄洪亮，江航 . 2011. 南极磷虾粉的营养成分分析与评价［C］. 中国水产学会学术年会.
柳敏海，施兆鸿，罗海忠，等 . 2007. 短期饥饿胁迫对鮸鱼幼鱼的生长、生化组成及其消化酶活力的影响［J］. 中国水产科学，14（7）：24-29.
楼宝，史会来，骆季安，等 . 2007. 饥饿和再投喂对日本黄姑鱼代谢率和消化器官组织学的影响［J］. 海洋渔业，29（2）：140-147.
楼允东 . 2004. 组织胚胎学［M］. 北京：中国农业出版社，45-113.
卢彩霞，叶元土，唐精 . 2009. 饲料引起养殖黄颡鱼体色变化的原因［J］. 海洋与渔业，（4）：43-45.
吕明毅 . 1989. 石斑鱼类的生殖生物学［J］. 中国水产（台），(437)：41-52.
马荣和，李加儿，周宏团，等 . 1989. 赤点石斑鱼人工育苗的初步研究［J］. 海洋渔业，9（4）：158-160.
麦康森，魏玉婷，王嘉，等 . 2016. 南极磷虾的主要营养组成及其在水产饲料中的应用［J］. 中国海洋大学学报（自然科学版），46（11）：1-15.
麦贤杰，黄伟健，叶富良，等 . 2005. 海水鱼类繁殖生物学和人工繁育［M］. 北京：海洋出版社.
孟现成，邵庆均 . 2007. 石斑鱼营养需求的研究进展［J］. 中国饲料，19（4）：20-22.
聂玉晨，张波，赵宪勇，等 . 2016. 南极磷虾脂肪与蛋白含量的季节变化［J］. 渔业科学进展，37（3）：1-8.
彭树锋，王云新，叶富良 . 2007. 国内外工厂化养殖简述［J］. 渔业现代化，(2)：12-13.
彭志兰，柳敏海，傅荣兵，等 . 2007. 早繁鮸鱼仔鱼饥饿实验及不可逆点的确定［J］. 海洋渔业，29（4）：325-330.
区又君，勾效伟，李加儿 . 2011. 驼背鲈消化系统组织学与组织化学研究［J］. 海洋渔业，33（3）：289-296.
区又君，李加儿，陈福华 . 1999. 驼背鲈的形态和生物学性状［J］. 中国水产科学，6（1）：24-26.
区又君，李加儿，陈福华 . 1999. 驼背鲈引种驯养及人工诱导性腺发育和繁殖［J］. 湛江海洋大学学报，19（3）：20-23.
区又君，李加儿，勾效伟，等 . 2013. 黄斑篮子鱼消化道组织学和组织化学研究［J］. 南方水产科学，9（5）：51-57.

区又君，柳琪，刘泽伟 . 2006. 3 种笛鲷的含肉率、肥满度、比肝重和肌肉营养成分的分析［J］. 大连水产学院学报，21（3）：287–289.
区又君，苏慧，李加儿，等 . 2012. 七带石斑鱼的形态和生物学性状［J］. 南方水产科学，8（2）：71–75.
区又君 . 2006. 驼背鲈的胚胎发育［J］. 海洋科学，30（08）：17–19.
曲焕韬，李鑫渲，何庆，等 . 2009. 温度和盐度对鞍带石斑鱼受精卵发育及仔鱼成活率的影响［J］. 河北渔业，8（3）：6–9.
曲秋芝，华育平 . 2003. 史氏鲟消化系统形态学与组织学观察［J］. 水产学报，27（1）：1–6.
全汉锋，刘振勇，范希军 . 2004. 点带石斑鱼人工育苗技术的初步研究［J］. 福建水产，（1）：31–34.
邵青，杨阳，王志铮 . 2004. 水产养殖动物补偿生长的研究进展［J］. 浙江海洋学院学报，23（4）：334–341.
沈世杰 . 1993. 台湾鱼类志［M］. 基隆：台湾海洋大学出版社，290–295.
石戈，王健鑫，刘雪珠，等 . 2007. 褐菖鲉消化道的组织学和组织化学［J］. 水产学报，31（3）：293–302.
史海东，辛俭，毛国民，等 . 2004. 斜带石斑鱼人工育苗技术的初步研究［J］. 浙江海洋学院学报：自然科学版，23（1）：19–23.
史建全，刘建虎，陈大庆，等 . 2004. 青海湖裸鲤肠道组织学研究［J］. 淡水渔业，34（2）：16–19.
舒文，毛华明 . 2003. 黑色素的研究进展［J］. 国外畜牧学——猪与禽，23（2）：32–34.
宋建婷，周光宏 . 2002. 影响 β–胡萝卜素吸收的因素［J］. 中国饲料，（22）：16–17.
宋苏祥，孙大江，范兆廷，等 . 1996. 虹鳟鱼肌肉营养成分的分析［J］. 大连水产学院学报，21（3）：70–73.
苏友禄，孙秀秀，冯娟，等 . 2008. 军曹鱼消化系统的形态及组织学研究［J］. 南方水产科学，4（6）：88–94.
孙雷，周德庆，盛晓风 . 2008. 南极磷虾营养评价与安全性研究［J］. 海洋水产研究，29（2）：57–64.
孙中之，闫永祥 . 2003. 大菱鲆工厂化养殖实验［J］. 海洋水产研究，24（1）：6–10.
唐精，叶元土，萧培珍，等 . 2008. 全植物蛋白饲料对胡子鲇体色的影响［J］. 广东饲料，17（12）：25–27.
唐精，叶元土 . 2007. 四种微量元素对胡子鲇体表色素含量的影响［J］. 饲料工业，28（24）：27–30.
王涵生，方琼珊，郑乐云 . 2001. 赤点石斑鱼仔稚幼鱼的形态发育和生长［J］. 上海水产大学学报，10（4）：307–312.
王涵生，方琼珊，郑乐云 . 2002. 盐度对赤点石斑鱼受精卵发育的影响及仔鱼活力的判断［J］. 水产学报，8：344–350.
王涵生 . 1996. 赤点石斑鱼人工繁殖的研究 I . 亲鱼的室内自然产卵［J］. 海洋科学，（6）：4–8.

王涵生 . 1997. 石斑鱼人工繁殖研究的现状与存在问题［J］. 大连水产学院学报，12（3）：44-51.
王吉桥，邓宏相，王秀新，等 . 2005. 白化牙鲆幼鱼与角叉菜和孔石莼混养的能量平衡和体色恢复率［J］. 大连水产学院学报，20（4）：283-289.
王吉桥，许建和，张弼 . 2002. 比目鱼体色异常的机理与对策［J］. 海洋科学，26（2）：27-30.
王吉桥，赵睿，高峰，等 . 2002. 不同食物和光照时间对黑龙睛金鱼体色和生长的影响［J］. 中国观赏鱼，（2）：24-26.
王佳喜，闵文强，胡少华，等 . 2003. 丁鲹含肉率及肌肉营养成分分析［J］. 淡水渔业，（4）：20-22.
王健鑫，石戈，李鹏，等 . 2006. 条石鲷消化道的形态学和组织学［J］. 水产学报，30（5）：618-626.
王锐，齐遵利，张秀文，等 . 2011. 东星斑的生物学特性和人工养殖技术［J］. 中国水产，（4）：33-34.
王锐 . 2011. 豹纹鳃棘鲈人工育苗技术和生理指标的初步研究［D］. 保定：河北农业大学.
王贤刚 . 2003. 斑鳜体色变化观察［J］. 重庆水产，（3）：30-31.
王小磊 . 2001. 热冲击、pH、盐度及饥饿对黄颡鱼早期发育阶段的影响［D］. 武汉：华中农业大学水产学院 .
王秀英 . 2016. 海南冯家湾东星斑刺激隐核虫病发病情况及防治［J］. 科学养鱼，（4）：56-57.
王旭霞，邵力 . 2008. 观赏鱼体色的研究现状［J］. 水生态学杂志，28（2）：57-59.
王岩 . 2001. 海水养殖罗非鱼补偿生长的生物学能量学机制［J］. 海洋与湖沼，32（3）：233-239.
王彦怀，陶秉春，梁伟光，等 . 2006. 金头鲷胚胎发育的初步观察［J］. 海洋水产研究，27（06）：14-18.
王燕妮，张志蓉，郑曙明 . 2001. 鲤鱼的补偿生长及饥饿对淀粉酶的影响［J］. 水利渔业，21（5）：6-7.
王银东，吴世林，张欣欣，等 . 2007. β-胡萝卜素的吸收代谢及其影响因素研究［J］. 中国饲料，（16）：28-31.
王永波，陈国华，林彬，等 . 2009. 豹纹鳃棘鲈胚胎发育的初步观察［J］. 海洋科学，33（3）：21-26.
王永波，陈国华，骆剑，等 . 2010. 波纹唇鱼消化系统的形态解剖与肠道上皮的扫描电镜观察［J］. 海洋通报，29（2）：199-205.
王永波，陈国华，王珺，等 . 2010. 波纹唇鱼消化道黏液细胞的类型与分布［J］. 渔业科学进展，31（05）：22-28.
王永波，王秀英，刘金叶，等 . 2016. 海南岛石斑鱼刺激隐核虫病发病规律调查［J］. 广东农业科学，43（5）：152-156.
王永波，张杰，李向民 . 2016. 豹纹鳃棘鲈消化道黏液细胞的类型与分布［J］. 海洋渔业，38（5）：478-486.

王永波，郑飞，刘金叶，等 . 2014. 豹纹鳃棘鲈工厂化养殖实验［J］. 热带生物学报，5（1）：15-19.

王永翠，李加儿，区又君，等 . 2012. 野生与养殖黄鳍鲷消化道中黏液细胞的类型及分布［J］. 南方水产科学，8（5）：46-51.

王云新，黄国光，刘付永忠，等 . 2003. 斜带石斑鱼人工育苗实验［J］. 渔业现代化，（6）：14-15.

王志敏，韩维娜 . 2006. 工厂化养殖鱼类疾病预防技术研究进展［J］. 河北渔业，（7）：1-2.

吴凡，刘晃，宿墨 . 2008. 工厂化循环水养殖的发展现状与趋势［J］. 科学养鱼，9：73.

吴立新，等 . 2000. 水产动物继饥饿或营养不足后的补偿生长研究进展［J］. 应用生态学报，11（6）：943-946.

吴亮，吴洪喜，陈婉情，等 . 2016. 光环境因子对豹纹鳃棘鲈幼鱼栖息特性的影响［J］. 水产科学，35（1）：14-20.

吴亮，吴洪喜，马建忠，等 . 2016. 光色对豹纹鳃棘鲈幼鱼摄食、生长和存活的影响［J］. 海洋科学，40（11）：44-51.

吴亮 . 2016. 光照对豹纹鳃棘鲈幼鱼栖息、生长和肌肉营养成分的影响［D］. 上海：上海海洋大学.

吴天仁 . 1999. 介绍大陆海鱼苗种繁育技术现状及未来发展趋势［J］. 中国水产月刊，（554）：55-60.

向枭，曾学润 . 2000. 类胡萝卜素对花玛丽鱼体色影响的最适量研究［J］. 渔业现代化，（3）：16-18.

谢湘筠，林淑慧，林树根 . 2007. 花鲈消化道黏液细胞的类型及分布［J］. 福建农业学报，22（3）：271-275.

谢小军，邓利，张波 . 1998. 饥饿对鱼类生理生态学影响的研究发展［J］. 水生生物学报，22（2）：181.

谢仰杰，翁朝红，苏永全 . 2007. 斜带石斑鱼仔稚鱼生长和摄食的研究［J］. 厦门大学学报（自然科学版），46（1）：123-130.

辛俭，薛宝贵，楼宝，等 . 2013. 黄姑鱼消化道黏液细胞的类型和分布［J］. 浙江海洋学院学报：自然科学版，32（1）：10-14.

辛乃宏，于学权，吕志敏，等 . 2009. 石斑鱼和半滑舌鳎封闭循环水养殖系统的构建与运用［J］. 渔业现代化，36（3）：21-25.

熊洪林 . 2006. 翘嘴鲌、大鳍鳠和斑鳜肝胰脏的形态学研究［D］. 重庆：西南大学.

徐革锋，陈侠君，杜佳，等 . 2009. 鱼类消化系统的结构，功能及消化酶的分布与特性［J］. 水产学杂志，22（4）：49-55.

徐实怀，颉晓勇，陈怡飚，等 . 2015. 投喂不同饲料对豹纹鳃棘鲈幼鱼生长效果的研究［J］. 科学养鱼，31（3）.

徐晓丽，邵蓬，李灏，等 . 2014. 豹纹鳃棘鲈致病性哈维氏弧菌的分离鉴定与系统发育分析［J］. 华中农业大学学报，33（4）：112-118.

许波涛，李加儿，周宏团，等. 1998. 赤点石斑鱼亲鱼的培育、催产和采卵［J］. 南海水产研究，（16）：25–34.
许波涛，李加儿，周宏团. 1985. 赤点石斑鱼的胚胎和仔鱼形态发育［J］. 水产学报，9（4）：369–374.
严安生，熊传喜，等. 1995. 鳜鱼含肉率及鱼肉营养价值的研究［J］. 华中农业大学学报，14（1）：80–84.
杨桂文，安利国. 1999. 鱼类黏液细胞研究进展［J］. 水产学报，23（4）：403–408.
杨洪志，梁荣峰. 2002. 鞍带石斑鱼繁殖生物学的初步研究［J］. 现代渔业信息，17（7）：20–21.
杨明秋，王永波，符书源，等. 2012. 温度、盐度和 pH 值对豹纹鳃棘鲈早期发育的影响［J］. 热带生物学报，3（2）：104–108.
杨育凯，虞为，林黑着，等. 2017. 豹纹鳃棘鲈仔鱼饥饿实验和不可逆点研究［J］. 南方水产科学，（6）：90–96.
姚荣荣. 2008. 鱥消化道组织学与免疫组织化学的研究［D］. 武汉：华中农业大学.
姚学良，蔡琰，张振奎，等. 2013. 盐度突变对豹纹鳃棘鲈幼鱼耗氧率和排氨率的影响［J］. 天津农学院学报，（3）：29–33.
姚学良，徐晓丽，张振奎，等. 2015. 豹纹鳃棘鲈病原鳗利斯顿氏菌的分离鉴定及生物学特性研究［J］. 中国海洋大学学报（自然科学版），45（5）：39–45.
叶元土，郭建林，萧培珍，等. 2006. 养殖武昌鱼体色与鳞片黑色素细胞的观察［J］. 饲料工业，27（22）：25–27.
叶元土. 2009. 养殖斑点叉尾鮰体色变化生物学机制及其与饲料的关系分析［J］. 饲料工业，30（6）：52–55.
殷名称. 1991. 鱼类早期生活史研究与其进展［J］. 水产学报，15（4）：348–358.
尹苗，安利国，杨桂文，等. 2001. 胡子鲇黏液细胞类型及其在消化道中的分布［J］. 动物学报，47（专刊）：116–119.
尤宏争，孙志景，张勤，等. 2014. 豹纹鳃棘鲈肌肉营养成分分析与品质评价［J］. 水生生物学报，38（6）：1168–1172.
尤宏争，孙志景，张勤，等. 2013. 盐度对豹纹鳃棘鲈幼鱼摄食生长及体成分的影响［J］. 大连海洋大学学报，28（1）：89–93.
袁飞宇，杨小波，刘成红，等. 2003. 螺旋藻饲养锦鲤的研究［J］. 水利渔业，23（1）：41–42.
袁桂良，刘鹰. 2001. 工厂化养殖——水产养殖业发展的动力与潜力［J］. 内陆水产，（4）：42.
袁立强，马旭洲，王武，等. 2008. 饲料脂肪水平对瓦氏黄颡鱼生长和鱼体色的影响［J］. 上海水产大学学报，17（5）：577–584.
袁万安，陈建，童孝兵，等. 2005. 色素添加剂对大口鲇体色的影响［J］. 河北渔业，（1）：16–18.
曾端，叶元土. 1998. 鱼类食性与消化系统结构的研究［J］. 西南农业大学学报，20（4）：361–364.

曾文阳，何锡光 . 1979. 香港红斑之人工繁殖［J］. 渔牧科学杂志，7（1）：7-20.
张波，孙耀，唐启升 . 2000. 饥饿对真鲷生长及生化组成的影响［J］. 水产学报，24（3）：206-210.
张海发，刘晓春，刘付永忠，等 . 2008. 鞍带石斑鱼人工繁殖及胚胎发育研究［J］. 广东海洋大学学报，28（4）36-40.
张海发，刘晓春，刘付永忠，等 . 2006. 斜带石斑鱼胚胎及仔稚幼鱼形态发育［J］. 中国水产科学，13（5）：689-696.
张海发，刘晓春，王云新，等 . 2006. 温度、盐度及 pH 对斜带石斑鱼受精卵孵化和仔鱼活力的影响［J］. 热带海洋学报，25（02）：31-36.
张杰，王永波，李向民，等 . 2015. 工厂化养殖条件下豹纹鳃棘鲈消化系统组织学的观察［J］. 海洋渔业，37（3）：233-243.
张宽，李颜，黄金刚 . 2005. 日本沼虾眼柄神经激素对其色素细胞调节机制的研究［J］. 黄山学院学报，7（6）：82-84.
张宽，王攀文，黄金刚，等 . 2004. 沼虾体色调节之初探［J］. 太原师范学院学报（自然科学版），3（1）：38-42.
张培军 . 1999. 海水鱼类繁殖发育和养殖生物学［M］. 济南：山东科学技术出版社，1-207.
张伟妮，林旋，林树根，等 . 2009. 褐牙鲆消化道黏液细胞的类型及分布［J］. 福建农林大学学报：自然科学版，38（3）：280-284.
张文香，王志敏，张卫国 . 2005. 海水鱼类工厂化养殖的现状与发展趋势［J］. 水产科学，24（5）：50.
张晓斌 . 2003. β-胡萝卜素的应用及研究进展［J］. 中国饲料，（3）：22-24.
张晓红，吴锐全，王海英，等 . 2008. 鱼类体色的色素评价及人工调控［J］. 饲料工业，29（4）：58-61.
张欣，孙向军，梁拥军，等 . 2011. 北方地区东星斑工厂化养殖技术［J］. 科学养殖，（7）：35.
张兴会 . 2001. 影响类胡萝卜素着色的因素和肉鸡皮肤饮水着色法［J］. 中国家禽，23（11）：42-43.
张雅芝，刘冬娥，方琼珊，等 . 2009. 温度和盐度对斜带石斑鱼幼鱼生长与存活的影响［J］. 集美大学学报，14（1）：8-13.
张饮江，何培民，何文辉 . 2001. 螺旋藻对中华绒螯蟹生长和体色的影响［J］. 中国水产科学，8（2）：59-62.
张永泉，贾钟贺，刘奕，等 . 2011. 哲罗鱼消化系统形态学和组织学的研究［J］. 淡水渔业，41（2）：30-35.
张友标，喻达辉，黄桂菊 . 2011. 生态因子对豹纹鳃棘鲈受精卵孵化和仔鱼成活的影响［J］. 广东农业科学，38（10）：102-105.
张雨薇，金志民，陈鑫，等 . 2011. 4 种鲤形目鱼类消化系统的比较研究［J］. 安徽农业科学，39（27）：1 679-1 679.
张宗进，张庆 . 2004. 水产动物发病早发现［J］. 渔业致富指南，（9）：45.

赵宁宁，周邦维，李勇，等 . 2016. 环境光色对工业化养殖豹纹鳃棘鲈幼鱼生长、肤色及生理指标的影响［J］. 中国水产科学，23（4）：976-984.

郑飞，王永波，刘金叶，等 . 2014. 豹纹鳃棘鲈投喂不同饵料的生长实验［J］. 科学养鱼，（2）：68-69.

郑美娟 . 2005. 虾青素在海生动物中的应用［J］. 中国饲料，（3）：33-34.

周邦维，李勇，高婷婷，等 . 2014. 主要营养素源对工业化养殖豹纹鳃棘鲈生长、体色和消化吸收的影响［J］. 动物营养学报，26（5）：1387-1401.

周邦维 . 2014. 主要营养素源及光色对工业养殖豹纹鳃棘鲈生长、肤色及生理指标的效应研究［D］. 青岛：中国科学院研究生院（海洋研究所）.

周仁杰，林涛 . 2002. 斜带石斑鱼人工育苗技术实验［J］. 台湾海峡，21（1）：57-62.

朱国平 . 2011. 南极磷虾种群生物学研究进展 I ——年龄、生长与死亡［J］. 水生生物学报，35（5）：862-868.

朱庆国 . 2007. 不同动植物蛋白比配合饲料对点带石斑鱼生长的影响［J］. 福建水产，9（3）：3-5.

庄轩，丁少雄，郭丰，等 . 2006. 基于细胞色素 b 基因片段序列研究中国近海石斑鱼类系统进化关系［J］. 中国科学 C 辑生命科学，36（1）：27-34.

邹记兴，常林，向文洲，等 . 2003. 点带石斑鱼的亲鱼培育、产卵受精和胚胎发育［J］. 水生生物学报，27（04）：378-384.

邹记兴，胡超群，黄增岳，等 . 2000. 外源混合激素诱导巨石斑鱼性逆转的研究［J］. 高技术通讯，（1）：5-9.

邹记兴，陶友宝，向文洲 . 2003. 人工诱导点带石斑鱼性逆转的组织学证据及其机制探讨［J］. 高技术通讯，（6）：81-86.

水户敏，鹈川正雄等 . 1967. キジハタの幼期 . 内海区水产研究所业绩，（122）：337-347.

鹈川正雄，木通口正毅，水户敏 . 1966. キジハタの产卵习性と初期生活史［J］. 鱼类学杂志，1（4/6）：156-161.

萱野泰久，水户鼓 . 1993. キジハタの卵发生及び孵化仔鱼の生残に及ばす鹽分の影响［J］. 栽培技研，22（1）：35-38.

萱野泰久，尾田正 . 1991. キジハタ卵の发生に及ばす水温の影响について［J］. 水产增殖，39（3）：309-313.

塚岛康生，1983. 北岛力 . メチルテストステロン经口投与によるマハタの雄性化促进长崎水试研报，（9）：55-57.

Adams S. 2003. Morphological ontogeny of the gonad of three plectropomid species through sex differentiation and transition［J］. Journal of Fish Biology，63（1）：22-36.

Bitterlich G. 1987. Digestive enzyme pattern of two stomachless filter feeders silver carp，Hypophtha Imichthys molitrix Val，and bighead carp，Aristichthys nobilis［J］. Fish Bio，27：103-112.

Chen F Y，Chow M，et al. 1977. A rtifical spawning and larval rearing of the grouper，*Epinephelus tauvina* in singapore［J］. Singapore J P rim Ind，15（1）：1-21.

Dong C，Bruce D，Garry R，et al. 2007. Using otolith weight-age relationships to predict age based metrics of coral reef fish populations across different temporal scales [J] . Fisheries Research, 83 (2-3): 216-227.

EBISAWA A. 2013. Life history traits of leopard coralgrouper *Plectropomus leopardus* in the Okinawa Islands, Southwestern Japan [J] . Fisheries Science, 79 (6): 911-921.

Firth K J, Johnson S C, Ross N W. 2000. Characterization of proteases in the skin mucus of Atlantic salmon (*Salmo salar*) infected with the salmon louse (*Lepeophtheirus salmonis*) and in whole-body louse homogenate [J] . Journal of Parasitology, 86 (6): 1199-1205.

Frisch A J, Anderson T A. 2002. The response of coral trout (*Plectropomus leopardus*) to capture, handling and transport and shallow water stress [J] . Fish Physiology and Biochemistry, 23 (1): 23-34.

Frisch A J, McCormick M I, Pankhurst N W, et al. 2007. Reproductive periodicity and steroid hormone profiles in the sex-changing coral-reef Wsh, *Plectropomus leopardus* [J] . Coral Reefs, 26 (2): 189-197.

Frisch A, Anderson T. 2005. Physiological stress responses of two species of coral trout (*Plectropomus leopardus* and *Plectropomus maculatus*) [J] . Comparative Biochemistry and Physiology-Part A: Molecular & Integrative Physiology, 140 (3): 317-327.

Gona O. 1979. Mucous glycoproteins of teleostean fish: a comparative histochemical study [J]. Histochemical Journal, 11 (6): 709-718.

Hobbs J, Frisch A J, Mutz S, et al. 2014. Evaluating the effectiveness of teeth and dorsal fin spines for non-lethal age estimation of a tropical reef fish, coral trout *Plectropomus leopardus* [J] . Journal of fish biology, 84 (2): 328-338.

Hofer R, Schiemer F. 1981. Proteolutic activity in the digestive tract of several species of fish with different feeding habits [J] . Oecologia, 48: 342-345.

Hussain N, A Higuchi M. 1980. Larval rearing and development of the brown spotted grouper *Epinephelus tauvina* [J] . Aquaculture, (19): 339-350.

Kailola, Williams, M J, et al. 1993. Australian Fisheries Resource [J].

Kawai S, Ikeda S. 1972. Effects of dietary changes on the activities of digestive enzymes in carp intestine [J] . Bull japan Soc Science Fish, 38 (3): 265-269.

Kenzo Y, Kazuhisa Y, Kimio A, et al. 2008. Influence of light intensity on feeding, growth, and early survival of leopard coral grouper (*Plectropomus leopardus*) larvae under mass-scale rearing conditions [J]. Aquaculture, 279 (1-4): 55-62.

Khojasteh S M B, Sheikhzadeh F, Mohammadnejad D, et al. 2009. Histological, Histochemical and Ultrastructural Study of the Intestine of Rainbow Trout (*Oncorhynchus mykiss*) [J] . World Applied Sciences Journal, 6: (11).

Lee S T, Klme D E, Chao T M, et al. 1995. In vitro metabolism of testosterone by gonads of the grouper (*Epinephelus tauvina*) before and after sex inversion with 17-methy lestosterone [J] . Gen Comp Endocrino, 1, 99 (1): 41-49.

Leis J M, Carson-Ewart B M. 1999. In situ swimming and settlement behaviour of larvae of an Indo-Pacific coral-reef fish, the coral trout *Plectropomus leopardus* (Pisces: Serranidae) [J]. Marine Biology, 134 (1): 51-64.

Light P R, Jones G P. 1997. Habitat preference in newly settled coral trout (*Plectropomus leopardus*, Serranidae) [J]. Coral Reefs, 16 (2): 117-126.

Light P R, Jones G P. 1997. Habitat preference in newly settled coral trout (*Plectropomus leopardus*, Serranidae) [J]. Coral Reefs. 16 (2): 117-126.

Matthew T, Philip A. 2007. A molecular phylogeny of the groupers of the subfamily Epinephelinae with a revised classification of the Epinephelini [J]. Ichthyol Res, 54 (1): 1-17.

Meng Q, Ding S, Xu X, et al. 2012. Ontogenetic development of the digestive system and growth in coral trout (*Plectropomus leopardus*) [J]. Aquaculture, s 334-337 (1): 132-141.

Mori K, Nakai T, Muroga K, et al. 1992. Properties of a new virus belonging to Nodaviridea found in larval striped jack (*Pseudocaranxdentex*) with necrosis disease [J]. Virology, (187): 368-371.

Okumura S, Okamoto K, Oomori R, et al. 2002. Spawning behavior and artificial fertilization in captive reared red spotted grouper, *Epinephelus akaara* [J]. Aquaculture, 206 (3/4): 165-173.

Petiago M J, Ayala M D, Lopez-albors O, et al. 2005. Muscle cellularity and flesh quality of wild and farmed sea bass, Dicentrarchus labrax L. [J]. Aquaculture, 047 (02): 175-188.

Prejs A, Blaszezyk M. 1977. Relationship between food and cellulase activity in freshwater fishes [J]. Fish Biol, 11: 447-452.

Randall J E and P C Heemstra. 1991. Revision of Indo-Pacific groupers (Perciformes: Serranidae: Epinephelinae), with descriptions of five new species [J]. Indo-Pacific Fishes, (20): 332 p.

Silvia T, Alessio B, Pier P G, et al. 2006. Nutritional traits of dorsal and ventral fillets from three farmed fish species [J]. Food Chemistry, (4): 104-111.

Sinha G M. 1974. A histochemical study of the mucous cells in the bucco-pharyngeal region of four Indian freshwater fishes in relation to their origin, development, occurrence and probable functions [J]. Acta histochemica, 53 (2): 217-223.

Sinha G M. 1977. Functional histology of the different regions of the esophagus of a freshwater major carp *Labeo calbasu* during the different life history stages [J]. Zool. Beitr, 23: 353-360.

Tseng W Y, Ho S K. 1979. Egg development and early larval rearing of red spottedgrouper *Epinephelus akaara* [J]. Quarterly Journal of the Taiwan Museum, 32 (3/4): 209-219.

Wilson P N, Osboum D F. 1960. Compensatory growth after undernutrition in marnmals and birds [J]. Biological Reviews, (35): 324-363.

Yan Wang, Yibo Cui, Yunxia Yang. 2000. Compensatory growth in hybrid tilapia, *Oreochromis mossambicus* × *O. niloticus*, reared in seawater [J]. Aquaculture, 189 (1-2): 101-108.

Zamalh, Ollevier F. 1995. Effect of feeding and lack of food on the growth, gross biochemical and fatty acid composition of juvenile catfish [J]. Journal of Fish Biology 1, 46: 404-414.

Ze Yuan Zhu, Gen Hua Yue. 2008. The complete mitochondrial genome of red grouper *Plectropomus leopardus* and its applications in identification of grouper species [J]. Aquaculture, 276 (1-4): 44-49.